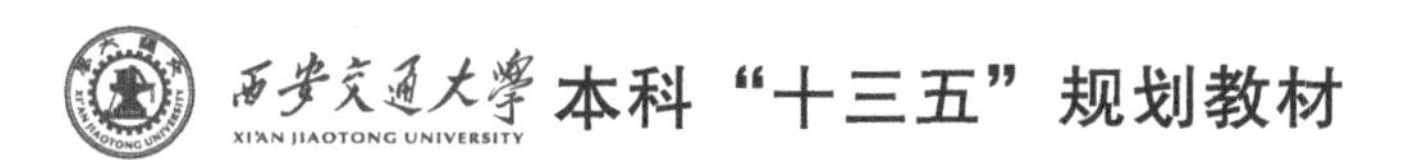

生态哲学十讲

王有腔 编著

图书在版编目(CIP)数据

生态哲学十讲 / 王有腔编著. —西安 ：西安交通大学出版社，2019.12(2024.8 重印)
西安交通大学本科"十三五"规划教材
ISBN 978-7-5693-1399-4

Ⅰ. ①生… Ⅱ. ①王… Ⅲ. ①生态学—哲学—高等学校—教材 Ⅳ. ①Q14-02

中国版本图书馆 CIP 数据核字(2019)第 252057 号

书　　名 生态哲学十讲
编　　著 王有腔
责任编辑 柳　晨

出版发行 西安交通大学出版社
(西安市兴庆南路 1 号　邮政编码 710048)
网　　址 http://www.xjtupress.com
电　　话 (029)82668357　82667874(市场营销中心)
(029)82668315(总编办)
传　　真 (029)82668280
印　　刷 西安日报社印务中心

开　　本 787 mm×1092 mm　1/16　**印张** 14.625　**字数** 362 千字
版次印次 2019 年 12 月第 1 版　2024 年 8 月第 3 次印刷
书　　号 ISBN 978-7-5693-1399-4
定　　价 52.00 元

如发现印装质量问题，请与本社市场营销中心联系。
订购热线：(029)82665248　(029)82667874
投稿热线：(029)82668133
读者信箱：xj_rwjg@126.com

前　言

理论的生命力在于与时俱进的创新。20 世纪 50 年代以来，伴随全球生态危机的加剧，实践方面促使人们改变传统发展模式，理论方面也产生了对于人与自然关系重新反思的哲学理论。马克思曾经说过，“马克思主义哲学是时代精神的精华”，黑格尔也说过，“哲学是被把握在思想中的时代”，现今的生态文明是人类继原始文明、农业文明和工业文明之后的新型文明，其核心就是倡导和树立人与自然和谐，进而促进人与人和谐的生态价值理念，从而走出近代以来人与自然二元对立的思维范式。时代变迁和生态危机呼唤新的生态理念，生态文明时代需要与之相适应的生态哲学。

我们国家生态哲学的研究始于 20 世纪 90 年代，从最初的大量介绍和引进国外生态哲学研究的成果，发展到目前已经形成了中国自己的大量相关研究论文和专著，也产生了关于生态哲学的许多观点、思想和理论，但系统化的生态哲学教材相对缺乏。笔者吸收生态哲学方面成熟的思想理论，并结合多年的教学经验和思考，设计了本教材的内容，希冀本教材的出版能够对生态哲学的系统化做出贡献。

生态哲学就是把人、自然、社会看作一个复合生态系统，用生态系统的观点和方法研究人类社会与自然环境之间的相互关系及其普遍规律的学说。生态哲学是生态世界观，它以生态整体性、贯通性为视野，以人与自然的关系为哲学基本问题，进而追求人与自然、人与人、人与社会的和谐发展，最终达到人、自然、社会复合生态系统的和谐、稳定和美丽。正如德国生态哲学学者萨克塞所说的：“生态哲学的任务就是要把人是整体的一部分这个通俗道理告诉人们。”[①]看似简单，但这个任务任重而道远。

---

① 萨克塞. 生态哲学[M]. 文韬，佩云，译. 北京：东方出版社，1991:49.

本教材的撰写人员如下：

第一～七讲:王有腔；

第八讲:李光丽；

第九、十讲:王有腔、王星。

本教材为西安交通大学本科“十三五”规划教材,在此衷心感谢学校资助。

目　录

第一讲

为什么需要生态哲学

20 世纪 50 年代以后，伴随工业化的急速发展出现了全球性的生态危机，恶化的环境迫使人类思考怎样和自然相处。自然界本身的整体性和贯通性、生态学关于生态系统的相关理论为人类和自然相处提供了科学基础。人类只有尊重自然、遵从自然规律、和自然和谐相处才能促进自然和人类的可持续发展。时代发展呼唤生态哲学的诞生。

一、哲学视野中的相关生态概念

（一）生态

英文中的前缀词“eco-”（生态）源于希腊文，从希腊词语“oikos”（房子、家）派生而来，也有人译为“家务学”，意为生物界是一个整体，类似于个人在一起组成家庭。从字面意思来看，生即生命，包括动物、植物、微生物、人这些生命体；态即状态、势态。合起来可以说生态就是生物的生存状态。中国历史上对生态的理解和应用更多地采用了这种含义，表示生物特别是人所显露出来的美好姿态或营造的一种生动氛围，如南朝梁简文帝在《筝赋》中用“生态”描述佳人采摘丹荑而与环境相融的生动景象（“丹荑成叶，翠阴如黛。佳人采掇，动容生态”），《东周列国志》第十七回中以“生态”形容美人息妫的美丽容貌（“目如秋水，脸似桃花，长短适中，举动生态，目中未见其二”），唐朝杜甫在《晓发公安》诗中用“生态”比喻吵嚷、生动的市井生活（“隣鸡野哭如昨日，物色生态能几时”）。

按照《60000 词现代汉语词典》的解释，生态“指生物的生理特性和生活习性”①，主要从生物自身的生存状况认识生态。按照《现代汉语规范词典》的解释，生态“指一定的自然环境下各种生物的生存状态和相互关系，也指生物的生理特性和生活习性”②，此含义把对生态的界定从单纯的生物延伸到生物与环境之间的关系，在生物和环境之间相互作用、相互影响的关系中认识生态。总的来看，现代人对生态的理解拓宽了其范围，其一，生命不仅仅是人，也包括人以

① 汉语大字典编纂处. 60000 词现代汉语词典[M]. 2 版. 成都：四川辞书出版社，2017：766.

② 李行健. 现代汉语规范词典[M]. 2 版. 北京：外语教学与研究出版社，2010：1175.

外的其他生命；其二，基于关系认识生命生存，任何生命虽然都有自身的生存和动态演化，但它们都不可能独存，必然和周围环境相互作用、相互影响。因此，生态既是生物自身的生存状态，也包括生物和环境之间的关系。如今，生态学已经渗透到各个领域，“生态”一词延伸应用的范畴也越来越广，人们常常用“生态”来定义许多美好的事物，如与美、健康、和谐相关的事物均可用“生态”修饰。

(二)生态系统

1. 系统

关于系统的概念，由于研究的角度不同，所下的定义也各有区别。一般系统论创始人贝塔朗菲认为：系统是“处于一定的相互关系中并与环境发生关系的各组成部分的总体”①。钱学森“把极其复杂的研制对象称为‘系统’，即相互作用和相互依赖的若干组成部分结合成的具有特定功能的有机整体，而且这个整体本身又是它所属的一个更大系统的组成部分”②。综合来看，这些解释和说明都认为构成一个系统必须具备如下四点内容：①系统是由两个或两个以上的要素所构成的整体，要素是系统的基本组成部分；②系统是由相互联系的各个要素耦合而成的具有一定结构的整体，要素如何组合决定了系统结构的优劣；③系统处在一定的环境中并与环境进行物质、能量、信息的交换，任何开放的系统都要接受环境对其的约束、支配和选择等作用；④系统整体具有不同于各个组成部分(要素)的新功能，在要素、结构、环境的协同作用下呈现系统的整体功能。因而，形成系统整体功能最佳的核心点在于如何把系统的要素、结构、环境进行合理有效的组合，其中包含着要素与要素、要素与整体、整体与环境三个重要的关系，在系统运行的静态与动态、微观与宏观中精确、全面把握对象，追求系统整体功能的最佳目标。

2. 生态系统

1935 年，英国生态学家阿瑟·乔治·坦斯利(Arthur George Tansley)爵士首次提出生态系统概念：

But the fundmental conception is, as it seems to me, the whole *system* (in the sense of physics), including not only the organism-complex, but also the while complex of physical factors forming what we call the envirment, with which they form one physical system. ... These *ecosystems*, as we may call them, are of the most various kinds and sizes. They form one category of the multitudinous physical systems of the universe, which range from the universe as a whole down to the atom. ③

可以看出，坦斯利认为生态系统是地球上自然界最基本的单元，种类多样、大小不一，每一个生态系统既包含生物也包含生物生存的环境。概括来说，生态系统就是生物与其环境在动态演化中通过相互作用、相互影响所形成的整体。从历史演化过程来看，可以区分为人类未产

---

① 贝塔朗菲. 一般系统论：基础、发展和应用[M]. 林康义，魏宏森，等译. 北京：清华大学出版社，1987：240.

② 钱学森，许国志，王寿云. 组织管理的技术：系统工程[N]. 文汇报，1978-09-27.

③ TANSLEY A G. The use and abuse of vegetational concepts and terms[J]. Ecology，1935，16(3)：284-307.

生之前的生态系统和人类产生之后的生态系统。前一种生态系统的要素主要是动物、植物、微生物及其周围的环境,植物是生产者、动物是消费者、微生物是分解者,各种要素协同发展,形成了没有垃圾、相互循环的自然界;而后一种生态系统由于有了人类的参与,人成为其中的主导者、调节者,人类本身的思想和行为对生态系统的平衡具有重要作用。本书的生态系统主要是包括人类在内的生态系统,这种生态系统是由自然、人、社会形成的复合生态系统。

(三)生态学

从词源上分析,ecology由两个希腊词οικοσ(oikos)和λογοζ(logos)合成。Oikos意指"家园,并不止于居住地,包括一切可留驻的地方""地球上的定居处",很明显"居住地""定居处"意指生物栖息的地方。Logos意指"终极真理"——事物、原因、运算、判断、诠释、规则、原理和定律的解答、起源和根由,主要表示事物之间的逻辑关系以及如何表达这种逻辑关系,以oikos和logos合成的ecology原初含义就是对生物与其周围环境之间逻辑关系的研究。生态学(oecologic)作为一门正式的学科,其概念最早由德国生物学家E.海克尔(Ernst Heinrich Philipp August Haeckel,1834—1919)于1866年在其《生物的普通形态学》(*Generelle Morphologie der Organismen*)中提出,但最初他并不是想建立一门生态学学科,而是要识别动物学系统中没有被命名的分支,此时的生态学主要是指生物与外部世界关系的生理学,同时也认为"生态学是指关于生物与其外部世界环境关系的全部科学,广义上我们认为环境是指所有'存在的条件',部分是有机性的,部分是无机性的"①。应该说海克尔此时仅仅提出了生态学词语,对其内涵的界定并不是十分清晰。1869年1月,他在耶拿大学就职演说中给出了最雄辩的生态学定义:

> 生态学是指一种知识体系,它关注自然的经济学——对动物与其无机环境和有机环境的所有关系的调查,首先包括与那些与其有直接或间接联系的动物和植物的友善和有害的关系——简言之,生态学就是对被达尔文称为生存斗争条件的所有复杂相互关系的研究。生态学这门科学狭义上通常被错误地称作生物学,因此长久以来已经形成了通常被称为"博物学"的重要组成部分。②

这个定义已经比较接近现今生态学的内涵了。1893年,在英国科学促进协会(British Association for the Advancement of Science,BAAS)召开的会议上,生理学家约翰·伯顿-桑德森(John Burden-Sanderson)指出生态学是生物学的三大分支之一(生物学:生态学、生理学、形态学),在同年召开的国际植物学会议上,确定了生态学的拼写形式:ecology。到1913年,第一个专业协会——英国生态学会成立。最初的生态学主要考察人以外的生物同外部环境之间的关系。20世纪60年代,美国化学家蕾切尔·卡森(Rachel Carson,1907—1964)在《寂静的春天》中对DDT农药与环境、生物、人的生态链条进行分析,生态学的研究开始运用到对人的探讨上,从此,人类越来越认识到自己也是生态中的一分子。可以看出,生态学已经

---

① 林祥磊.梭罗、海克尔与"生态学"一词的提出[J].科学文化评论,2013,10(2):18-28.

② 同①.

成为一门研究范围广泛的学科，它的研究对象涉及人、生物、自然、社会等多因素、多关系，总的来看，就是研究生物及环境相互关系及其演化规律的学科。

二、生态思想的演化历程

（一）朴素的生态思想（18世纪中叶之前）

公元前7世纪，新石器时代人们从游牧、狩猎、采集的生活方式向定居、农耕的生活方式转变。在此阶段，柏拉图（Plato，约公元前427—约公元前347）是最早认识到人类活动对自然界产生影响的人之一，他在《克里底亚》（*Critias*）中描述了当时人们因为燃料和木材而砍伐森林，过度放牧导致土壤流失，并使土地肥力下降的现象。

（早期雅典城）的物产极其丰富。与那时相比，现在已瘦得皮包骨头了；所有较为肥沃、松软的土地都已消失，剩下的只是大地的骨架。但是在该国的早期阶段，它的山脉是覆盖着土壤的高山，而平原是沃野千里，山上有充足的木材。这最后的踪迹依然保留着，因为虽然现在一些山脉只能为蜜蜂提供食物，但在不久以前，人们依然看到从那里砍下的参天大树，大到足以覆盖最大的房屋；那里还有许多其他的大树，由人类栽培且为家畜提供丰富的食物。此外，土地从每年的降雨中得到好处，水不像现在这样流过赤裸的大地，奔向大海，白白浪费掉，而那时各地雨量充沛，大地吸收雨水并将其保存在表层黏土中，汇入山谷和溪流中，为各地带来丰富的泉水与河流，在曾经有泉水的地方，也许依然看得到祭祀纪念仪式，这证明我所言不虚。①

中世纪时期，煤炭的广泛应用，出现了煤烟影响人体健康的记载。在英格兰因海运煤（煤粉）产生污染而禁止燃煤。

16世纪，开始出现论述人类扩张如何造成生态影响的著作。德国化学家和矿物学家乔治乌斯·阿格里科拉（Georgius Agricola，1495—1555）的《论金属》描述了洗矿对河流的污染状况及对鱼类的危害；英格兰的塞缪尔·佩皮斯（Samuel Pepys）谴责伦敦燃煤污染，呼吁减少燃煤量，并提倡植树和保护树木；英格兰的约翰·伊夫林（John Evelyn）出版的《造林学：论大英帝国的森林树木和木材运输》推动植树成为英国上流社会的时尚；荷兰海军将军罗格文（Roggeveen）发现复活节岛无树，但布满雕像，最大的重达90吨，理论认为是为了运送巨大雕像和获得耕地而大量砍伐树木的结果；瑞典植物学家卡罗路斯·林奈（Carolus Linnaeus，1707—1778）在《自然经济学》中论述了食物网和生态位思想。

18世纪早期，在人和自然相处中产生了两大生态传统：以吉尔伯特·怀特（Gilbert White，1720—1793）为代表的对待自然的“阿卡狄亚式”传统和以林奈为代表的“帝国式”传统。阿卡狄亚是古希腊伯罗奔尼撒半岛中部一高原地区，居民主要从事游猎和畜牧，过着田园牧歌式的生活。怀特1789年出版的《塞尔波恩的自然史》一书描述了英国伦敦西南不到50英

① 哈丁. 生活在极限之内：生态学、经济学和人口禁忌[M]. 戴星翼，张真，译. 上海：上海世纪出版集团，2007：280.

里的地方——塞尔波恩的四季美景、野生动物、古迹，成为自然史奠基之作，对生态学的发展做出了重要的贡献。怀特倾向于从一个哲学家的角度去考察自然——就是描述生命以及动物间的交谈，在书中他把整个塞尔波恩“视为一个复杂的处在变换中的统一生态整体”，他说“整个自然是那样丰富，以致那个地区产生着大部分现在仍在检验中的最丰富的多样性”，他认为“自然是一个伟大的经济师”，动物各自具有不同的食物品种、筑巢习惯、繁殖模式，看似并不和谐一致，但自然卓越地安排它们相互利用，共同形成了丰富多彩的自然图景。怀特发现了自然间的美妙和谐，由此提倡了一种热爱自然、遵循自然、人与自然和谐共处的田园式生活方式。①“帝国式”传统在林奈以及林奈派的著作中最有代表性。林奈是当时生态学学科发展方面的重要人物，其代表作是《自然经济学》，此书展示了一幅完全静态的有关自然中地球生物相互作用的画面，每个物种都有其“被指派的位置”，被赐予独特的食品且对食欲做了限制，同时也通过帮助其他物种来换得自身的生存，物种间保持一定的比例，整个有生命的大自然基于共同利益通过食物链相互连接，于是“上帝便建立起了一个持久的和平共处的共同体”，而这个共同体中人占据着负有使命和荣誉的特殊地位，人是最优越的，“所有的东西生来都是为人服务的”，强调了人对自然的支配权。他提出了三个主要生态学公理：第一，造物主在大自然中设计了一个具有内在联系的规则；第二，仁慈奉献，自然是表达上帝对生物，尤其是对人的善心的有序状态，天地万物主要是为人存在的；第三，自然是富足的，“这个非凡的经济体系保证一切动物都有充分富足的食品，在大自然中是不存在匮乏的”②。

自然界的所有珍贵物种，是那样巧妙地被管理着，是那样完美地繁殖着。她的三个领域全部都是那样按照天意维持着，似乎都是由造物主为人类而设计的。每种东西可能被送来为人所用；即使不是直接的，也会是间接的，而不是为其他动物服务的。借助于理性，人驯服凶猛的动物，追赶和驱逐那些最敏捷的动物，甚至也能够抓到那些藏在海底的动物。③

在林奈的思想中，上帝巧妙地组织了一个和谐有序的自然界，各种生物各居其地并形成了相互联系的链条，人居于最优越的顶端，要担负起造物主赋予自己的神圣职责——利用其他物种，同时这种责任也要扩大到消灭那些无用而令人讨厌的物种，通过效仿和赞美大自然而使人类经济体系更加富足。这种“帝国式”传统开启了人类对大自然利用、控制、征服的历程，但此阶段由于人类能力的局限性，人类在很大程度上还受制于自然强大、神秘的力量，主要是“靠山吃山，靠水吃水”的定居持存性生活方式。虽然此时也存在着局部范围生态破坏的现象，但由于地广人稀、自然丰富多样，这种对生态的破坏还是有限的。

(二)生态实践和生态理论发展时期(18世纪中叶—20世纪中叶)

沿着18世纪“阿卡狄亚式”传统和“帝国式”传统，伴随着工业革命的发展，产生了以梭罗为代表的浪漫主义生态学思想和以达尔文为代表的进化生态学思想。

---

① 沃斯特.自然的经济体系：生态思想史[M].侯文蕙，译.北京：商务印书馆，1999：21-45.

② 同①46-82.

③ 同①57-58.

浪漫主义诞生于18世纪后半叶，分布于文学、艺术、绘画、哲学等众多领域，在反映客观现实上侧重从主观内心世界出发，抒发对理想世界的热烈追求，在对待自然的方式上与生态学思想基本一致，提倡“回归自然”的田园生活方式。亨利·戴维·梭罗(Henry David Thoreau，1817—1862)是浪漫主义生态思想的主要代表，他既是浪漫派自然哲学家，同时也是最早践行该生态思想的实践先导者，品味自然、享受美景、思考人生，在自然中简单地生活是梭罗的生活方式，其生态思想主要集中在他的代表作《瓦尔登湖》(*Walden*)中。他在瓦尔登湖畔的森林中独居26个月，以自然的方式观察自然，麝鼠是他的兄弟，臭鼬是一个“慢腾腾的人”，斑鸠是其同时代的人和邻居，植物是和他住在一起的居民，星星是他亲密的伙伴。他认为没有崇拜人的余地，“人类只有从我所持的角度看问题，前景才是无限广阔的”①，自然界是一个广阔而平等的共同体(expanded community)，是一个宇宙血缘家庭。在有机界里没有任何东西是不与整体相联系的。

我要把人看作大自然的居民，甚至大自然本身的一个组成部分，而一滴水、一块水晶、一个瞬时，都同整体相连，都分享着整体的完美。每一个颗粒都是一个小宇宙，都忠实地表现了世界的相似性。②

如果说梭罗注重自身与自然亲近，生活在自然之中，以自然的名义观察自然、崇敬生命、与自然融为一体，那么苏格兰裔美国博物学家约翰·缪尔(Jhon Muir，1839—1914)则进一步把生态思想变成了一种生态运动，成为环境保护的发起者。他认为走进大山就是走进家园，大自然已经成为人类的必需品，但自然界不是单独为了人类而创造的，人类仅仅是万物交织而成的大自然中的一员，大自然呈现整体之美，万物相连、相生、相克，但没有任何浪费，生和死都是自然过程，“各种风暴、激流、地震、天崩地裂以及‘宇宙灾变’等等，无论最初它们看上去是多么神秘、多么无序，但它们都是大自然创造之歌中的和谐音符”③。人类不应把自己高抬于自然之上，尊重大自然的基础是承认大自然的整体性，人类不能破坏自然，反而要承担对自然的责任和义务，我们要保护好原始森林和公园，让大自然美妙与和谐的生态融入人们的生活之中。经过他的努力，1890年美国通过了《约塞米蒂国家公园法案》，并建立了约塞米蒂(Yosemite)和美洲杉(Sequoia)两个国家公园，为后来美国黄石等国家公园以及全球生态保护树立了典范。

这广大的荒野要保持健康需要承受怎样的痛苦——大量的雪、雨、露，阳光与无形的水蒸气的洪流，云、风，各种各样的气候；植物依附于植物，动物依附于动物，彼此相互影响，诸如此类，多少事情出人意料！而大自然的技艺多么高妙！美对美的覆盖有多么深厚！大地覆盖着石头，石头覆盖着苔藓、地衣和在低处栖息的花草，这些花草与更高大些的植物，叶子覆盖叶子，同时被变化无穷的色彩和形状覆盖，冷杉宽大的手掌覆盖在这些植物之上，天空的“圆屋顶”像钟铃花覆盖在万物之上，星在星之上。④

---

① 沃斯特.自然的经济体系：生态思想史[M].侯文蕙，译.北京：商务印书馆，1999：113.
② 同①60.
③ 缪尔.我们的国家公园[M].郭名，译.长春：吉林人民出版社，1999：186.
④ 缪尔.山间夏日[M].川美，译.天津：百花文艺出版社，2008：92－93.

达尔文(Charles Robert Darwin,1809—1882)的生态进化论思想是矛盾的。一方面,他粉碎了田园主义的自然理想,自然并非尽善尽美的生态系统,存在着残酷的生存竞争,也正是在竞争中部分或整体接受改进;另一方面,他又和这种田园主义传统保持着联系,是当时生物中心论的代言人。在其著作《物种起源》中,达尔文主要阐述了三种思想:①自然界是一个复杂的生态关系网络,其成员相互依存、相互抑制。②每一种生物都有其存在位置(后来的生态学家称为小生境 niches,达尔文最初用 place,后来更愿意用 office),自然经济体系中仅仅包含着数目有限的、固定不变的空位,这就进一步增加了自然界冲突的可能性。③生物为争夺位置产生了你死我活的生存竞争,"所有有机体都在努力攫取自然的经济体系中的每一个位置"[①],竞争性替代是自然选择的本质。达尔文思想着重强调了自然界的竞争性、野蛮的冲突性,同时在他的理论中隐含着"趋异"(divergence)思想,即与其争夺同一生态位置,不如利用尚未开发的资源和居住地创造出全新的生态位,"世界上的很多动物都有其多样化的结构和复杂性。因为在种类变得复杂起来的时候,它们便开辟新的途径增加其复杂性。没有巨大的复杂性,是不可能将生命遍布于整个地球表面的"[②],随着这种趋异程度的增强,同一地区的生物种类越来越呈现多样性,多样性是自然界避免争夺有限资源而进行残酷斗争的方式,趋异原则确证了竞争性绝对不是自然界唯一的规律。承认自然界的多样性,认为大自然是由"相互的热爱和同情"连在一起的世界,是协作一致性的一幅巨大图表。虽然从自然选择来看,人类不可能为了其他物种的利益而放弃自身的利益,但由于道德观念在人类和低于人类的动物之间确立了一个最好的和最高级的界限,人类同情、爱护自己的家庭、国家,甚至某种物种,同时也同情一切生命,是人类文明化的体现。达尔文使生态学成为一门阴郁的科学,揭开了自然界生存竞争的血腥现实,但他也相信"存在着一个活的生物共同体,它永远都是人类最终的家和亲族"[③]。

(三)生态保护思想已逐步成为全球共识(20 世纪 50 年代后)

18 世纪中叶在西方国家开始的工业文明,一方面促进了生产力的迅猛发展,带给人类丰富的物质文明成果;另一方面,由于单纯的线性粗放经济发展方式,也形成资源约束趋紧、环境污染严重、生态系统退化的严峻形势。直至 20 世纪中叶前后,发生了一系列危害环境的公共事件,如比利时马斯河谷事件(1930 年 12 月)、美国宾夕法尼亚多诺拉事件(1948 年 10 月)、美国洛杉矶光化学烟雾事件(1940—1960 年)、英国伦敦烟雾事件(1952 年 12 月)、日本四日市哮喘事件(1961 年)、日本米糠油事件(1968 年)、日本水俣病事件(1956 年)、日本骨痛病事件(1955—1972 年)。人和自然日益突出的矛盾现象给人类的可持续发展敲响了警钟,也促使了全球范围内的生态环境保护运动和生态理念、理论的产生。

生态保护运动的"起始者"是美国海洋生物学家蕾切尔·卡森,她在 1962 年出版了《寂静的春天》一书,该书通过对"DDT—草—奶牛—牛奶—奶制品……""DDT—土壤—植物—人、动物……""DDT—水—小虾、小鱼—鸟……"等多个生态链条的分析,揭示了 DDT 农药的渗透持久性、传播性、危害性。通过卡森的斗争与努力,1962 年底美国有 40 多个提案在各州立

---

① 沃斯特.自然的经济体系:生态思想史[M].侯文蕙,译.北京:商务印书馆,1999:195.

② 同①198.

③ 同①229.

法以限制杀虫剂的使用，与此同时，美国第一个民间环境组织应运而生，美国环境保护局也在此背景下成立。1972 年罗马俱乐部发表了《增长的极限》，作者德内拉·梅多斯（Donella Meadows）等人选用五个参数（人口、经济、粮食、不可再生资源、污染）通过电脑模拟运算探求人类未来的发展状况，最终得出了两个结论：①如果按目前趋势发展，增长的极限将在未来 100 年发生。②只有改变这种增长趋势，确立全球均衡思想才可能支撑遥远的未来。此书在西方引起了轰动，被称为“爆炸性作品”，联合国曾经两次把它作为大会文件让各国学习，虽然由于其隐含的“零增长”和“无差别”的思想很难被联合国各成员国所接受，但它对西方二战后无限增长的癖好是一种有力打击。此时，环境保护运动也引起了联合国及各国政府的重视。1972 年 6 月 5 日，联合国在瑞典斯德哥尔摩召开了第一次人类环境会议（United Nations Conference on the Human Environment），大会制定并通过了《联合国人类环境会议宣言》，宣言提出和总结了 7 个共同点和 26 项共同原则，呼吁各国政府和人民为维护和改善人类环境，造福全体人民，造福后代而共同努力，可以说是可持续思想的初步表达。联合国于 1983 年 12 月成立了由挪威首相布伦特兰（Gro Harlem Brundtland）夫人为主席的世界环境与发展委员会，通过对世界面临的问题及应采取的战略进行研究，在 1987 年发表了《我们共同的未来》，贯穿其中的基本纲领是可持续发展（sustainable development）思想，即“既能满足当代人的需要，又不对后代人满足其需要的能力构成危害的发展”。可持续发展思想突破纯经济发展模式，坚持经济、社会、环境的协调发展。经济可持续发展是基础，环境可持续发展是条件，社会可持续发展是目标。同时，它也关注人类社会长久的、连续的存在和发展。1992 年 6 月，联合国在巴西里约热内卢召开了环境与发展大会，通过了《里约环境与发展宣言》和《21 世纪议程》，使可持续思想进一步系统化并成为指导人们行动的纲领。

在生态思想方面，沿袭 18 世纪以来的两大传统，主要形成了人类中心主义（anthropocentrism）和非人类中心主义（non-anthropocentrism）两大流派。20 世纪中叶以后的人类中心主义主要代表是约翰·巴斯摩尔（John Passmore）、威廉·布赖克斯通（William Blackstone）、诺顿（Bryan G. Norton）、墨迪（W. H. Murdy）等。不同于传统对待自然的态度，现代人类中心主义的许多学者既重视人在自然界中的主导地位，也认识到自然需要保护，但自然在本质上还是为人类而存在的。总体来看，在存在论层面，认为人类在物理空间方位上居于宇宙的中心；在价值论层面，认为只有人具有内在价值，其他的存在物仅具有工具价值；在道德层面，认为道德仅仅是人与人之间的行为规范，人对自然并不具有直接的道德义务；在生物学层面，认为人是一个生物，从生物逻辑来看，人必须要维护自己的生存和发展。20 世纪中叶后非人类中心主义形成了动物解放/权利论（animal liberation/rights theory）、生物中心主义（biocentrism）、生态中心主义（ecocentrism）三大流派。总的来看，在存在论层面，人并非居于宇宙中心；在价值论层面，认为不仅人具有内在价值，自然也具有内在价值；在道德层面，把传统人与人之间的道德范围延伸到自然界；在生物学层面，认为生物也有自己的生存和发展，它不为人而存在。动物解放/权利论的主要代表是彼得·辛格（Peter Singer）、汤姆·雷根（Tom Regan），他们认为动物和人一样拥有自己的权利，辛格的动物解放论把动物感受痛苦和享受快乐确定为动物解放的道德标准，雷根的动物权利论认为动物和人一样拥有平等的权利，其基础是“天赋价值”（inherent value）。生物中心主义的主要代表是阿尔伯特·史怀泽（Albert Schweizer）和保罗·泰勒（Paul Taylor）。史怀泽认为“自然界中的一切生命存在物都具有平等的内在价值，而不存在所谓的高级和低级、有价值和无价值之分”，其核心思想是“敬畏生命”。泰勒认为人是地球生物共同体的成员，自然界是一个相互依赖的系统，每一个“有机体是生命的目的中心(teleologocal centers of life)”，人并非天生就比其他生物优越，自然界所有生物都具有内在价值。生态中心主义的主要代表是奥尔多·利奥波德(Aldo Leopold)、霍尔姆斯·罗尔斯顿(Holmes Rolston)、阿伦·奈斯(Arne Naess)。利奥波德的核心思想是“大地伦理”，他把伦理的范围从人拓宽到了与人相关的土壤、水、植物、动物等，这些众多的要素组成了一个整体——大地，人仅仅是大地共同体中的普通成员，他把大地共同体的和谐、稳定和美丽视为最高的善，“一个事物，只有在它有助于保持生物共同体的和谐、稳定和美丽的时候，才是正确的；否则，它就是错误的”①。罗尔斯顿认为自然具有内在价值，这种内在价值不以人类为参照物，自然本身所具有的创造性、先在性是自然价值之源，大自然不仅创造了各种各样的价值，而且也创造了具有价值评价能力的人类，生态系统中客观地存在着工具价值和内在价值，其中内在价值之结和工具价值之网相互交织，每一个有机体只关心自己的生存和延续，但生态系统却增加新的物种种类，并使系统内新物种和老物种和睦相处，生态系统在整体层面上具有超越工具价值和内在价值的系统价值(systemic value)，系统价值弥漫在整个生态系统中，它就是创生万物的大自然。奈斯提出了“深层生态学”(deep ecology)理论，其核心思想包括两种原则，其一，生态中心平等主义(ecocentric egalitarianism)或生物圈平等主义(biosphere egalitarianism)，其基本观念是生物圈中的所有生物都拥有生存和繁荣的平等权利，也都有在较大范围内展示个体存在和实现自我的权利；其二，自我实现理论，这种自我是与大自然融为一体的“大我”(Self)而非“自我”(self)和“本我”(ego)，自我实现的过程是一个逐渐扩展自我认同范围的过程，在此过程中人与其他存在物逐渐减少疏离感，自我认同范围的逐渐扩大和加深也是自我成长的过程，人们最终将“在所有存在物中看到自我，在自我中看到所有存在物”，自我和自然存在物融为一体，破坏自然就等于破坏自身。虽然人类中心主义和非人类中心主义在生态思想方面的观点基本对立，但这种争论、诘问以及实践方面的思想指导对生态保护都起着积极的引导、推动作用。

三、西方现代文明危机呼唤一种新的文明

人类文明先后经历了原始文明、农业文明、工业文明，目前正处在从工业文明向生态文明转变时期。不同时期文明形态的演进同人与自然关系的变革密切相关，原始时代自然是人类的敌人，农业时代自然是人类效仿的榜样，工业时代人类是自然的主人，生态文明时代人类与自然和谐相处。

(一)原始文明——自然是人类的敌人

人类的原始文明经历了上百万年的时间。在此阶段，人类的物质生产活动主要是简单的采集渔猎，过着“靠山吃山，靠水吃水”的持存式生活。由于整体上人类认识能力和生产能力比较低下，大自然对人类来说是神秘的、不可征服的，此时人们认为山川河流、动植物、云风、雷电

① 利奥波德.沙乡年鉴[M].侯文蕙，译.北京：商务印书馆，2017：282.

等每一样自然物都具有神秘属性，都有自己的“地方神”(genius loci)①，人们在从事砍伐、开采、筑坝、猎杀、耕种等一些认识自然、改造自然的活动时，常常以巫术行动和仪式祈求神灵的息怒、赐予和庇护。即使对于人类自身也认为具有神秘意义，很多原始部落常常用人做祭祀仪式或具有食人风俗，人体的某个器官能够为食它之人平添某种力量，身体的许多部分都派上了某种巫术的用场。他们坚持万物有灵论，设想有一个超自然的神灵世界主宰着自己的命运，安排和支配着整个宇宙的秩序，原始部落的图腾崇拜充分体现了当时人们对大自然的尊敬、崇拜和恐惧。原始人在感知这个或那个客体时，从来不把这些客体与它们的神秘属性分开，原始人类的意识与现今人类的意识不同，他们不需要像我们一样对感知的现象做出解释，从列维·布留尔在《原始思维》中的研究来看，“对不发达民族的意识来说，自然现象(按我们给这个属于赋予的那种意义来理解)是没有的。原始人根本不需要去寻找解释，这种解释已经包含在他们的集体表象的神秘因素中了”②。集体表象是指表象在集体中世代相传并在每个成员身上留下深刻烙印，同时引起该集体每个成员对有关客体产生尊敬、恐惧、崇拜等感情③。可以看出，原始人其实很难超越自然，对自然恭敬、顺从，与自然融为一体，自然具有与“我”相似的特性，这种现象从表面上看人与自然“和谐共处”，但实质上人类被自然所奴役，体现了人类对自然的无奈和被动服从，和谐关系的主导因素是自然。德国生态哲学家汉斯·萨克塞(Hans Sachess)认为此阶段自然是人类的敌人，人类为了生存要不断地同外在强大的、神秘的自然搏斗。马克思认为，“自然界起初是作为一种完全异己的、有无限威力的和不可制服的力量与人们对立的，人们同自然界的关系完全像动物同自然界的关系一样，人们就像牲畜一样慑服于自然界。”④

(二)农业文明(黄色文明)——自然是人类效仿的榜样

农业文明时期历时一万年。此时人类摆脱了原始文明时期单纯被动适应自然的现象，铁器的出现使人类改造自然的能力产生了质的飞跃，人们可以固守一方驯养野生动物、培育农作物，利用自然力如畜力、风力、水力从事农业生产，采用自给自足的生产方式维持生存和发展，由原始文明时期游牧、狩猎、采集的生活方式向定居、农耕的农业文明生活方式转变。由于农业生产在很大程度上要依赖地理环境和气候条件，人类对自然的改造还是十分有限的，主要按照自然四季的变化耕作、模仿鸟类的翅膀制造飞翔的器具、依据动物的某些器官或特性制造弓箭或棍棒等家庭用具，整体上人与自然关系相对和谐，天人合一、顺应自然的理念是主导，萨克塞认为此阶段自然是人类效仿的榜样。但同时由于人类缺乏对自然运行规律的深刻认识和揭示，在利用自然和改造自然中常常伴随着很大的盲目性、随意性和破坏性，产生了定居一方可能毁坏自然的后果。恩格斯在《自然辩证法》中就指出了这一现象：“美索不达米亚、希腊、小亚细亚以及其他各地的居民，为了想得到耕地，毁灭了森林，但是他们做梦也想不到，这些地方今

---

① 鲁枢元. 自然与人文：下[M]. 上海：学林出版社，2006：617.

② 布留尔. 原始思维[M]. 丁由，译. 北京：商务印书馆，1981：42.

③ 同①5.

④ 马克思，恩格斯. 马克思恩格斯选集：第一卷[M]. 中共中央马克思恩格斯列宁斯大林著作编译局，译. 北京：人民出版社，1995：81.

天竟因此成为不毛之地，他们使这些地方失去了森林，也就失去了水分的集聚中心和贮藏库。”①农业文明时期这种定居地生存家园的局域性破坏虽然在世界各地时有发生，但由于生产活动规模小、水平低、进展慢、人口少，面对丰富的自然资源和广袤的地理环境，此时的环境问题并未对人类构成致命性威胁，人们常常采用不断迁徙的方式寻找新的生存定居点，生态危机仅仅是生活中的边缘性问题。

（三）工业文明（黑色文明）——人类是自然的主人

18世纪开始的英国工业革命时至今日已经历时三百多年，其间人类社会发生了翻天覆地的变化。依靠科技，人类改造自然的能力在广度、深度、力度方面都突飞猛进，对待自然的态度也发生了根本转变，人类把奥妙无穷的自然分割成可以量化的原子、可以随意利用的工具、可用科技操纵的对象，以征服自然、控制自然满足自己的功利需求为目的，人是自然的主宰，占据主导地位。人类认为自己在自然面前无所不能，“不管自然展示和发出什么力量——严寒、猛兽、洪水、大火——来反对人，人也精通对付它们的手段，而且人是从自然界取得这些手段，运用这些手段对付自然本身的”②。在这种统治自然的思想支配下，人类在生产实践活动中采用资源—产品—废弃物的生产方式，一方面无限制地从自然界获取、掠夺自然资源，另一方面生产中产生的大量废弃物（废气、废水、废渣）又排向自然界，最终造成自然资源迅速枯竭和生态环境日趋恶化，地球的岩石圈、大气圈、水圈、生物圈、人类圈都出现了环境污染和生态破坏的现象，从而也促使人与自然、人与人之间的矛盾凸显。

1. 生态危机的表现

当前生态危机主要体现在人口问题、自然资源枯竭、环境破坏三个方面，自然资源枯竭、环境破坏与人类密切相关，人类怎样对待资源和环境，人类如何利用资源和环境，人类如何发展资源和环境，人类如何分配资源和环境等一系列问题的关键在于人，人是生态问题中的最重要因素。

人口问题主要表现为人口数量增长、人口结构失衡、人口生态正义问题。首先是人口数量问题，世界人口1650年为5亿，1850年为10亿，1900年为16亿，1950年为25亿，1987年为50亿，1999年为60亿，2011年为70亿，截至2017年世界人口达76亿，这组数据明确地反映了世界人口的增长状况。以西方发达国家和中国的对比来看，西方发达国家人口的变化伴随着工业革命的进程，人口自然增长率最高时为0.15‰，人口数量从逐步上升到减少经历了200年左右的自然转变，至1950年时已达到低生育率、低死亡率、低自然增长率的“三低”状况。中国人口的增长主要发生于20世纪50年代后，从中华人民共和国成立初到20世纪80年代，中国大陆人口从4亿增加到10亿，在此过程中，为了减缓人口压力，实行了国家干预的计划生育政策。目前，发达国家占全世界人口的22%，中国占全世界人口的17%。根据联合国发布的《世界人口展望（2017修订版）》，世界人口数量自2005年以来增加了10亿，已达76亿，预计2030年将达86亿，2050年将达98亿，2100年将达到112亿，目前世界人口数量虽然还在增

---

① 马克思，恩格斯．马克思恩格斯选集：第四卷［M］．中共中央马克思恩格斯列宁斯大林著作编译局，译．北京：人民出版社，1995：383.

② 黑格尔．自然哲学［M］．梁志学，薛华，等译．北京：商务印书馆，1980：7.

加，但增速减缓。人口数量迅速增多关涉粮食、就业、环境等诸多问题，人口数量与资源呈现分母加权效应，人口逐渐增多，自然资源相对逐渐减少，每个个体人所拥有的自然资源量占比减少，从而在资源短缺情况下引起与资源相关的贫穷、战争等全球性问题。相对于人口数量所产生的社会及生态问题，目前全球经济比较发达的国家面临的更加急迫的问题是人口结构问题。随着全球人口数量的有效控制和调整，人口结构方面却出现了失衡现象，比如老龄化问题（《世界人口展望(2017 修订版)》：日本 60 岁及以上的老龄人口占总人口 33%，意大利占 29%，葡萄牙、保加利亚、芬兰均占到 28%）、少子化问题、出生性别比问题、人口分布不均问题等，这些问题对人类长远的可持续发展同样具有不利影响。随着全球对环境问题的重视，人口生态正义问题也日益突出。种际（人与其他物种之间）、人际（人与人之间）、代际（当代人与后代人之间）因为生态问题常常导致新的不平等现象，人类社会的进步是包括生态美好在内的全方位发展，一个坚持生态正义的社会，不管人们住在发达的都市还是贫穷的乡村，这个社会都应该赋予人们追求健康生活方式的理念和能力，让人人都过上愉快、可持续的生活。

自然资源日益紧张。自然资源是自然界中能够为人类利用的物质和能量的总称。随着人类认识能力的提高，一些过去被认为毫无用处的废物重新得到了应用，一些因技术原因过去不能利用的资源得到了开发，一些已被利用的资源发现了其新的用途，自然资源利用的种类、范围、用途在不断变化。但相较于人类发展的速度和需求，自然资源仍然供不应求。自然资源是一个有机整体，人类实践活动常常导致其碎片化，特别是不加限制地掠夺性利用使得自然资源破坏严重，如水土流失、荒漠化土地面积不断扩大、草地三化增多、生物多样性遭破坏。据中国水利学会官网介绍，目前中国水资源总量约 2.8 万亿立方米，位居世界第六，人均水资源量 2220 立方米，是世界人均水平的 1/4，美国的 1/5，加拿大的 1/48，并列为 13 个贫水国家之一；据《2016 中国国土资源公报》数据显示，2016 年末，中国可耕地面积 13495.66 万公顷，人均 1.46 亩①，比世界人均可耕地面积 2.89 亩少了 1.43 亩；据《中国环境统计年鉴》数据显示，截至 2016 年，中国森林总面积 20768.7 万公顷，森林覆盖率 21.63%，世界平均森林覆盖率 31%。总体来看，中国资源总量大，物种齐全，但人均资源量较少。《全国生态保护“十三五”规划纲要》指出，我国目前生态资源存在的问题主要是生态空间遭受持续威胁、生态系统质量和服务功能低、生物多样性加速下降的总体趋势尚未得到有效遏制。根据《地球生命力报告 2016》数据显示，人类活动将会造成全球野生动物种群数量在 1970 年到 2020 年的 50 年间减少 67%。人类对地球资源的需求已超过了自然可再生能力的 50%，需要 1.6 个地球才能承载目前人类的生态足迹。

环境问题危及人类生存。环境是指与人类密切相关的、影响人类生活和生产活动的各种自然力量和作用的总和。它既包括光、热、土、气、动植物等自然资源，也包括人类与自然要素间长期相互共处所形成的各种依存关系。对人类来讲，环境不但提供着人类生存和发展的必要之物，而且承受着人类活动所产生的各种废弃物。然而，长期以来，人类把环境置于自身之外，环境仅仅是天然自然，属于公共财产。正是由于公共财产这一属性，任何人都可以随意拥有它，从而产生许多对环境的“免费搭车”现象，人人都可以依其需要使用、破坏环境而不必考虑后果。美国经济学家哈丁把此现象称为“公地的悲剧”，他把地球比喻为一个公共牧场，草场是共有的，牲畜是私有的。每个牧民面对公共草场这一无偿资源，他们选择不断增多自己的牲

① 1 亩=666.67 平方米。

畜头数以获得更多利益。然而整个牧场的牲畜承载量是有限度的，这就产生牧民个人利益与牧场整体利益的矛盾，如果牧民之间不能有效合作，无限制地放大自己的利益，最终必然导致草地退化，影响整体发展，产生“公地的悲剧”。现实生活中，正是这种对环境的不正确认识及人类自身的不良行为，造成全球性环境问题。气候变暖的温室效应(greenhouse effect)是目前全球主要关注的环境问题，在城市化和工业化的迅速发展中，由于燃放大量石化能源，产生了大量的二氧化碳，“全球碳项目”(global carbon project)指出，2017 年全球二氧化碳排放在保持 3 年平稳后上升了 2%，十个最大的二氧化碳排放国分别是中国、美国、印度、俄罗斯、日本、德国、伊朗、沙特阿拉伯、韩国、加拿大，其中年度人均碳排放中国 7.2 吨、美国16.5吨、加拿大15.5 吨、日本 11.7 吨、韩国 19.7 吨、欧盟 28 国 6.9 吨。大量排放的温室气体必然导致平均气温升高、海平面上升、动植物迁徙和消亡现象，进一步威胁人类的生存。在过去数百年里，温带地区国家失去了大部分森林，热带地区森林面积减少的情况也十分严重，世界银行 2016 版的《世界发展指标》指出，全球自 1990 年以来的 25 年间失去了 130 万平方千米的森林，主要集中在拉美和撒哈拉以南的非洲地区。近几年，我国森林覆盖率上升，已达21.63%，但远低于全球 31%的平均水平，人均森林面积仅为世界人均水平的 1/4，人均森林蓄积只有世界人均水平的 1/7，森林资源总量相对不足、质量不高、分布不均的状况仍未得到根本改变。联合国发布的《2017 年联合国世界水资源发展报告》指出，全球 2/3 的人口生活在缺水区域，当前人类直接排放的废水量比处理的水量大，有将近 80%的污水没有经过处理就直接排放，产生的废水导致全球环境负荷增大，细菌、消毒剂、抗生素、激素污染了的水，对环境和公众的健康造成威胁，非洲、亚洲和拉丁美洲每年有 350 万人死于与水有关的疾病。

人口、资源、环境三种因素是一个整体，其中的每一种因素都很复杂，同时每一种因素又和其他因素构成了错综复杂的关系。人口数量的增加会加速自然资源的短缺，人口结构失衡会影响人类长久持续的发展，而自然资源的变化将会调整人类的劳动方式、生活方式；人类从环境获取自己生存和发展所需之物，同时环境也承载人类的废弃物，但环境也会反向作用于人类。在一个由人口、资源和环境构成的复杂性生态系统中，人类对自然资源的利用、对环境的破坏，任何一个微小的行为都有可能导致蝴蝶效应式后果，到那时，人类所进行的生态补偿可能很难扭转生态恶化的态势，正如恩格斯所说的：“我们不要过分陶醉于我们人类对自然界的胜利，对于每一次这样的胜利，自然界都对我们进行报复。每一次胜利，起初确实取得了我们预期的结果，但是往后和再往后却发生完全不同的、出乎预料的影响，常常把最初的结果又消除了。”①因此，人类当下所能做的就是遏制自然资源的破坏性利用，提升自然资源的利用质量并积极保护环境，促进人与自然和谐共生。

2. 生态危机的原因

生态危机的原因是人类长期发展过程中各种因素综合作用的结果，从社会发展的历程来看，其中最主要的影响因素是：观念、经济、技术、社会。

美国科技史专家小林恩·怀特(Lynn White，1907—1987)1967 年发表在《科学》杂志上的《生态危机的历史根源》一文在美国学界引起强烈反响，是生态批评的经典之作。他认为基督教所确立的人类中心主义观念是人类无情占有、掠夺、破坏自然的根源。“基督教不但建构了

---

① 马克思，恩格斯. 马克思恩格斯选集：第四卷[M]. 中共中央马克思恩格斯列宁斯大林著作编译局，译. 北京：人民出版社，1995：383.

一种人与自然的二元对立关系，而且还坚称，人类为自己合适的目的开发自然乃是上帝的意愿”，“上帝做的一切都是为了人的利益和人的统治：自然界的一切创造物除了服务于人的目的以外，就没有别的用途”。① 如果说基督教通过宗教信仰在人的心灵中渗透人对自然的“上帝地位”，那么，近代以来哲学的二元对立式思维方式在社会中营造了一种人类征服、控制自然的理念和氛围。笛卡儿认为自然是一架机器，可以由人任意组合、安装、拆卸，人类是自然的主人和统治者；康德认为人为自然立法，理性决不能让自然牵着鼻子走；黑格尔也认为自然仅仅是绝对精神外化的舞台，是绝对精神完善自身的一个过程。此时，人类把自然视为享乐、消费的工具，自然为了满足人的功利性目的而存在，人和自然的关系是利用和被利用的主客关系甚至主奴关系。

工业化以来经济发展模式主要是资源-产品-废弃物的粗放型、单一性生产方式。一方面，人类依赖自然资源进行生产，借助于自然科学技术对自然资源进行疯狂的掠夺和开发，其索取资源的能力大大超过了自然界的再生增殖能力以及人们补偿自然资源消耗的能力；另一方面，没有净化处理的大量废弃物排入环境，大大超过了环境的承受能力。工业社会遵循一味追求增长的逻辑，即更多的生产、更多的消费，而体现这种增长逻辑的根本性指标就是国民生产总值(GNP)，“从 GNP 的观点出发，不论产品采取什么形式，是粮食还是军火，都无关紧要。雇用一批人盖房子或拆房子，都增加了总产值”②，整个工业文明被这种反生态的增长逻辑所支配，但唯独缺少更多的环境考量，生态成本和环境代价被排除在 GNP 计算之外，自然资源和环境被最大化利用而不考虑其成本，这种双重的对自然的索取和破坏使得自然资源日益枯竭，生存环境日趋恶化。

工业社会中科学技术备受推崇，自近代以来的三次科技革命逐步形成了科学-技术-生产的转化模式，科学技术成为生产的先导，为人类创造了巨大的物质财富和精神财富。但由于生产过程的技术基础是大机器，主要利用煤、石油等石化能源驱动，再加之大量生产、大量消费、大量排放的生产生活方式，致使环境破坏严重。《封闭的循环》的作者巴里·康芒纳(Barry Commoner，1917—1999)认为，“新技术是一个经济上的胜利，但它也是一个生态学上的失败”③。核试验、化学肥料、杀虫剂、洗涤剂、塑料彰显着人类的进步，但“所有这些‘进步’都在极大地增加着对环境的影响”④，以科学技术为基础的现代社会财富“一直是通过对环境系统的迅速的短期掠夺所获取的”⑤。弗·卡普兰(Fritjof Capra)在《转折点》中指出，“空气、饮水和食物的污染仅是人类的科技作用于自然环境的一些明显和直接的反映，那些不太明显但却可能是更为危险的作用至今仍未被人们所充分认识。然而，有一点可以肯定，这就是，科学技术严重地打乱了，甚至可以说正在毁灭我们赖以生存的生态体系”⑥。的确，借助于科学技术，人类达成了既定的目标，造就了地球表面的繁荣昌盛，但同时由于传统技术单纯追求生产效率、忽视生态需求，技术的普遍使用严重破坏了地球生态系统的完整性、有序性。因而，科学技术一方面在创造物质文明；另一方面，不加限制的技术又为毁灭人类的文明提供了高效的

---

① 鲁枢元. 自然与人文：下[M]. 上海：学林出版社，2006：617.

② 托夫勒. 第三次浪潮[M]. 朱志焱，等译. 北京：生活·读书·新知三联书店，1988. 85.

③ 康芒纳. 封闭的循环：自然、人和技术[M]. 侯文蕙，译. 长春：吉林人民出版社，1997：120.

④ 同③115.

⑤ 同③237.

⑥ 卡普兰. 转折点：科学、社会、兴起中的新文化[M]. 冯禹，等译. 北京：中国人民大学出版社，1989：16－17.

手段。

其实，现代科技成为生态系统危机的根源还要从深层次的社会因素进行分析。马克思把人的发展分为三个阶段：“人的依赖性关系(起初完全是自然发生的)，是最初的社会形态，在这种社会形态下，人的生产能力只是在狭窄的范围内和孤立的地点上发展着。以物的依赖性为基础的人的独立性，是第二大形态，在这种社会形态下，才形成普遍的社会交往、全面的关系、多方面的需求以及能力体系。建立在个人全面发展和他们共同的社会生产能力成为他们的社会财富这一基础上的自由个性，是第三阶段。”[①]目前，人类社会整体上处于马克思所说的物的依赖性社会，人本身来自自然，首先是自然存在物，但是当人类从自然界提升出来之后，自然仅仅被人类视为生存的手段，是一个可以不断满足人类需要的异己的物质世界。人类没有把自然当作自己无机的身体，而是站在自然之外、凌驾于自然之上，与自然形成了主客对立的异化关系，人类面对自然就是索取、掠夺，这种不加限制的态度和行为必然导致自然的毁坏。近几十年来，生态问题在国际社会呈现新特点：一是从局部性、区域性生态破坏扩展到全球性生态危机；二是从最初明显的生态破坏(如直接排放废气、废水、废渣)发展到累积性生态破坏的显现(如生物多样性丧失、温室效应等)；三是生态破坏从发达国家转移到发展中国家。这些生态问题既与工业社会长期发展的污染累积相关，也与发展中国家过度开发导致环境退化相关，但值得注意的是国际社会由于经济发展不均衡，当一些发达国家追求高质量的生态环境时，却把污染产业和污染性垃圾转移到发展中国家，从而加重了发展中国家的生态破坏。

生态危机是工业文明走向衰亡的体现，人类的可持续性发展需要一种新的文明来代替工业文明。生态危机呼唤生态理念和生态行为，人和自然和谐的生态文明将逐渐取代人与自然对立的工业文明，生态文明势必成为未来文明的主导范式。

(四)生态文明(绿色文明)——人与自然和谐相处

生态文明是继工业文明之后人类社会发展的新形态。从人与自然的角度来看，生态文明把人、自然、社会看作一个有机整体，它追求人与自然、人与人、人与社会的和谐共生，促进生态整体的可持续性发展；从社会现实角度来看，生态文明和物质文明、政治文明、精神文明相并列，且生态文明要贯穿于其他文明之中，生态文明是物质文明、政治文明和精神文明的前提和基础。随着国际社会步入生态文明，中国也开始了生态文明建设。2007 年党的十七大报告提出：“要建设生态文明，基本形成节约能源资源和保护生态环境的产业结构、增长方式、消费模式。”2012 年，党的十八大“把生态文明建设放在突出地位，融入经济建设、政治建设、文化建设、社会建设各方面和全过程，努力建设美丽中国，实现中华民族永续发展”。近几年来，中国在生态文明方面形成了顶层设计、制度架构、政策体系的综合建设系统，倡导生态文明建设，不仅对中国自身发展有深远影响，也是中华民族面对全球日益严峻的生态环境问题做出的庄严承诺。从工业文明和生态文明哲学基础的角度来看，西方工业文明的哲学基础是主客二元对立的思想，认为只有人是主体，自然是客体，只有人才有价值，特别是内在价值，其他存在物至多具有工具价值，满足人的需要。相应地，道德仅仅是人与人之间的行为规范，人对其他的自

---

① 马克思，恩格斯. 马克思恩格斯全集：第 46 卷[M]. 中共中央马克思恩格斯列宁斯大林著作编译局，译. 北京：人民出版社，1979：104.

然存在物没有直接的道德义务,人爱护其他的自然存在物(特别是某些动物)也仅仅是为了人类自身的完善。生态文明的哲学基础是自然、人、社会是一个有机整体的生态系统思想,不仅人具有内在价值,其他的存在物也具有内在价值,人与自然和谐相处才能维护自然整体的和谐、稳定、美丽,也才能促进生态系统的可持续性发展。从工业文明和生态文明生产方式的角度来看,工业文明主要遵循资源—产品—废弃物的粗放式生产方式,高生产、高消费、高排放导致了资源枯竭、环境污染的现状。生态文明遵循资源—产品—再生资源的绿色生产方式,循环经济发展模式就是生态文明在生产领域的现实体现,循环经济发展模式坚持 3R 原则,即减量化(reducing)、再使用(reusing)、再循环(recycling)。从资源的低开采、高利用到污染物的低排放,必将带来一个天蓝、地绿、水净的美丽世界。总体来看,工业文明的局限性主要表现为:生产过程的单向性与自然界的循环性相矛盾,工程技术的机械片面性与自然界的有机多样性相矛盾,工程技术的局部性、短期性与自然界的全局性、持续性相矛盾。生态文明与传统工业文明的具体区别如表 1-1 所示。

表 1-1 生态文明与传统工业文明的区别

文明形态	宗旨	核心思想	生产方式	自然观
工业文明	征服自然,满足人类需求	工具-目的理性主义	资源-产品-废弃物	线性、机械式自然观
生态文明	人与自然和谐共生	自然、人、社会是一个有机整体	资源-产品-再生资源	非线性、复杂性自然观

四、生态文明呼唤哲学观念的变革——哲学走进荒野

(一)生态哲学产生的必要性

自 20 世纪 70 年代开始,有关生态、环境方面的哲学思考和哲学理论在西方随着生态危机出现和人们对生态的关注而产生,最初仅仅在传统西方哲学的应用、延伸、衍生分支方面研究,随着后来的不断深入发展,目前已成为独立的哲学领域。

1. 从理论层面来看,哲学是时代精神的精华

自然科学、社会科学是对自然事实、社会事实的具体研究,哲学是对具体研究工作中(不论是探讨自然界还是人类社会)的思想、行为的反思以及基于反思的前瞻性认识。按照黑格尔的说法,“密涅瓦的猫头鹰只是在黄昏到来之际才开始飞翔”,在这里哲学被作为反思性学说,但是这种反思并不是说在具体的事实发生很长时间后才进行,事实上,具体工作中很少有反思未介入的时候,其反思的逻辑顺序既存在于具体工作中,也延续到随后的相关过程中,比如,以自然科学和哲学为例,先有自然科学研究的具体事实为哲学提供反思的材料,但如果自然科学研究过程中未及时对已有认识思考、分析、总结,自然科学研究很难走远,其实,哲学和自然科学内在融合,并且哲学为自然科学的新研究提供进一步的指导、方法。按照马克思的说法,“哲学

家只是用不同的方式解释世界，问题在于改变世界”，马克思超越了传统哲学仅仅局限于对世界的解释、反思，直接把哲学上升到改变世界的高度。可以看出，不论是解释世界还是改造世界，哲学都和具体的工作相关联，都很难脱离实际。在这一点上黑格尔也看到了哲学的时代性，他说：“每个人都是他那时代的产儿。哲学也是这样，哲学是思想中所把握到的时代。妄想一种哲学可以超出它那个时代，这与妄想个人可以跳出他的时代，跳出罗陀斯岛，是同样愚蠢的。”①马克思也指出“任何真正的哲学都是自己时代精神的精华”，“是文明的活灵魂”。②

从人类历史演变来看，每一个时代都具有每一个时代的哲学体系，其核心思想都是对当时代现实的反映，体现了时代精神的精华。古代的生产、科学技术水平低下，人们面对庞大、神秘的自然常常采取简单类比的方法进行认识，人类把自身所具有的灵性、活力、理智(intelligent)赋予自然，直观、猜测地认识事物，很难深入事物内在本质，形成了既包括自然科学，也包括哲学的自然哲学体系，因而也就具有了与当时代适应的笼统模糊性整体思维方式；近代实验科学的兴起使得人类对自然界的认识更加精确，但同时整体的自然也在人类的目的和能力下被分割成无数碎片，形成了分门别类的自然科学，特别是牛顿力学体系，由于其理论的完善性和广泛的应用性，力学中所具有的静止、不变的思想很快被普及，从而也形成了近代的人和自然二元对立的哲学体系。近代后期，随着人类对自然界的深入认识，许多自然科学理论越来越多地揭示了自然界联系、演化的图景(如关于恒星演化的星云学说、关于地质演化的地质渐变论、与能量关联的能量守恒与转化定律、与化学元素相关联的化学元素周期律、关于生物演化的进化论、与生物关联的细胞论等)，近代的机械性、对立性哲学思维方式逐渐让位于辩证性、系统性思维方式。现今，全球性的生态危机呼唤人们系统地处理人和自然的关系，既要看到自然是人类的仓库，也要看到自然是我们的家园，而生态学对自然界生态系统的整体性、关联性认识迫使人们反思近代以来割裂人和自然的思维方式。现实的生态困境、文明的变革、人类的思维转向呼唤新的哲学体系，生态文明时代精神的精华是顺应时代的生态哲学。

2. 从实践层面来看，现实的变革推动着哲学的变革

(1)工业文明的衰落标志着旧哲学思维的终结

如前所述，工业文明在宗旨、理念、生产方式、自然观方面都体现了对自然的掠夺、索取以满足人类的欲求，其结果导致了20世纪以来的全球性生态危机(资源枯竭、环境污染)，人和自然的矛盾日益突出。人类生存环境恶化的现实状况要求人们必须改变以往对待自然的思维方式，把从自然中抽离的人类自身再回归到自然，认识到自然是自己的家园，是自己立足的根基，“我们统治自然界，决不是像征服者统治异族人那样，绝不像站在自然界之外的人似的——相反地，我们连同我们的肉、血和头脑都是属于自然界和存在于自然之中的。”③

在时代性上，哲学和自然科学是不同的。正确的自然科学理论可以跨越时间、空间而在实践中发挥作用，而任何一个哲学体系只能与时代相关，它的产生与时代整体发展趋势相适应，它在时代文化沃土中滋润养成，它在思想中把握时代，很难说有适应于任何时代、任何社会的一般性哲学体系。近代社会形成的人和自然主客二元对立的哲学体系是近代工业文明时代的

① 黑格尔.法哲学原理[M].北京：商务印书馆，1961：12.

② 马克思，恩格斯.马克斯恩格斯全集：第一卷[M].中共中央马克思恩格斯列宁斯大林著作编译局，译.北京：人民出版社，1956：121.

③ 马克思，恩格斯.马克斯恩格斯选集：第四卷[M].中共中央马克思恩格斯列宁斯大林著作编译局，译.北京：人民出版社，1995：384.

产物，也是工业文明精神的精华，但是随着其赖以产生的基础改变，旧的哲学体系也必然会被新的哲学体系所取代，新哲学体系适应新时代，体现时代的精华，即人、自然、社会是一个有机整体。

(2)生态文明呼唤生态理念

生态文明是同工业文明完全不同的文明形态。工业文明是反生态的，其资本逻辑以追求利润的最大化为目标，大量生产、大量消费以促进经济繁荣是其现实表现，在此模式下生态危机难以避免。生态文明在本质上并非工业文明的简单延续和发展，它是人类对工业文明危机反思和超越的结果，其核心是人与自然的和谐，它与物质文明、精神文明、政治文明共同构成了现代人类文明系统的重要组成部分。在现实的社会建设中，生态文明建设也被放在突出地位，并渗透、贯穿于经济建设、政治建设、社会建设、文化建设之中，构建了一个全方位、多层次的生态文明建设工程体系。现阶段，在全球化的生态文明建设大潮中，在对工业文明反思基础上产生了变革旧哲学的生态哲学，既是社会发展的现实需要，也是引领生态实践的指南，没有生态理念，人类的实践行为常常会超越自然，站在自然之上俯视自然，与其说生态文明建设是一项实践活动，还不如说是一项生态理念引导生态实践的活动，生态文明时代呼唤生态理念。

(二)生态哲学

1. 定义

生态哲学(ecophilosophy)就是用生态系统的观点和方法研究人类社会与自然环境之间的关系及普遍规律的科学。生态哲学是生态世界观，它以生态整体性、贯通性为视野，以人与自然的关系为哲学基本问题，进而追求人与自然、人与人、人与社会的和谐发展，最终达到人、自然、社会复合生态系统的和谐、稳定和美丽。

生态哲学是20世纪70年代以来对生态危机进行反思而诞生的新兴理论学科，相对于近代哲学而言是一种哲学转向。作为工业文明基础的近代笛卡儿哲学强调人与自然的二元对立，在此理念指导下的人类实践活动导致自然界资源枯竭、动物多样性丧失、水质污染等生态危机状况，对此人类必须重新反思自己的理念、行为，诸如我们和自然应该是一种怎样的关系，我们应该如何对待自然，等等。正是对这样一些问题的思考，产生了与生态哲学相关的一些研究或流派，如环境伦理学、深层生态学、生态马克思主义、生态女权主义、生态神学等，这些流派从不同角度研究、探讨生态问题，丰富了生态哲学的内容。

生态哲学和近代西方传统哲学相比较具有两大特点：第一，强调整体性。近代西方传统哲学强调主客二分，主体的人和客体的自然呈现对立状态，生态哲学强调人与自然、主体与客体的有机统一，它把生态系统看作人、自然、社会的有机统一体，探求统一体的整体价值。第二，重视关系。近代哲学重实体研究轻关系研究，探求世界本原的哲学体系决定了不管是经验论还是唯理论都把实体作为哲学的研究对象，笛卡儿提出了“物质的实体”和“心灵的实体”二元论思想；莱布尼茨提出了精神性的“单子”；霍布斯认为个别物体是真实存在的实体；洛克认为实体是属性或性质的“支撑物”或“基质”；斯宾罗莎在克服笛卡儿二元论实体的基础上提出了“实体”是“通过理性发现的本体”即“统一的，无所不包的自然界(神)”等。而生态哲学在人、自然、社会的复合生态系统中探求、协调、理顺诸多复杂关系，以达到生态系统的动态演化和平衡。

2. 生态哲学定位

生态哲学在中国的研究呈现日渐增长的态势。20世纪90年代，随着国外可持续发展思想的提出，在国内也形成了生态哲学相关研究的高峰，主要涉及人与自然关系、生态伦理、生态发展等内容。进入21世纪，国内学术界对生态哲学的研究日益深入和系统化，在沿袭、借鉴国外研究的基础上，对生态哲学的研究逐渐形成了两种主要观点：其一，生态哲学是哲学的分支。生态哲学和哲学属于一般性研究而非具体性研究，但不同点在于研究的领域不同。生态哲学研究整个生态系统而非全部世界，是一种生态世界观和方法论。生态哲学和生态科学在研究领域上相同，不同点在于一般和具体区别。其二，生态哲学是一种新哲学。没有适合任何时代的一般哲学，只有属于某个特定时代的特殊哲学。工业文明时期的哲学是以人为主体的形而上学哲学，而生态文明时代的哲学应该有新的转向，生态哲学就是被把握在思想中的生态文明，是按照生态文明的价值和逻辑所构思起来的哲学，是一种不同于近代传统哲学的新哲学形态。

那么，本书应该怎样对生态哲学定位呢？

现阶段，工业文明时代的基础和理念仍然存在，甚至在某些领域还发挥着重要作用，如目前石化能源在经济发展中所占比例还很高，如若我们还始终不能主动转变已有的理念和行为，实现哲学的真正转向，那么旧的理念和行为因其固有的存在市场就必然继续发挥作用，生态危机从根本上很难消解。生态文明时代的核心思想是人与自然和谐的绿色思想，主要技术是生态技术，发展目标是可持续发展，因而，以生态理念和行为代替传统非生态理念和行为，在整个社会推行生态生活方式和生态生产方式，才有可能真正实现生态文明。因而，从社会发展的角度来看，生态哲学应该替代传统工业社会的主流哲学体系，成为新时代的新哲学。同时，如果承认生态哲学是一般哲学在生态文明时代的具体应用，首先它预设了一个前提，即存在着在生态哲学之上的一般哲学，那么，这个一般哲学所指是什么？无非有三种情况：其一，如果一般哲学是传统工业时代的主流哲学，根据个别隶属于一般的逻辑规则，旧哲学衍生的哲学必然具有符合其母哲学的特征和内容，那它还能符合现今的时代精神吗？其二，如果一般哲学是超越任何一个具体时代而存在的哲学体系，那么这种哲学仅是一个没有具体内容、只有名称的称谓，这种一般哲学在任何时代都可以和当时的社会状况相结合而变成时代精神的精华，这种一般哲学仅仅是抽象的哲学，它否定了哲学的具体时代特性，实质上是不存在的。其三，一般哲学就是它那个时代的主流哲学，由于人、自然、社会复合系统的复杂性，与现实复杂状况相适应的认识、理念也必然呈现复杂性，因而，每个时代不可能只有一种哲学理论，常常是多种哲学理论体系相并存。但在多种哲学理论体系中必然存在一个符合时代精神的哲学理论，生态文明时代的主流哲学是生态哲学，生态哲学是不同于其他哲学理论的新哲学。

3. 生态哲学的基本问题

贯穿生态哲学的基本问题是人与自然的关系问题，但任何人与自然的问题仅仅是生态问题的表象，实质上表现为人与人的问题。在存在论上，存在着生态自然观和机械论自然观之争，生态自然观把人、自然、社会置于一个整体的生态系统之中，整体的生态存在是最高的存在，机械论自然观割裂人与自然的关系，人类是最高的存在；在价值论上，存在着自然内在价值与自然工具价值之争，生态价值观坚持人、自然、社会复合生态系统的整体生态价值，在整体中考量自然的价值；在认识论上，存在着整体主义的“生态学范式”与科学主义的“笛卡儿范式”之争。“生态学范式”坚持人与自然平等地共处于整体的生态系统，人和自然物的实践关系呈现为主体-自然物-主体的反馈回环关系，而"笛卡儿范式"坚持人在自然之外，主体对客体认识、改造、控制的单向性关系；在方法论上，存在着还原论方法与生态复杂性方法之争。近代以来的自然科学认为自然界具有简单性，与此相适应也产生了简单性的还原论方法；现代自然科学揭示自然界具有复杂性，与自然界的复杂性相适应，也形成了生态复杂性方法。

4. 生态哲学的内容框架

(1)为什么需要生态哲学

20 世纪以来全球范围内的生态危机呼唤新的哲学理念，生态哲学把自然、人、社会纳入统一的生态整体，追求整体生态系统的和谐、稳定、美丽，它是生态文明时代精神的精华。

(2)从关系看生态存在

不同于传统哲学割裂世界存在的现象，生态哲学坚持自然整体存在论，人与人、人与自然、人与社会、自然与社会等众多关系的相互影响、相互约束、相互协同构建了一个人、自然、社会的复合生态系统；其中主要有两大基本关系：生态存在和生态意识，天然自然和人工自然；在众多关系中形成的复合生态系统具有整体性、相关性、动态性、协同性等特征。

(3)认识你自己

人与自然的关系究竟怎样？人能否正确认识自己在自然界中的地位？传统哲学中人与自然的关系主要体现为主体对客体的单向性关系，生态哲学从双重视角——整体视角和个体视角——认识人与自然的关系。从整体生态存在的角度来看，人是其中的一员，生态整体是最高的存在；从个体生态存在的角度来看，人与其他的存在物具有具体的实践关系：主体—客体—主体关系。正确认识和评价人类中心主义和非人类中心主义，重新界定自己在自然界中的地位。

(4)生态内在价值何以可能

传统价值学说是属人价值，价值仅仅与人相关，人之外的自然存在物没有价值，其关于价值本质的观点主要是主观价值论、客观价值论、关系价值论。生态哲学拓宽了价值存在的范围，复合生态系统具有整体价值。

(5)复杂性生态思想及其方法论

以复杂性理论所具有的基本方法来构建生态哲学理论体系是生态哲学理论完善的重要选择。近代产生的自然科学和哲学都遵从简单性思想，以简单性方法认识的自然界是孤立、静止的，这种思想不符合人、自然、社会是一个有机整体的生态现实，人为地把自然界分割为无数碎片，与自然界本身的整体性、贯通性是一种悖论。复杂性理论提供了分析自然界的新方法、新视角，其中蕴含的整体涌现性思想、非线性相互作用思想、多元竞争协同思想、等级层次思想、开放思想、随机思想、反馈回环思想、系统与环境同塑共生思想、动态演化思想、系统优化思想，可以成为建构生态哲学的重要思想和方法。

(6)复杂性理论与生态哲学

复杂性理论的诞生要追溯到系统科学的诞生，20 世纪 40 年代诞生了系统论、信息论、控制论等，这些理论都把所研究的对象作为有机整体的系统来对待，统称为系统科学；20 世纪 70 年代诞生了协同论、耗散结构理论、突变论、超循环理论等，这些理论既把研究对象看作系统，同时也看作一个动态的自组织演化的过程，统称为自组织理论；20 世纪 90 年代诞生了分形学说、混沌学说，研究的对象出现了不同于常规科学的复杂性现象，统称为复杂性理论。系统论、耗散结构理论、复杂适应系统理论中蕴含着丰富的生态哲学思想。

(7)马克思主义生态哲学思想

虽然马克思、恩格斯所处的时代环境问题还未成为社会关注的显问题，但他们的理论中已经显示了资本家榨取剩余价值对自然资源的掠夺和破坏生态环境这一深层根源。自然的多重维度、人与自然的对象性关系、自然生产力与社会生产力统一的思想构成了马克思丰富的生态哲学思想。马克思主义在西方、中国的发展过程中也形成了相应的时代生态哲学思想。

(8)生态女性主义

生态女性主义理论观点源自女性主义。20世纪70年代，随着全球生态环境日益恶化，环境保护运动随之兴起，此时，反对性别歧视的女性主义思潮也蓬勃发展，许多女性主义者认为人类对待自然的偏见类似于社会对待女性的偏见，父权制是造成人口过剩和环境危机的主要因素，因此，女性主义者积极参加到环境保护运动之中，并形成了相应的有关生态女性主义的理论观点。

(9)中国传统哲学中的生态思想

中国传统哲学具有浓厚的“天人合一”整体生态自然观、“道法自然”的平等生态自然观，无论是儒家还是道家都倡导顺从自然，尊重自然和保护自然，追求人与自然的和谐统一。

(10)西方哲学中的生态思想

西方近代以来的科技理性主义、启蒙运动既推动了西方物质文明的发展，但同时也让许多哲学家开始反思人与自然的关系，斯宾罗莎、梭罗、卢梭、海德格尔等哲学家的思想中蕴含着深厚的生态哲学思想。

五、学习生态哲学的意义

《生态哲学》作者汉斯·萨克塞认为“生态哲学的任务就是要把人是整体的一部分这个通俗道理告诉人们”[①]，这种说法看似简单，似乎实践中大多数人都懂得这一道理，但人类自近代以来的现实状况却揭示了人类把自身游离于自然之外并俯视自然。传统理念需要被适应生态文明时代的新理念所替代，构建新的生态哲学理论体系迫在眉睫。

(一)完善发展生态哲学理论体系

生态思想虽古已有之，但完善的生态哲学理论体系直至今日还未成形。国外研究更侧重于从伦理角度探讨人与自然的平等，主要相关的生态哲学著作有：《生态哲学》(萨克塞，1991)、《哲学走向荒野》(罗尔斯顿，2000)等；国内学术界从20世纪90年代后开始注重对人与自然关系的研究，目前已经取得了许多成就，但主要侧重于局部的认识和分析，主要相关的哲学著作有：《生态哲学》(钱俊生、余谋昌，2004)、《复杂性生态哲学》(王耘，2008)。生态哲学作为生态文明时代的哲学基础，只有随着实践不断发展，并不断地完善其理论体系才能担当精神精华的作用。

---

① 萨克塞.生态哲学[M].文韬，佩云，译.北京：东方出版社，1991：49.

(二)生态哲学的实践教育作用

生态哲学引领着生态文明时代的思想导向,在当前生态文明建设过程中,存在着众多的非生态理念和行为,如自扫门前雪的自我型生态意识、关注自我利益的自利型生态意识、重视局部利益的局域性生态意识、重视短期利益的短视性生态意识、忽视细节型生态意识、对生态环境毫不关注的漠视性生态意识等,而这类狭隘型生态意识指导下的生态实践常常与生态系统的特性产生悖论,即生态系统的整体性与实践碎片化悖论、生态系统的循环性与实践单向性悖论、生态系统的持续性与实践目的的短暂性悖论。改变现实的悖论状况需要多举措协同推进,通过生态教育在全社会推行生态理念的生活方式和生产方式,生态哲学责无旁贷。

思考题

1. 试述评“阿卡狄亚式”传统和“帝国式”传统。
2. 从人类文明的演变历程分析生态文明建设的必要性和重要性。
3. 为什么需要生态哲学?

推荐读物

1. 沃斯特. 自然的经济体系:生态思想史[M]. 侯文蕙,译. 北京:商务印书馆,1999.
2. 罗斯纳. 科学年表[M]. 郭元林,李世新,译. 北京:科学出版社,2007.
3. 萨克塞. 生态哲学[M]. 文韬,佩云,译. 北京:东方出版社,1991.
4. 钱俊生,余谋昌. 生态哲学[M]. 北京:中共中央党校出版社,2004.

第二讲

从关系看生态存在

面对同一片森林，森林中有一条横穿而过的公路，有人通过这条公路看到了商机；有人通过这条公路看到了森林的衰败。你通过这条公路看到了什么？

森林中增加了一条公路，你可以有各种看法、想法，但实质上反映了人如何与自然相处、怎样摆放自己在自然界中的地位。在《现代汉语词典》中，自然意指宇宙万物，宇宙生物界和非生物界的总和，即整个物质世界。通常自然一是指排除人之外的天然宇宙万物；二是指包含人在内的由人、自然、社会所构成的整体自然，也称为复合生态系统。根据第一种解释逻辑推演，人和自然之间存在着如下五种关系：人与自然相互割裂、人与自然部分交融、人完全隶属于自然、自然完全隶属于人、人与自然平等。自然化育万物，包括人，人依赖自然生存和发展，因而，人与自然相互割裂的关系在现实中不存在；人与自然部分交融反映了人认识自然、改造自然的印痕，是人类长期演化过程中的真实存在；人完全隶属于自然反映了人类早期面对自然的“牲畜”式情景，是早期人类生存的真实写照；自然完全隶属于人反映了人类工业化进程中人凌驾于自然之上的状况，此时的自然成为人类无情索取、掠夺、践踏的对象；人与自然平等反映了现在时代生态危机中人类对自己看待自然观念和行为的反思，但人与自然真正平等的践行存在着许多现实障碍。因而，人与自然相互交融、相互影响的关系实际上是真实的存在关系，人、自然、社会这些要素在多维关系中构成了一个复合生态系统，也只有通过把握、协调众多要素间的关系才能促进复合生态系统的和谐、美丽和稳定。

一、生态存在的根基——有机整体的自然

“人是主体，自然是客体”和“人是自然中的一员”是哲学中比较常见的表述和观点，很明显，这两句话中的“自然”具有不同意蕴。“人是主体，自然是客体”中的自然是相对于人类而言的自然存在物，它存在于人类之外，成为人类认识的对象。这是自笛卡儿以降西方近代哲学中的主流观点。“人是自然中的一员”中的自然是复合自然，它并非意指单纯的天然自然，而是包括自然物、人、社会在内的整体自然，即复合生态系统，人仅仅是自然整体中的一个组成部分。从生态存在角度来看，两句话对人的存在做出了不同的界定，表达了两种不同的哲学思想，也体现了两种不同的人与自然的关系。

（一）人和自然的存在关系

从存在的角度来看，本源性的存在是自然整体，人源于自然整体，也存在于自然整体之中，归属于自然整体，并且与自然整体中的其他成员共同构成了现实的存在。整体自然是具体的自然物、人、社会的复合生态系统，其存在是最高存在，也是终极存在。人类作为整体自然中的一个组成部分，其根性源于自然。大自然化育万物，也包括人，人首先是自然存在物，其次才有了自己的社会性。虽然人类在驱魅的过程中力图跃出自然、摆脱自然的奴役和控制，但超越了自然的人类把自身的存在高高凌驾于自然之上，傲视自然且掠夺自然，导致自然被严重毁坏，反过来危及人类自身的生存，最终人类为了持续的生存和发展，又不得不返魅而回归本根的自然。自然整体在各种自然力、自然物的相互影响、相互作用关系中形成了动态的演化过程，其中每一个组成部分的缺失、减少、增加、变动都会引起自然整体系统相应的连锁反应，影响整体的稳定、平衡、美丽、和谐、完整。人作为一定自然历史阶段的产物，是大自然整体协同的产物，也只有融入自然整体系统之中和其他的存在物和谐相处才能进一步促进自然整体系统的持续演化和平衡，不管是过去、现在还是未来，人很难超越整体的自然，虽然人类对自然认识的广度、深度不断拓宽和增加，但自然整体的运行规律并不是自然、人、社会各组成部分的简单相加之和，自然、人、社会各自都是复杂性的系统，而这些复杂性系统之间又存在着复杂性关系，各种关系相互缠绕、相互作用、相互影响形成了无限多样、浩瀚无穷的自然整体。在人类面前，自然整体始终具有一定程度的神秘性，这种神秘性既体现在自然整体化育万物的本源中，也隐含在茫茫无限的宇宙中，同时也反映在其间的错综复杂关系之中。种种神秘性激发人类的好奇心和兴趣，引导人类持续性地去探索自然本质，其结果让人类认识和了解了自然现象的许多内在规律并造福于人类，但也让人类看到了自身的局限性，这就是站在自身的角度看自然，犹如井底观天，人类很难达到对自然整体的清晰认识，当然也就不能超越自然本身的运行规律，人类在自然面前仅仅可以利用自己的主观能动性通过把握各种复杂关系以认识极其有限的自然本身的运行规律，尊重自然，顺应自然，自然界整体的可持续性存在是评价人类具体实践行为的最高尺度和最终尺度。

（二）人和自然的实践关系

人类虽然不能对整体自然完全清晰地认识和掌握，但人类作为整体自然演化的高级生命，却可以通过对具体自然物的认识和改造促进自身的生存和发展。人和自然的实践关系正反映了人和具体自然物的关系，人类认识自然、改造自然，此处的自然只能是具体的自然物而非整体自然。人类认识具体的自然物，并改变具体自然物的形态、结构、存在方式、功用以满足人自身的需求。正是在这一认识和改变的过程中，自然越来越打上了人类的印记，变成人化自然。当然，人类对自然的这种改变既可能顺应自然、促使自然规律内化于人类的思想、行为之中，实现人与自然的双重演化，即人向自然的生成，自然向人的生成。但也有可能破坏自然，产生人与自然正常变换关系的断裂，阻滞人与自然的可持续性演化和发展，甚至导致整体自然的崩溃。实践关系是自然整体存在中的具体关系，人和具体自然物之间实践关系的变化促使整体自然系统随之变化，由人所主导的实践关系对自然整体是否和谐、稳定、美丽具有重要影响，但同时整体自然系统的稳定、平衡又约束、支配、选择着具体的人、自然物的生存和发展状况。各种实践关系相互作用构成了自然整体,实践关系是自然整体中内蕴的关系。

二、诸多关系支撑生态存在

生态存在系统是由人、自然、社会组成的复合型大自然有机统一整体,其中人、自然、社会每一个组成要素内部各自具有复杂的关系,同时,这些要素之间的相互影响、相互作用又构成了更高层级的复杂关系,所有这些关系相互影响、相互作用、相互制约、相互限制、相互协同织就了生态之网,催生了整体的生态存在。

(一)第一层级关系:自然、人、社会中的诸多关系

从自然本身来看,包括天然自然物和人工自然物。天然自然物也可称为自在自然,主要指人类产生之前的自然和人类产生之后还没有认识和影响的自然。人工自然物是人类认识和改造过的自然以及人类加工、创造的物品、工程等。各种自然物之间存在着诸多关系,如天然自然物与天然自然物的关系、天然自然物与人工自然物的关系、人工自然物与人工自然物的关系。天然自然物之间的关系通过各种自然力,风、雨、雷、电等的相互作用、相互协调实现优胜劣汰、动态演化。从人类打磨第一个石器开始,纯粹的天然自然物就开始了被人类利用的征程,随着人类实践活动范围的拓宽和科学技术的发展,更多的天然自然物变成了人化、人工的自然物,二者相对呈现此消彼长的趋势。直至今日,地球生态系统中人工自然物不断挤占天然生态空间,本质上反映了人类生存和演化发展中的需求、欲望和利益。

从人本身来看,基于生态角度考量,主要分为生态利益相关人群和非生态利益相关人群。生态利益相关人群相处于同一生态系统之中,面对相同的生态问题,是否协作、如何协作、协作的利弊后果将是相互关系中的主题。非生态利益相关人群看似并非处于同一生态系统,不需要面对同一生态问题进行对话、沟通、交流、协商,然而,整体生态文明趋势不可阻挡。全球每一个个体都是生态文明的建设者,个体生态意识,生态行为与他人、团体生态意识,生态行为具有关联性影响,团体生态意识、生态文明的养成需要每个个体生态素养的提升,个体生态意识和生态行为通过潜移默化、言传身教的方式会连锁性传递扩散,从而形成一股生态合力,把不同生态利益相关的人群在共同的生态文明目标中相联结。

社会发展是政治建设、经济建设、文化建设、社会建设、生态文明建设的“五位一体”式发展,其中,生态文明建设具有突出地位,融入政治建设、经济建设、文化建设、社会建设各方面和全过程。“融入”一词是核心,能否融入、融入程度、融入规模在一定程度上决定了能否在全社会形成生态政治、生态经济、生态文化、生态社会的整体生态格局。而“融入”的关键就是要处理好政治、经济、文化、社会和生态的关系。以绿色、循环、低碳经济发展模式替代传统粗放式经济发展模式,通过国际社会、国家、企业、团体、个人多方协作努力,促进生产空间集约高效、生活空间宜居适度、生态空间山清水秀,构建整体纵横交错的生态网络,在全社会形成绿色生态文化氛围,使生态系统真正达到整体的稳定、和谐、美丽。

自然、人、社会每一个要素都是构成整体生态存在系统的基础。作为进入系统的要素,其

性能、种类都有相应的要求，既然是复合生态系统，传统的人、自然、社会都要实现生态转向，生态文明时代的人类生活应以生态风尚化为荣，自然不仅仅具有经济价值，它还有其存在的消遣价值、生命支撑价值、科学价值、美学价值以及内在价值等众多价值。社会不仅仅应满足人们的物质需求，还应该担负起实现经济效益、社会效益、生态效益有机统一的重任。

（二）第二层级关系：人与自然、人与社会、自然与社会的关系

人类在自己的生存和发展中必然形成人与自然、人与社会、自然与社会之间的诸多关系。人与自然的关系在不同时代的历史变迁中呈现不同的形态；每一个个体人参与时代变革和发展，在当代实质上体现为整体社会发展的生态趋势与人的生态意识的关系，即生态存在与生态意识的关系。自然与社会的关系体现了人类社会整体认识自然和改造自然的能力，表明了人类社会发展的轨迹，即把自在自然转化为人工自然，再从人工自然向复合自然回归。

1. 人和自然关系的演变历程

不同时代由于人的认识能力和实践能力的差异性，人对自然的认识也形成了不同的观念和看法，这种对自然界的总看法和观点被称为自然观，人类自然观依次经历了如下四个阶段：古代朴素的自然观、中世纪宗教神学自然观、近代机械唯物主义自然观、现代唯物主义有机整体自然观。

(1)古代朴素的自然观——自然界由原初物质构成

此阶段主要从公元前 7 世纪至公元 5 世纪，人类整体上认识能力和生存能力比较低下，形成了当时代所特有的哲学和自然科学相结合的笼统性认识成果——自然哲学。天文、气象、力学、数学、建筑、航海、医学等方面的自然科学因为生产和生活的需要而得到发展，但这些自然科学对自然界认识的最大特点是直观性、思辨性、猜测性。直观性认识停留在事物的表面，不能对自然界进行分解；思辨性缺乏科学的论证，仅仅进行朴素的思考，不能深刻地揭示自然的本质和规律；猜测性虽然提出了一些天才的思想，但认识主观性较强，且带有神秘的色彩。其具体认识过程常常采取类比方法把比较熟知的、重要的事物或现象、特性类推到其他事物以达到以一知多的认识，如古希腊第一个哲学家泰勒斯(Thales，约公元前 624—公元前 546)认为“水为万物之源”，亚里士多德(Aristotle，公元前 384—公元前 322)认为泰勒斯具有这种思想是因为“如一切种子皆滋生于润湿，一切事物皆营养于润湿，而水实为润湿之源”①。万物的生长、滋养都离不开水，水也是人类生活中的重要资源，水理所当然地成为万物的始基、本原，像这样把自然万物确定为由一个或多个具体的原初物质构成的思想在古代具有普遍性。而这种认识方法本身的局限性也很明显，不能达到对事物的精确性认识，其认识结果常常具有或然性，也正如此，当德谟克利特(公元前 460—公元前 370 或公元前 356)把探求事物的因果关系看作比获得波斯国的王位还要高兴的事时，却在比同时代人游历的地方更多、考察的地方更远的情况下因为不能真正地探求事物的因果关系，达到对事物的确切认识而据说刺瞎了自己的双眼。② 总体上，虽然古代人类对自然的认识具有模糊性、笼统性，人类难以清晰地了解和掌

① 亚里士多德. 形而上学[M]. 吴寿彭，译. 北京：商务印书馆，2017：8.

② 马克思，恩格斯. 马克思恩格斯全集：第 40 卷[M]. 中共中央马克思恩格斯列宁斯大林著作编译局，译. 北京：人民出版社，1982：201 - 202.

控自然，甚至在很大程度上被自然所奴役，但是这种对自然的初步认识奠定了人类认识自然的基础，正如恩格斯所说："在希腊哲学的多种多样的形式中，几乎可以发现以后的所有观点的胚胎、萌芽。"[①]德谟克利特的原子论、阿利斯塔克(Aristarchus，公元前 315—公元前 230)的日心说、亚里士多德对小鸡胚胎形成的观察等都为近代自然科学对自然界的认识奠定了基础。

(2)中世纪宗教神学自然观——自然是由神灵所创造的

欧洲的中世纪大致从公元 5 世纪到公元 15 世纪，经历了千年的时间，占主导地位的思想是宗教神学思想。这一时期也被称为黑暗的千年，神学思想禁锢着人们的精神生活，自然科学研究被严格禁止，科学家遭到残酷的打击和迫害。自然界万物被上帝所创造，并听从神的安排，服从造物主的旨意，《圣经》中提出"我们要照着我们的形象，按着我们的样式造人，使他们管理海里的鱼，空中的鸟，地上的牲畜，并地上所爬的一切昆虫"。上帝是最高存在和终极存在，圣经的教义、教廷制定的教条、教会权威的意见等都是至高无上的真理，人类仅仅成为上帝在世间的"代言人"，按照上帝的意旨管理地上的万物。《圣经》中上帝把人类放到了地球中心的地位，人类中心主义的思想被强化。小林恩·怀特在他的《生态危机的历史根源》中分析了这一现象，他认为上帝创造了亚当，为了不让亚当孤独，又为亚当创造了一个同伴夏娃，亚当命名所有的动物，从而确定了对它们的绝对统治，而"上帝做的一切都是为了人的利益和人的统治，自然界的一切创造物除了服务于人的目的以外，就没有别的用途"[②]。

(3)近代机械唯物主义自然观——自然是孤立的物质原子

公元 15 世纪到 19 世纪中叶之间，欧洲的文艺复兴、宗教改革、工业革命促使社会全面变革，自然科学和生产方式也获得迅速发展，人们冲破了宗教神学的束缚，形成了对自然界新的认识。首先，哥白尼提出的日心学说颠覆了地心说对宇宙的认识，摒弃了地球、人类是宇宙中心的思想，也抛弃了神创论的宇宙观，从科学上确立了太阳中心的思想，把自然科学从神学中解放出来，宣告了神学的破产。其次，牛顿的经典力学体系由于在近代初期发展比较完善，其蕴含的力学思想很快变成了一种普适性思想，被广泛地推广和应用，生物学上林奈的物种不变思想、化学上道尔顿的原子论思想、物理学上的拉普拉斯妖等都是这种思想的集中反映，直到 19 世纪末 20 世纪初，英国物理学家开尔文(Lord Kelvin，1824—1907)在迎接新千年的物理学大会上宣称物理学的框架已经完成。牛顿的力学思想主导着近代长达三个世纪的人类思维方式。但由于力学思想本身所具有的静止性、孤立性、局限性，人们在对自然的认识中，一方面把自身与自然绝对对立，站在自然之外看待自然，自然是一架人类可以操纵的机器，伏尔泰认为牛顿以万有引力定律论证了宇宙是一架巨大的机器，笛卡儿认为"自然图景是一种受着精确的数学法则支配的完善的机器"，自然科学视界中的机器自然图景被建构；另一方面把整体自然依据人类的需要分割成无数孤立的物质原子，抛弃了自然的联系性、动态演化性，自然在人类视野中变成了一幅"静止的画面"。恩格斯的"自然界绝对不变"是当时人类对自然的最佳阐释。

(4)现代唯物主义有机整体自然观

19 世纪中叶以后，自然科学从近代初期搜集材料为主的分析阶段进入整理材料为主的理

---

① 马克思，恩格斯. 马克思恩格斯选集：第三卷[M]. 中共中央马克思恩格斯列宁斯大林著作编译局，译. 北京：人民出版社，1995：287.

② 鲁枢元. 自然与人文：下[M]. 上海：学林出版社，2006：617.

论综合阶段，涌现了揭示自然界整体联系和演化的科学理论体系。天文学上，康德-拉普拉斯的星云假说揭示了恒星的物质演化过程；地质学上，赖尔（Lyell，1797—1875）的地质渐变论阐明了地球在自然界本身的力量——风、雨、地震、火山、流水等多种因素作用下的逐渐演化过程，同时也证明了生活在地球上的动物、植物也随着地球的演化有了自己的历史；物理学中的能量守恒和能量转化定律从科学实验上证明了宇宙间物质运动的多样性、客观性以及物质运动的不灭性和相互转化性；化学上的元素周期律、人工合成有机物等新发现让我们看到了自然界的内在统一性；生物学上的细胞学说、进化论既揭示了自然界物种千差万别的原因，也推翻了动植物间毫无联系、偶然的、神创的、不变的观点。20世纪以来，新科技革命中发现的新的科学理论更是进一步证明了自然界的整体性、联系性、动态演化性。相对论揭示了物质运动速度和时空的不可分离性，量子理论把观察者和发现融为一体，系统科学强调自然界的系统整体性、演化性、复杂性等。现代自然科学所揭示的自然界不同于近代碎片化、原子化的自然界，自然在本质上是一个有机整体，人类既从自然中产生，又在自然中演化，人类既从自然中脱颖而出，其根基又在自然之中。人与自然构成了一种对象性关系，人“一方面具有自然力、生命力，是能动的自然存在物，这些力量作为天赋和才能，作为欲望存在于人身上；另一方面，人作为自然的、肉体的、感性的、对象性的存在物，和动植物一样，是受动的、受制约的和受限制的存在物”①。人类在自然中能动性发挥的程度并不单纯地取决于人的主观能力和意志，更重要的在于人类是否能够顺应自然规律，也与人对自己受动性的认识程度和掌控能力密切相关。

一直以来，人类都承认自然界的存在，但对自然界的理解在各个时代各不相同，或者猜测，或者偏颇，而只有建立在科学事实基础上的有机整体自然观才真正地揭示了生态系统是人与自然、社会的有机统一体。

2. 生态存在与生态意识的关系

(1)生态存在

生态存在是由自然、人、社会所构成的复合生态系统，它是生态文明时代物质生活条件的总和，主要由生态地理环境、生态人口因素、生态生产方式构成。

生态地理环境是人类生存和发展所依赖的环境系统、资源系统等各种生态自然条件的总和，它既是人类生存的场所，同时也为人类提供生存所需，而且还承载人类的废弃物。传统地理环境更多被赋予单一性特质，主要为满足人类的需要而存在，也因此被人类的行为分割成孤立的碎片和原子，斩断了自然地理的生态链条。生态视野下的地理环境具有整体性、连贯性特征，其中每一个自然要素的增加、减少、变动都会引起地理环境的整体变化，自然要素是整体中的要素，受到生态地理整体的约束和选择，整体是由自然要素在相关联性中构成的整体，是一种动态的平衡。

生态人口因素包括适度人口数量、良好的人口质量、合理的人口结构和均衡的人口分布等要素的综合生态化。准确来说，人口状况是否生态化需要放在其生存的环境系统中进行分析，看其与环境的匹配度是否适合。目前，在这一方面能够比较定量化衡量人口因素和其与自然环境关系的计算方法是“生态足迹”。此方法在20世纪90年代初由加拿大不列颠哥伦比亚大学的里斯教授（William E. Rees）提出，它可以定量化地衡量一个人、一个城市、一个地区、一个国家、全人类需要多少具备生产力能力的土地和水域，来生产所需资源和吸纳所衍生的废物。

① 马克思. 1844年哲学经济学手稿[M]. 北京：人民出版社，2000：105.

用此计算方法衡量人口因素，如果生态承载力小于生态足迹，那么就出现了生态赤字，说明人类的消费量已经超过了自然系统的再生产能力，人类的可持续发展受到威胁。

生态生产方式是生态生产力与生态生产关系的有序结合、有机整合和有效统一体。传统的生产力是人类认识自然和改造自然的能力，人和自然之间的关系是单向性的，人主要从自然界获取自己所需要的资源，缺少了自然对人类的反馈作用。生态生产力是人-自然-人的循环关系，人作用于自然，自然也反作用于人，人从自然界获得自己生存所需，同时也要补偿、修补自然，从而产生持久的生产力。生态生产关系是人和自然和谐的生产力发展中形成的人与人的关系，包括人与人的代内关系和代际关系。虽然在一定时间段并不能达到人人平均占有生产资料、共同富裕，但生态生产关系赋予人们追求健康生活方式的理念和能力，同时坚持生态正义，杜绝环境污染的不良后果由弱势群体承担，并不以当代人的在先优势损害后代人满足其需求的能力。因此，在当前，当自然资源还不能满足所有人的需求时，生态生产方式就是要求通过构建生态正义、生态平等、生态民主的制度、政策、理念和社会氛围促使人类在实现与自然和解的过程中最终实现人与人的和解。

(2)生态意识

生态意识是人们对自然、人、社会复合生态系统以及各种相关要素之间相互影响、相互制约、相互协同、相互竞争等关系的认识和反映，以及从整体最优角度协调和解决问题的观点和方法。基于人、自然、社会是一个有机统一的动态复合生态系统，生态意识主要包括：生态科学意识、生态整体意识、生态忧患意识、生态价值意识、生态责任意识。生态科学意识是基础意识，自然科学确保了对生态系统认识的科学性、精确性；生态整体意识是效应意识，目标是追求生态系统的和谐、稳定和美丽；生态忧患意识是未来意识，坚持生态动态演化的可持续性；生态价值意识是扩展意识，从人的内在价值延伸到生态系统，认同生态系统自身具有内在价值；生态责任意识是素养意识，它是对公民生态素养的要求。概括来说，生态意识就是以科学性为基础，提升人的生态素养，扩展对生态内在价值的认同，实现人和自然、社会的整体协同和动态持续性演化。

当前生态文明建设既是生态意识和生态实践并重的过程，更是生态意识引导生态实践的过程。但毋庸置疑的是，现实中虽然人们的生态意识普遍提高，但更多是偏颇性生态意识，缺少了整体性生态意识视野。这些偏颇性生态意识主要有如下六大表现①：

第一，自我型生态意识。

自我型生态意识主体的行为主要呈现“自扫门前雪”现象。注重个体的生态素养和生态意识，日常行为践行不破坏生态环境的原则，但对他人破坏环境的行为常常表现为不予关注、干涉、指责、纠正、引导，甚至放任某些破坏生态环境的行为发生。

第二，自利型生态意识。

自利型生态意识主体主要以自我利益为中心关注生态问题，其最常见的表现就是重视与己利益相关的生态环境质量，漠视远离自身利益的生态问题，甚至加入与自身利益无直接关联的公共环境的破坏之中。其对生态环境衡量的标准主要以生态本身的破坏对“我”是否有利为宗旨，至于与自身利益无直接关联的公共环境破坏却可以坐视不管，自认为的污染型工程“不要建在我家后院”是其惯常心理，这种现象也被称为“避邻效应”。

---

① 王有腔.生态文明建设呼唤整体性生态意识[J].环境教育.2018(11):71-73.

第三，局域性生态意识。

局域性生态意识主体主要重视局部生态环境问题，常常缺少对生态整体的把握和认知。自然状态下的环境是一个有机整体，而行政人为分割下的环境呈现局部碎片化现象，缺少了统一治理的有效衔接性。

第四，短视性生态意识。

短视性生态意识主体积极着眼于当前、近期的生态问题，却放任或忽视正在演变的潜在生态风险。自然、人、社会构成了一个复杂的生态系统，人作为复杂的生态整体中的一个成员，由于客观事物本身的复杂性、人类自身思维的非至上性、科技的局限性、事物特性暴露的过程性，人们常常在短时间内不能把握事物的所有属性及其利用后果，看不到事物长期利用所产生的危害性，“人们恰恰很难辨认自己创造出的魔鬼”①，从而在无意识情况下成为环境破坏者。

第五，忽视细节性生态意识。

这种生态意识主体主要重视重大、突发的生态环境事件，忽视日常生活中的细小生态问题。其实，许多重大的生态问题都来自日常实践中的细小累积。特别是，某些生态危害由于本身的细微性、隐蔽性很难被明显察觉，或者被发现却由于最初危害的轻微性，常常被很多人所忽视，甚至生活其中而不觉其危害性，这种生态生存状况就像温水煮青蛙一样，人在毫无知觉的情况下，适应了正在逐渐恶变的环境。然而，一旦生态恶化、生物遭到破坏的不可逆转的极限来临之时，人的生存极有可能难以为继。

第六，漠视式生态意识。

这种生态意识主体在了解生态危害的情况下，常常认为这种危害微不足道，是社会经济发展的必然代价，随着经济的进一步发展，这种生态环境的危害性会逐渐消失。甚至有人认为生态环境具有公共特性，对与自身无关的生态风险、未认识和显现的生态风险、长远的生态风险常常采取漠视、放任的态度和行为，因而，在理念上，公共环境意识淡漠，无视环境危害的后果。这种生态意识现象也被称为“吉登斯悖论”②。

偏颇性、狭隘性生态意识引导下的生态实践活动，或者推行局部治理而忽视整体衔接，或者追求地区经济快速发展而很少关注生态环境影响的整体后果。从而产生了生态系统本身的特性和偏颇性生态意识主导下的生态实践的矛盾现象，如生态系统的整体性与实践碎片化悖论、生态系统的循环性与实践单向性悖论、生态系统的持续性与实践目的的短暂性悖论，这就要求必须在实践中宣传和践行整体性生态意识，通过构建政府、企业、家庭、个人立体交叉式生态教育模式使生态理念内化于人们的思想之中，并在根本上付诸生态实践；通过整体上统筹管理，相互协同，在各个地区之间建立畅通的生态沟通、对话、协商渠道，实现生态信息共享，生态环境共同治理，提升生态整体质量；通过生态科技的推广和应用，实施生产源头、生产过程、生产末端全过程绿色发展模式，在保护优先下促进经济发展，从而实现经济效益、生态效益、社会效益的有机统一；通过建立完善的生态法规和政策体系，用制度保障、约束、指引人们的生态行动，把生态价值理念、绿色政策法规制度有效融入人们的日常行动中，实现生态生活风尚化，从而在整体上建设生态文明。

---

① 克里考特.生态学的形而上学含义[J].余晖，译.自然科学哲学问题，1988(4)：66－74.

② 吉登斯.气候变化的政治[M].曹荣湘，译.北京：社会科学文献出版社，2009：3.

(3)生态存在和生态意识的关系

第一,生态存在状况决定着相应的生态意识。

生态存在状况对生态意识的决定性作用体现在两个相反的方面。

其一,正相关。生态存在状况不佳,生态意识相对较弱;生态存在状况良好,生态意识相对较强。生态存在状况决定着人们的生存质量,物质生活水平较低时,人们的主要目标是维持生存,过着"靠山吃山,靠水吃水"的生活,生态意识相对薄弱。随着物质生活水平的提高,人们追求高质量生存环境的欲望会不断增加,特别是当人们越来越觉得大自然是自己的必需品时,生态意识逐渐增强。

其二,负相关。生态存在状况恶劣,生态危机导致改变生存环境的生态意识产生。当生态问题已经成为全球普遍存在的问题,而且这种问题危及人类的可持续性发展,此时,这种生态危机的现实存在将促使人与自然和谐的生态意识产生。

一般来说,生态意识的变化主要由生态生产方式所决定,有什么样的生产方式,就有什么样的意识。当人类采取高生产、高消费、高排放这种资源—产品—废弃物单向性、粗放型的生产方式时,人类视自然为可以奴役的对象,相应地,人类的生态意识会比较低下。当传统的生产方式转向绿色的、循环的资源—产品—再生资源的生产方式时,人类认识到自然和人的关系是对象性关系,生态意识会逐渐提高。

第二,生态意识对生态存在的相对独立性。

生态意识在反映生态存在的同时,还有自身独特的复杂性,主要表现为:

其一,生态意识和生态存在发展具有不完全同步性。一方面,生态意识落后于生态存在。随着人类进入生态文明时代,生态文明建设需要整体性生态意识,但上述有关生态意识的偏狭性现象充分说明了现实中存在着整体生态时代趋势与生态意识偏狭性矛盾。另一方面,生态意识超前于生态存在。生态恶化状况危及人类未来的可持续发展,人类面对危机的警醒促使生态意识超越现实得以产生。

其二,生态意识对生态存在具有引导性作用。生态意识对生态存在的引导性反作用是生态意识具有独立性的突出表现。由于生态意识本身是对生态存在状况的反映,它能够根据生态存在状况发现其中蕴含的问题、现实的需求和发展趋势,因而它必然具有解决这些问题、满足这些现实需求、推动这些趋势的意愿和作用。生态文明建设是一个实践过程,任何实践都是在一定的意识支配下进行的,完善、整体性的生态意识、生态理念引导、规范人们的行为,培养人的生态素养,必然在实践中变成物质力量,推动生态文明建设和社会整体进步。

3. 自在自然和人工自然的关系

自在自然是还没有打上人类印记的自然,包括人类产生之前的自然、人类产生以后还没有认识和改造的自然。人工自然是人类认识和改造了的自然,人类从打造第一块石器开始,就把自在自然纳入人类的历史,人类的实践活动使自在自然成为人类认识的对象,并按照各种各样的尺度通过利用自在自然的特性、改变它的形状和结构、转化自然规律发生作用的条件和方式,实现了自在自然的人工化,社会发展的历程是人工自然不断增多的过程,也是人的本质力量展现的过程。

(1)自在自然和人工自然的区别

自在自然和人工自然的最大区别表现为是自然产生还是人为产生。自在自然具有自发的运动、变化规律,通过各种自然力量的相互影响、相互作用优胜劣汰,在动态中实现平衡演化;

人工自然与人的实践密切相关，体现了人的情感、意志需要和目的，凝结着人类的思想和智慧，具有满足主体需要的价值性、对象化了的意识性、人与非人自然相互作用的中介性。因而，人工自然不同于自在自然仅仅具有自然性特征，它既具有自然性，又具有社会性。历史上对自在自然和人工自然认识的研究者众多，亚里士多德在《物理学》中把自然界事物划分为自然存在和非自然存在两大类，自然存在就是由于自然原因自然而然的存在，如风雨雷电、动植物就属于此类，称其为自然产物；非自然存在就是由于人的原因而存在，如衣物、家具等属于此类，称其为技术产物。他说："人由人产生，但床却不由床产生。正因为这个缘故，所以都认为床的自然不是它的图形而是木头。因为如果床能生枝长叶的话，长出来的不会是床而会是木头。因此，如果说技术物的图形是技术，那么对应地说，自然物（如人）的形状也是自然，因为人由人产生。"[①]自然产物是自生，技术产物是人的创造，但它的质料来自自然，依据自然物模仿自然或创造自然所不能实现的东西。以此类推，他认为人是自生，也应属于自然。确实，人来自自然，首先应属于自然物，但人又不能完全属于自然，人也是人的社会锻造的结果。我国明代宋应星的《天工开物》，书名就把自在自然和人工自然相连接，天工中的"工"同"功"，指自然界天然形成的功巧，是自然产物，如宋代诗人陆游有诗"天工不用剪刀催，山杏溪桃次第开"，就描述了自然的力量和功效；开物与天工相对应，是人工物，宋应星认为许多自然物不能自动满足人的各种需要，必须由人开发再造，以人力补天工，他形象地用人和五谷的关系阐述了天工和开物的关系，即"生人不能自生，而五谷生之。五谷不能自生，而生人生之"。德国哲学家莱布尼茨（Gottfried Wilhelm Leibniz，1646—1716）区分了自然机器和人造机器，这里的自然机器主要指生物有机体，他认为自然机器是神圣的机器，即使一个很小的部分也是机器，它属于神的技艺；但人造机器就不同，它的部分并不能称为机器，例如黄铜轮子的齿有一些片段，这些片段不像黄铜轮子那样有特定用途，不能成为机器，这一点正是自然机器和人造机器的区别，自然机器优于人造机器。19世纪通过工业和科学技术所创造的人工自然是马克思关注的重点，他认为这种自然是"人本学的自然"，是人的本质力量的展现，那种离开人的自然（自在自然）对人来说是"无"，"被抽象地理解的，自为的，被确定为与人分隔开来的自然界，对人来说也是无"[②]，这里的"无"并非不存在，而是对人来说没有意义。虽然马克思没有把自在自然作为研究的主要对象，但马克思关于人工自然的思想与自在自然、人自身自然相关联，自在自然—人自身自然—人工自然（人化自然）之间的双向作用构成了马克思关于自然的多维度思想。

（2）自在自然和人工自然的联系

自在自然和人工自然都具有客观实在性，从人类历史发展的角度来看，借助于科学技术，在劳动实践中人类利用自然界资源把越来越多的自在自然变为人工自然，在人类居住的地球范围内，自在自然越来越少，人工自然越来越多，人类目前已经在宏观、微观中认识和改造了大量的自在自然。人虽然可以改造自在自然的形状、结构以及自然规律发挥作用的方式和条件，但人不能消灭自在自然，仅仅转化了自在自然存在的方式。人工自然物仅仅以不同于自在自然存在的方式而客观地存在，仍然属于自然界的一部分。

---

① 亚里士多德. 物理学[M]. 北京：商务印书馆，1982：46.

② 马克思. 1844经济学哲学手稿[M]. 北京：人民出版社，2000：116.

(3)人工自然介入自在自然系统中的思考

第一,人造工程的类型。①

人工自然形成的过程,也是人类不断在自在自然中添加人造工程的过程。人类没有产生之前,自然界经过长期的演化形成了一个相对稳定的系统,动物、植物、微生物以及周围的自然条件形成了相互适应、相互依赖、相互制约、没有废弃物的生态系统。而随着人类的产生,特别是随着人类改造自然能力的增强,人类在原有的相对稳定的生态系统中添加了越来越多的人造工程,打破了原有系统的稳定性,新系统中的自然、社会、工程等众多要素重新相互适应、相互影响,从而使生态系统呈现出复杂的运行态势。这些人造工程与原有系统的关系概括起来主要有下述六大类:

顺应自然式工程。这种工程主要是依据当时当地的地理、地势、地形状况,以工程的需要为标尺,因地制宜、就地取材,通常很少大规模地改变原生态的地理环境。这种类型的工程对自然环境的影响较小,总体上使工程和自然有机地融为一体。如古代的都江堰工程、西安秦岭野生动物园等。

合理改造自然式工程。随着人类认识和改造自然能力的增强,人类听天由命式顺应自然的观念也在发生着变化,改造自然,使自然更多地造福于人类成为主导理念。现今体现人类物质文明丰富成果的工程绝大部分是对自然的合理改造。

人定胜天式工程。工业革命以来,随着科学技术的迅猛发展,人类认识自然和改造自然的能力被空前放大,人类在自然面前正如恩格斯所说的:“只要我们造成某个运动在自然界中发生时所必需的那些条件,我们就能引起这个运动;甚至我们还能够引起自然界中根本不发生的运动(工业),至少不是以这种方式发生运动,并且我们能赋予这些运动以预先规定的方向和范围。”②这种人定胜天的思想最终成为我们凌驾于自然之上,不顾自然规律制约的“指标”,引导着我们实施了一个又一个对自然疯狂掠夺和索取的工程,如大炼钢铁、围湖造田等。

短视性(认识迟滞性)工程。工程一般是为了满足人们的某种愿望而建,如果某些工程是某些人主观意图的结果而并非经过严格的科学论证,或者是为了解决近期的急迫需要而并未考虑长期的运行后果,那么就极有可能使得工程最终只是满足少数人的需要而对其他人带来不良影响,或者只是解决了近期所需,而从长远来看,可能导致不可逆转的危害,甚至对人类来讲是毁灭性的打击。如埃及阿斯旺水坝。

蝴蝶效应式工程。蝴蝶效应是指在一个系统运行中,初始条件下微小的变化能带动整个系统长期的巨大的连锁反应。在现代大型工程中,工程内部所涉及的因素众多,从横向方面来看,需要协调每一时间、每一事件中各方面的关系;从纵向方面来看,需要把工程划分为几个子阶段,而这几个子阶段的衔接又十分重要。同时,工程每一时间中的事件又与整个过程中的其他状况构成了一个纵横交错之网,缺失了任何一个环节,或者任何一个环节出现不能有效衔接的情况,甚至在经验看来是一个较小的失误,都极有可能造成较大的损失。如美国挑战号航天飞机失事。

豆腐渣式工程。此类工程是指那些由于偷工减料等原因造成的不坚固的、容易毁坏的工

① 王有腔,周延云.人造工程对自然生态影响的理性分析[J].经济管理,2009(6):138-142.

② 马克思,恩格斯.马克思恩格斯选集:第四卷[M].中共中央马克思恩格斯列宁斯大林著作编译局,译.北京:人民出版社,1995:328.

程。此种工程纯粹由于人为的因素导致工程质量不能达标，从而在运行过程中造成重大的破坏性影响。在现代，由于自然资源的紧缺，这种工程在造成自然资源耗费的过程中，加剧了人和自然的紧张关系。同时，由于现代大型工程的增多，如果质量不能保证，将极有可能改变当地的生态环境。如日本福岛的核泄漏。

第二，人工自然介入原有系统中的状况分析。

工程作为一种人类在自然界中制造的产品，它和其他天然自然物一样置身于自然界之中，成为自然大系统的一个组成部分。也正是无数工程的介入改变了自然界的本来面貌，原生态的自然越来越让位于人化的自然或者人工的自然。马克思认为，这种自然界是"在人类历史中，即在人类社会的形成过程中生成的自然界，是人的现实的自然界"①。我们常说自然界有自然界的规律，这种规律是各种自然力量盲目作用的结果；我们也常说人类社会有人类社会的规律，人类社会的规律是人主动参与的结果。自然界和人类社会之间规律泾渭分明，各有其独特性。然而，当纯粹的自然人工化后，这种自然又遵循怎样的规律运行？同时，在这种人工化的自然中我们也看到了工程与自然不和谐的因素，那么，又如何看待工程对自然的影响呢？问题是，早期的工程和自然之间似乎并没有产生不可挽救的不和谐后果，而现代工程却往往会起到不可控制的破坏性作用，如 20 世纪的"八大公害事件"造成全球性环境破坏，几乎都与工业工程有密切关系，这又是为什么呢？其实，工程和自然的和谐是很复杂的，自然本身有其运行规律，有其惯常行程，比如重物下落、水往低处流、气体扩散等，在没有人造工程的自然界，自然内部的各种因素相互协同、约束，演化生成了其特有的系统整体。然而，随着人造工程的加入，使得自然系统原有的平衡状态被打破，特别是随着工程日益增多，工程占据了自然系统中的核心地位，这时的自然运行就绝非纯天然规律在起作用，有人的主观思想的介入，人依据自己的需求、爱好和审美标准建造自然本身没有的东西，现实的自然界由天然因素与人造工程诸多的异质复杂性因素组成，需要重新进行整合。那么，在这些因素中，人造工程相对于天然自然的被动性来说具有更多的主动性。因此，人的行为极有可能影响自然的惯常状态，这种影响的最佳结果就是各种复杂因素的相互适应、相互匹配，再造一个新的和谐自然。然而，有些自然因素和自然能力一旦被影响，而这种影响如果又具有不可逆转的破坏性，即使人类能力如何强大都难以恢复原貌，这必然破坏自然的整体性，进而殃及人类持续的生存、发展能力。当然，更多影响的不良结果往往在短时间内难以显现，但长时间却可以预测。因此，任何一项工程首先都应该坚持工程和自然和谐的理念，充分认识到工程进入自然之中也就预示着原有系统增加或减少了新的环节，需要重新整合，那么，工程地点的选择、工程所需原料的种类和来源、工程垃圾的处理及工程运行后对环境的影响等，种种相关链条上的每一环节都需要慎重对待，要把工程的经济效益和社会效益、环境效益有机地相互结合，这不单是为了工程短期的成功，更是为了工程的可持续发展。

（三）生态存在系统诸多关系的发生机制

宇宙从大爆炸开始的混沌无序状态演化到现今的有序状态，从最初的简单性图景演化到现今的复杂性图景，从无机物演化出有机物直至人类，人们不禁要问：是什么促使宇宙从简单

---

① 马克思. 1844 年经济学哲学手稿[M]. 北京：人民出版社，2000：89.

走向复杂？而在这漫长的演化过程中，为什么有些物种繁荣昌盛，而有些物种却消失灭绝或受到排挤？为什么在自然界中存在着物种之间的相互抑制、相互敌对、相互竞争同时又可以相互依赖和共生？为什么物种之间的竞争非常残酷却又能共存而实现彼此的稳定呢？其实，自然界千奇百怪的万事万物，看似可以孤立存在，但都不能脱离整体的联系之网，每一个自由运行的个体最终都会纳入整体的集体行为之中，一方面通过竞争促使自身的动态演化，另一方面通过协同而实现整体的稳定存在，协同和竞争二者看似矛盾，但缺一不可，单纯的协同缺少了变化性，单纯的竞争使系统动荡而难以稳定，系统正是在二者的对立互补中达到动态平衡。

从现今生态存在系统来看，人、自然、社会构成了一个有机统一的整体，这个整体在平衡—失衡—平衡的动态中保持其和谐、稳定和美丽。平衡在于生态存在系统内各种要素、各种关系的相互协同，即依赖、共生和互助，自然界中存在着大量的协同现象，甚至有很多物种也只有在共生和互助的生态链条中才能够生存，如蜜蜂和开花植物的共生，蜜蜂依靠花蜜为生，同时传播花粉使植物生长茂盛。一旦生态链条增加、缺失、减少、变动一个环节，共生关系或依赖关系、互助关系将随之发生变化，系统将会重新调整，或者达到新的平衡，或者短暂平衡而最终失衡，或者不可逆转性的永久失衡。因而，基于各种联系的生态存在系统最终能否达成平衡，这是一个具有根本意义的问题，也正由于生态存在系统中存在着相互抑制、相互争斗、相互冲突、相互敌对的竞争关系，生态链条中的每一个物种都在争取自己的生存空间和资源，它随时都处在要素的增加、减少、变动过程中，生态系统究其实质是一个你争我夺、弱肉强食的竞争场所，似乎所有的事物都在最大限度地扩展自己的力量，其行为是“自私的”，但事实上，生态系统内部存在的诸多关系却在整体上限制了系统内部的各种争斗和扩张行为，系统在整体层次上强迫个体相互合作。虽然其间可能产生生态失衡现象，或某些物种灭绝现象，但生态系统的多样性、复杂性、关联性等特性会在历史的演化中协调各种力量，使得适者生存，不适者被淘汰。但有人参与的系统就不同，人类的活动如果超越了自然生态系统的自调节能力，加速了系统内某些物种的灭绝速度，就会导致大量失衡现象，如资源匮乏、生物多样性丧失等，威胁着生态整体的有序演化。现今人类本身的力量可以毁灭生态系统，也可以再造美好的生态系统，人类作为自然进化较高级别的生物，有责任通过自己的智慧和道德协同各种复杂的生态关系，约束自身的行为，使其融入自然之中，还自然山绿、水清和天蓝，促进人与自然可持续性发展。

三、有机整体自然的基本特征

有机整体自然是人、自然、社会的复合生态系统，与传统自然的分解性、原子性不同，具有新的特征。

(一)系统整体性

分析下面案例，美女琴师的手与玉盘中美女琴师的手有何不同？

荆轲往见太子丹，于是尊荆轲为上卿，居上舍，太子丹日至其门，供奉太牢，车骑美女恣荆轲所欲。轲与太子游东宫池，轲拾瓦投龟，太子丹令人捧金瓦而进，荆轲用尽，复进。太子丹与荆轲又共乘千里马，轲曰："闻千里马肝美。"太子丹即杀马进肝。太子丹与荆轲置酒华阳台，出美人能鼓琴，轲曰："好手琴者。"断以玉盘盛之。轲曰："太子遇轲甚厚。"是也。

譬如一只手，如果从身体上割下来，名虽可叫手，实已不是手了。——黑格尔

整体性是系统内部各组成要素之间相互影响、相互作用所激发出来的整体效应。整体与部分相比较，常常会突显不同于各个组成部分的新性质、新效应，有些新性质、新效应在其组分层次上是完全不能被理解的，甚至不可能被发现。在同质可比较的情况下，整体与部分的关系主要有三种：其一，整体大于部分之和，主要指整体和部分相比较产生了比部分更优的效应，如"三个臭皮匠，赛过诸葛亮"；其二，整体等于部分之和，主要指整体和部分相比较没有新的性能产生，如一袋大米重量等于各个米粒重量之和；其三，整体小于部分之和，主要指整体和部分相比较产生了比部分更坏的效应，如"一个和尚挑水吃，两个和尚抬水吃，三个和尚没水吃"。系统思维方式追求的目标就是整体最佳效应，即整体大于部分之和，它要求内部各组成部分按照恰当的比例相互结合、相互协同，最终产生最大的集体力量。每一个进入整体中的部分既受到整体的激发，产生了原来没有或没有显现的新特性，同时也受到整体的约束，部分原来拥有的特性可能会被屏蔽。孤立状态下的部分不同于整体中的部分，譬如琴师的手与整体生理、心理、社会技能等所造就的琴师能够奏出美妙的音乐，但脱离身体的手已经不具备弹奏音乐的条件，也不能和身体其他部分相互配合，必然不能再奏出美妙的音乐。生态系统作为由自然、人、社会组合成的复合型有机整体，自然、人、社会每一个组成部分各有其演化特点和规律，而且，各自都是复杂的系统，这些复杂的子系统要结合成一个整体效应最佳的有机体，其难度可想而知。这就要求在生态系统中起主导作用的人不能独立看待生态系统，必须具有生态整体的理念，在实践中推动人、自然、社会的相互协调、可持续发展。

（二）相关性

你觉得猫和三叶草有关系吗？

生物学家达尔文在英国乡村曾经观察到这样一个有趣的事实：凡是猫养得多的地方，那里的红三叶草就长得特别茂盛。猫和红三叶草，可以说是风马牛不相及。这究竟是什么原因呢？

细心钻研的达尔文终于发现了其中的秘密。原来，红三叶草是专门靠土蜂来传粉的，而土蜂酿的蜜，常常被田鼠偷吃，田鼠还破坏了蜂巢。这样，田鼠多了，土蜂就少了，红三叶草传粉的机会也少了。鼠的天敌是猫，猫多了，鼠少了，土蜂就多了，红三叶草传粉多了，自然就长得繁茂了。

猫和红三叶草之间，（似乎也许）毫不相干，可是加上土蜂和田鼠两个环节，就形成了一根相互联系的链条——生态链：猫—田鼠—蜂—三叶草……

从表面来看，猫和三叶草毫无关联，但生态存在系统是一个联系之网，每一个事物内部以及事物之间都存在着或近或远的联系，系统的整体性就来自系统各个组成部分的相关性。生态系统存在着三种重要的联系：其一，要素和要素的联系，此种联系决定了系统的存在结构。

在人与自然的单向性联系中，人是主导，自然仅仅是人类的对象，人与自然呈现二元对立的结构。而生态存在复合系统中，人、自然、社会三种要素都是整体系统中的普通组成部分，其存在地位是平等的，人并不能凌驾于自然之上，它们之间形成了多向性关系，人、人类社会作用于自然，自然也反向作用于人以及人类社会，也正是在这种多重关系中构建了一个无中心的整体生态结构。其二，要素和系统的联系，此种联系揭示了系统整体和其组成要素的内在关联性。要素是构成系统的成分和因子，进入系统中的要素必然受到系统整体的约束、选择、渗透、浸染，从而打上系统整体的烙印。同时，整体由要素组成，要素的特性在一定程度上也决定了系统整体的特性，比如要素的性能、种类、相互关系都对系统至关重要。其三，系统和环境的关系，此种联系揭示了系统和其存在环境的外部关联性。自然界的任何系统都是开放系统，和其周围的环境之间存在着物质、能量、信息的交换。从生态存在系统来看，整体自然的有机统一来自其内部人、自然、社会各个子系统的同塑共生，生物生存的环境塑造着环境中的每一个生物系统，生态存在系统又是由组成它的各个子系统共同塑造的。一方面，环境为生物系统提供活动场所、资源或其他条件，并容纳系统产生物。另一方面，为了生存发展，生物系统特别是人及人类社会必须遵从自然规律，对环境合理利用、合理改造以实现人与自然的和谐。“人类并未编织生灵之网，我们只是网中的一根线。不论我们对网做什么，它都会影响我们自己。世间万物环环相扣，一草一木无不关联。凡事降临于地球，也必将降临于地球的子民。”①

（三）协同性

人类能够制造出地球上非自然存在的大量人工物，但人类能够制造出一个新的适合自己生存的地球生态系统吗？

科学家们将人类休养生息的地球称为“生物圈一号”，为了测试人类离开地球能否生存，美国从 1984 年起花费了近 2 亿美元，在亚利桑那州建造了一个几乎完全密闭的“生物圈二号”实验基地。科学家计划通过模拟地球的各种条件在其中居住两年，但不到两年，因氧气含量下降、粮食歉收、气候条件让人无法生存而不得不撤出“生物圈二号”。1996 年，哥伦比亚大学的数名科学家对此实验进行了总结，认为在现有的技术条件下，人类还无法模拟出一个类似地球的、可供人类生存的生态环境。那么，为什么人类不能制造一个新的供人生存的地球呢？

宇宙的演化大约经历了 150 亿年的历史，其间产生了恒星、地球、生命、人类，而每一种类的产生都与其当时的各种条件密不可分，同时，前面产生的种类也为后面种类的产生提供了相应的条件。无机物、有机物、自然的风雨雷电等宇宙万物演化出人类，这本身就是美的，并创造着美。因而，自然不仅创造了多种多样的自然物，而且各种自然物在长期的演化中构成了一个相互竞争、相互协同且比例协调、动态平衡的自然图景。而“生物圈二号”模拟地球生态系统，属于人工产品，其中产品的种类、比例是否协调十分重要，这关涉循环能否持续进行。设计者虽然在“生物圈二号”内模拟了多种类的生态系统，但引进的生物却主要是生产者，动物、真菌和细菌的种类和数量都较少。传粉的昆虫死去了，有些植物就只开花不结果。由于动物的种

① 科尔曼.生态社会的价值观[M]//杨通进.现代文明的生态转向.重庆：重庆出版社，2007：381.

类和数量减少了,植物很少被动物取食,加之缺少细菌和真菌的分解,导致枯枝落叶大量堆积,单一性、同质性、短暂性的人造系统致使物质循环不能正常进行,生态链条断裂,从而缺失了自然系统中天然的动物、植物、微生物之间的整体循环性,最终只能以失败告终。

(四)动态平衡性①

在生态学中,有一个经典案例就是山猫和野兔的故事。加拿大北部哈得孙湾的山猫以野兔为食,山猫是捕食者,野兔是被捕食者,山猫的数量从 19 世纪以来经历了几次大的波动,平均周期为 24 年。山猫和野兔是生态链条中两个紧密相连的环节,山猫数量的变化与野兔数量的变化相互影响,它们怎样参与整体生态系统的动态平衡?

生态存在系统总体上是一个动态平衡的演化过程,但其中也有失衡、失调的现象。系统内外部各种因素、各种力量相互作用、相互影响常常形成多种关系,如依赖、互助、共生的协同关系,约束、限制、争斗的竞争关系,因果、调解的反馈关系等,正是在诸多关系的交叉作用下,系统各种要素相互协同、匹配时,系统整体相对平衡,但当系统内部竞争激烈、某些因素居于主导地位并对其他因素构成致命威胁时,系统就可能失衡,甚至濒临灭绝。下面以北美加拿大哈得孙湾野兔生长过程为例分析系统的动态平衡性,通过图 2-1 可以看出野兔和山猫之间存在着五个反馈食物链:

反馈循环 1:关于“野兔的生长”和“野兔总数”的正反馈循环,野兔生长愈好,野兔的总数就愈多,两者相互促进。

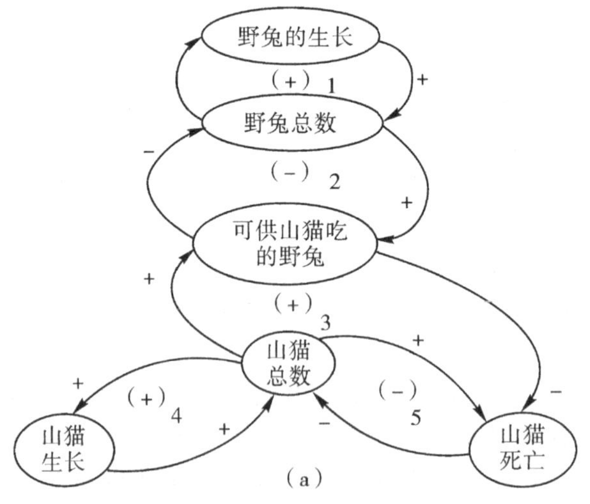

图 2-1 野兔和山猫动态生长状态

反馈循环 2:关于“野兔总数”和“可供山猫吃的野兔”之间的负反馈循环。一方面,野兔总数多了,可供山猫吃的数量也多(正向因果);另一方面,被山猫吃掉的野兔多了,野兔总数就少了(反向因果)。此两者相互制约,耦合起来就形成了野兔在总数上相对稳定的负反馈循环。

① 桂起权.对复杂性研究的一种辩证理解[J].安徽大学学报(哲学社会科学版),2007(5):27-32.

反馈循环3:涉及“可供山猫吃的野兔”和“山猫死亡”“山猫总数”三者的复杂关系,三者从整体上构成复杂的反馈循环关系。这种复杂性体现在“可供山猫吃的野兔”和“山猫死亡”“山猫总数”之间的大循环以及“山猫总数”和“山猫死亡”的小循环,大循环是一个正反馈循环,可供山猫吃的野兔多,山猫死亡越少,山猫总数就越多;而小循环山猫死亡越多,山猫总数越少,构成了一个负循环,山猫死亡状况限制了山猫总数。

反馈循环4:“山猫总数”和“山猫生长”又构成正反馈循环,山猫生长越好,山猫总数越多。

反馈循环5:“山猫总数”和“山猫死亡”之间维持的负反馈稳定循环。

野兔和山猫之间形成一个复杂的非线性动态生长链条,二者数量呈现周期性变化,其周期为24年,而这种周期性的变化是二者相互制约、相互协同、相互因果反馈的结果。在短时间来看,山猫或者野兔都有可能产生数量增加或减少的状况,产生野兔多-山猫多-野兔少-山猫少反馈循环现象。但只要野兔没有灭绝,其数量在两个以上且性别比例协调,山猫少-野兔多-山猫多……这样的循环将会持续发生,系统在平衡-失衡-平衡中动态演化,山猫和野兔将持续生存而不会灭绝。但如果山猫吃掉了所有野兔,或仅仅剩下一只野兔,或者剩下同性别野兔,野兔种群的繁殖将会突然中断,野兔就会灭绝,而以野兔为生的山猫会相继发生饥饿-减少-灭绝,最终野兔-山猫生态系统崩溃。由于野兔和山猫构成的是一对一的简单性生态链条,抗风险能力较弱,一方的数量减少或灭亡必然导致另外一方相应的连锁反应。而现实生态系统大多比较复杂,每一个要素都和周围的多个要素发生多重联系,山猫、野兔也必然有众多的关系网,一个要素的变动虽然对系统整体会产生影响,但在多重关系中系统规避风险的能力会增强,这种复杂的生存关系确保了野兔、山猫的可持续性生存。

(五)自组织性

自然选择淘汰了万千物种,也保留了万千物种,每一种幸存的物种都表现出和环境的适应性,为什么呢?

吃绿叶的昆虫,它的颜色也呈绿色;吃树皮的昆虫,则是斑灰色的;高山上的松鸡,在冬季它的羽毛变得像白雪一样。我们相信这些颜色的出现都是为了达到自我保护和躲避敌害的目的。这是自然选择给予了它们与环境相适应的颜色,在经过无数世代后被永久地保留了下来。这种情况对于植物也是一样,许多果实外部厚长的茸毛或棘刺,以及果树的颜色等,都有同样的效果,并且都是经过自然选择而留下来的。[①]

昆虫自发地形成和周围环境一致的颜色、形状以伪装保护自己躲避外敌的侵害,自然界中此种现象众多,如花瓣数量、树木年轮、岩石纹路等,这反映了事物的自组织现象。协同学创始人赫尔曼·哈肯(Hermann Haken)把自组织定义为:“如果系统在获得空间的、时间的,或功能的结构过程中,没有外界的特定干预,我们便说系统是自组织的。这里的‘特定’一词是指,那种结构和功能并非外界强加给系统的,而且外界是以非特定的方式作用于系统的。”[②]理查

---

① 达尔文.物种起源[M].翟飚,编译.北京:人民出版社,2005:60.

② 哈肯.信息与自组织[M].郭治安,等译.成都:四川教育出版社,1988:29.

德·柯伦(Richard Coren)认为:"自组织是指系统自发地改变其属性和能力,即没有特殊的、外来的程序的作用,改变其结构、功能,或者其相互作用的性质。"[①]可以看出,系统自组织主要有两层含义:其一,系统最终达成有序结构;其二,有序结构形成的决定作用在于系统的自我产生,而非来自外部。哈肯认为系统自组织的机制在于系统内部通过协同和竞争走向有序,普利高津认为系统的自组织机制在于系统通过开放在远离平衡态的条件下通过巨涨落而走向有序。人、自然、社会组成了一个有机整体的复合生态系统,它由无数低层次的小系统组成,每一低层次的小系统是构成高层次系统的要素和基础,整个生态系统是通过层次性逐级竞争协同而形成的。虽然在表面上有些要素或系统之间看起来关系松散,但实质上,生态系统内的任何一个有机体都要生存于一定的环境之中,要素和要素、系统和系统或要素和系统都各自构成了另外一方生存的环境,它们之间的冲突、适应必不可少,冲突看似有机体只是为自己而生存,它自身有序结构的形成以破坏和践踏周围物种使之无序为前提,在捕食和竞争中与周围个体相互为敌,没有蓄意合作的行为,似乎很难成为相互和谐的共同体。但所有在一定环境中形成的生物与其周围环境产生了一种相互适应的关系,个体的向外扩张同时也受限于其他个体的向外扩张,个体之间的相互限制其实是整体的生态系统强迫个体相互合作、密切联系。因此,虽然冲突是自然图画的一部分,但有机体却同时具有与周围环境和周围其他个体之间因地制宜去相互适应的能力,冲突使生态系统兴旺繁荣,适应使生态系统相对稳定。

四、巴里·康芒纳的生态学法则

巴里·康芒纳是美国20世纪六七十年代在维护人类环境问题上最有见识、最有说服力的代言人,1971年出版的《封闭的循环——自然、人和技术》成为美国著名的畅销书,在该书中,他从生态学的视角论述了技术对环境的影响,分析了生态圈和技术圈不同的规则,认为"新技术是一个经济上的胜利——但它也是一个生态学上的失败"[②],生物圈存在着自我和谐的周期性循环过程,而技术圈却存在着创新性的线性非循环模式,二者之间的不相容性矛盾是环境危机的重要原因。在批判传统技术的基础上,康芒纳提出了实现生态观和技术观转向的四大生态学法则。这四大法则比较准确地概括了生态存在系统的特征,也为人们的生态实践行为指引了方向。以下对其进行简要的阐述和分析。

(一)第一个法则:每一种事物都与别的事物相关[③]

这条法则反映了生物圈中不同的生物组织中,群落和个体、有机物以及它们的物理化学环境之间有联系网络的存在。生态系统中生活着千百万不同种群的生物,每一种群都有适用于其生活的特殊环境的生态位,这些种群在其生命过程中也对它的生存环境的物理和化学性质产生着影响,同时,每一种群也与其他种群发生着多种多样的联系,比如以鹿为起点,鹿—植

---

① 柯伦.地球信息增长:历史与未来[M].庄嘉,译.北京:社会科学文献出版社,2004:89.

② 康芒纳.封闭的循环:自然、人和技术[M].侯文蕙,译.长春:吉林人民出版社,1997:120.

③ 同②25.

物—土壤中的细菌—动物粪便构成了一个生态循环链条,鹿—山狮—弱小动物又构成了一个生态循环链条……种群之间建立起多重复杂的联系,从而形成了巨大的生态之网。

维持生态之网正常运转的条件:其一,生态循环的连续性。现代系统论揭示了系统的种类越多,其异质性越明显,各种类间的协同互补也有利于促进系统达到整体最优的功能。生态系统种类的多样性以及它们之间的关联性确保了生态循环的连续性。虽然大自然在演化过程中产生了许多新的物种,也消灭了许多旧物种,但自然通过自我调节、自我优化最终都重新实现了系统的再循环,这是自然运行的正常规律。但是,人类目前面临的最严重的生态问题就是生物多样性的急剧丧失,生物灭绝的人为速度远远超过了自然的灭绝速度,《地球生命力报告2018》指出,40 年间野生动物的种群数量消亡了 60%,人类正在推动一个新的地质时代——人类纪的产生,而这是地球历史上第一次由单一物种人类对地球影响而形成的,人类对地球的影响极有可能出现第六次大面积物种灭绝。生态系统循环过程中任何一个环节的增加、减少、变动都会引起系统的重新调整,而短时间内大数量的物种灭绝把生态系统推到了濒临崩溃的危险状态,生态运行跃出平衡点且不能恢复到原有的正常水准,生态循环难以为继,人类对生态系统的关联度认识不足是导致生态链条发生危机的重要原因。其二,把握系统运行中相关效应的迟滞性。系统内部的各种关联性是在一定的时间过程中实现的,事物之间相互作用的效应具有迟滞性。康芒纳用舵手对船的摆动反应为例做了说明,他指出:“在船的体系中,罗盘针是在一秒钟的范围内摆动的,舵手则要花费几秒钟来做出反应,船则要在数分钟的时间内才能做出相应的摆动。”①这种事物之间相互影响的迟滞效应是普遍存在的,特别是生态系统,由于多重的反馈体系增加了系统本身的复杂性,事物之间关联的效果对生态系统是善还是恶的影响更需要一定的时间才能够显现,如果人类缺少前瞻性和整体性视野,以对自己的“有用”“无用”作为评判标准来决定事物的生和灭,最终当“恶”的效应显现并发挥实际作用时,人类必然品尝自己种下的恶果。

(二)第二个法则:一切事物都必然要有其去向②

这是来自物理学的一条法则,是对物质不灭定律的生态学引申应用。它指出了任何一种物质都不会无缘无故的消失和不存在,它只是以另外一种方式存在。追问物质“从何处来”“是否是其该来之处”和“向何处去”“是否是其该去之处”是非常有效的生态法则,“从何处来”要求追溯物质的源头。“是否是其该来之处”要求慎重地考察和论证物质的利用对生态产生怎样的影响,比如一次性纸杯看似很好降解,不会对环境产生危害,但从源头来看关涉对森林的破坏。“向何处去”要求预见物质利用后的未来走向,传统意义上只在一个简单的物质—功用过程中认识事物,某些物质实现了其功能自然被扔掉,它也就毫无用处,对人类也不会产生任何影响了。其实,物质的利用仅仅改变了其外在的形状或结构、存在的地点和方式,它并没有消失,一直存在着,而且累积会越来越多,最终在地球上产生大量有害的冗余物。所以,“是否是其该去之处”就需要认真对待,再造一个没有污染物或很少污染物的生态系统应该是人类努力的目标,自然的无废物运行应该成为人类效仿的榜样。纯粹自然生态系统没有废物,动物—植物—

---

① 康芒纳.封闭的循环:自然、人和技术[M].侯文蕙,译.长春:吉林人民出版社,1997:28.

② 同①30.

微生物构成了一个循环链条，动物呼吸排出的二氧化碳是废物，但它又是植物所需要的基本营养，植物排出的氧被动物所利用，动物的粪便又滋养着细菌，细菌又为植物疏松土壤。

（三）第三个法则：自然界所懂得的是最好的①

这条法则的主要思想是“任何在自然系统中主要是因人为而引起的变化，对那个系统都有可能是有害的”。康芒纳认为这条原则是很极端的看法，必然会遭到激烈的反对，因为它与人类根深蒂固的思想“人所懂得的是最好的”相矛盾。自近代以来，人类优于自然的思想被普遍认同，人类所具有的主观能动性使人可以按照自己的预想去改造自然，其所创造的每一个产品可以说都是经过了精心设计、反复试验的结果，动物只是按照它的尺度适应自然，而人懂得按照任何一个物种的尺度来进行生产，并且把自己的内在尺度运用于自然对象，人懂得需要哪些产品、哪些产品是“好用的”，也正如此，自在自然越来越让位于人工自然。那么，人类是否就真的懂得最好的呢？其实，这是一条关于生态智慧的观点。虽然人类在一定程度上认识自然、改造自然，似乎让自然为自己服务，但是，当人类在自然界中添加了大量自然界没有的化学制品时，是否这些东西一定优于天然自然物？杀虫剂、化肥、洗涤剂、肥皂、合成纤维等化学制品的危害性在现实中已经显现，人类可能对某个具体的自然物可以认识和改造，但这种认识和改造的前提是顺应自然规律。面对联系之网的大自然，人类谈何优越？大自然的生态智慧远远高于人类。

大自然的生态智慧首先在于自我创生能力，从无到有创造化育了万物，让万物在冲突协调中构成了一个复杂、神秘的自然界，至今人类都不能完全地探知自然运行的奥秘，特别是生命系统，各种种类竞争协同的搭配、保护自身生存的办法和策略、适应环境的能力都是无法想象的，而且也是很难破译的。其次，大自然的生态智慧体现在自我调节、自我组织、自我优化的能力。人工产品经过了多次的探索和试验看似完美，但实质上很难企及大自然漫长演化过程中每一个生物种类两三亿年的探索和试验，通过自然选择优胜劣汰，那些不能与整体共存的部分在长期的进化过程中被排除，人工产品和天然产品相比较，输在了时间长度和机会频率方面。自从6亿年前多细胞生物在地球上诞生以来，已经发生了5次物种大灭绝，甚至最大一次物种灭绝达到了96%，这些生态灾难都是地质灾难和气候变化这些自然原因所导致的，但每一次灾难过后自然又自我调节、自我组织、重新演化，自然本身的生命力和智慧又再造了一个新的生机勃勃的地球。

（四）第四个法则：没有免费的午餐②

这条法则和前三个法则相关联。自然生态系统是一个有机联系的整体，长期的演化确定了每一物种的生态位及其生境，其中任何一个环节的增多、减少、变动都会导致生态系统连锁反应，或者趋向更好，或者趋向更坏。人类在分享认识自然和改造自然带来的成果时，也要警惕认识和改造自然过程中所带来的潜在性风险和负面效应。

---

① 康芒纳．封闭的循环：自然、人和技术[M]．侯文蕙，译．长春：吉林人民出版社，1997：32．

② 同①35．

从技术的角度来看，许多传统技术存在着潜在的环境风险，人们发明这些技术是以对技术利益的预测为前提的，往往忽视了技术应用所带来的环境后果。从工业生产的角度来看，由于生态技术研发成本高、难度大、推广缓慢，基于传统技术的生产过程很难降低和杜绝污染；从工程的角度来看，大量工程进入自然界，改变了自然原有生态系统的平衡状态，特别是现代工程几乎都是大型复杂性工程，规模大、环节多，任何一个细小问题都可能在复杂系统中引起巨涨落，造成工程和环境的不可估量的损失；从环境意识的角度来看，社会上普遍存在的偏狭性生态意识以及许多生态危害的隐蔽性，大多数公众很难预知实践活动的未来生态后果，这就像“吉登斯悖论”所说的：“既然全球气候变暖所带来的危害在人们的日常生活中不是具体的、直接的、可见的，那么，不管它实际上有多么可怕，大部分人依然袖手旁观，不采取任何具体行动。但是一旦情况变得具体和真实，并且迫使他们采取具体行动的时候，那一切又为时太晚了。”①

五、自然生态整体观——澳大利亚野兔事件分析

19 世纪中叶，英国殖民者在开发澳大利亚时带去了几只野兔，澳大利亚辽阔的草原、温暖的气候为野兔的繁殖提供了良好的生存条件，加之澳大利亚没有野兔的天敌，短短不到 50 年的时间，野兔几乎不受限制地从澳大利亚南部扩张到了整个大陆，其数量呈几何级数递增，据估计，到 1926 年时整个澳大利亚的野兔数量达到 100 亿只。野兔在澳大利亚的危害主要表现在两个方面：其一，庞大的野兔数量超过了草原的承载量，牧草供不应求，危及其他牲畜的生存；其二，野兔到处打洞筑穴，牧草根部毁坏严重，草原大面积退化。为此，澳大利亚政府采取措施消除兔害，首先，在号召大家捕杀野兔的同时，在与澳大利亚草原南部接壤的西海岸围挡了 1560 公里的铁丝栅栏，希望把野兔圈在南部范围内，但无济于事。其后，引进野兔的天敌狐狸希冀消灭野兔，也效果甚微，因为袋鼠育儿袋中的小袋鼠更容易被捕获。随后，科研人员发现了一种专门对野兔造成致命危害，但对其他动物影响较小的病毒，并在实验室大量培育繁殖这种病毒以遏制兔害，至此，野兔的数量才逐渐减少。

澳大利亚地理环境相对封闭，各种生物之间、生物与环境之间经过长时期的演化形成了其独特的生态平衡系统。野兔的引入等于在原有的生态平衡系统中增加了新的物种，原有的生态链条断裂，需要重新组合。一般来说，这种重组的结果主要有三种状况：新物种融入现有生态系统，与其他物种相互协同，新物种正常生存和发展，系统仍然维持已有的生态平衡；新物种在现有系统中缺少天敌，出现了无限制的疯狂暴涨，对现有系统的生物构成威胁，导致生物多样性丧失；新物种不能适应现有生态系统，导致自身死亡或整个种类的灭绝。显然，野兔在澳大利亚的情况属于第二种，对当地的牧草和其他牲畜构成了威胁。外来物种的入侵可以有多条途径，如自然入侵、人类辅助的入侵、人类运输引起的意外入侵、人类有意的引入等，在这些入侵种类中，绝大部分的生物入侵是由人类活动直接或间接造成的。人类为了满足自己的需求而无视自然的有机整体性，其实践活动常常割裂了生态的整体性、关联性，最终导致经过长期演化而形成的生态平衡被打破，发生了始料不及的生态灾难。随着全球化时代的到来，人类

① 吉登斯.气候变化的政治[M].曹荣湘，译.北京：社会科学文献出版社，2009：2.

的活动范围不断拓宽，人类的交往也越来越频繁，生态系统处在全方位的开放中，受到了来自人、外来物种等多重因素的影响，生态系统不断动荡、变动，那么，生态系统是走向有序还是走向无序？是繁荣昌盛还是荒凉衰败？其实关键在于人，人能否从关系看生态存在，能否真正和自然融为一体。

从关系看生态存在，基础的理念就是坚持复合生态系统是一个整体，任何孤立对待自然物的思想都必然或迟或早导致实践中的不良后果；根本的宗旨就是协调各种要素、各种关系，促使复合生态系统协调、和谐；最终的目标就是实现复合生态系统的优化，以达到整体的和谐、稳定和美丽；实施的手段就是利用生态技术，促进循环经济的发展，在全社会营造生态生活风尚化氛围，真正形成绿色生产、绿色生活、绿色空间的绿色生存方式、绿色发展方式、绿色生活方式。

思考题

1. 试分析人和自然的存在关系以及实践关系有何不同。
2. 依据整体自然特征分析人工自然和自在自然的关系。
3. 结合现实谈谈康芒纳生态学法则的指导作用。

推荐读物

1. 康芒纳. 封闭的循环[M]. 侯文蕙，译. 长春：吉林人民出版社，1997.
2. 杨通进. 现代文明的生态转向[M]. 重庆：重庆出版社，2007.
3. 达尔文. 物种起源[M]. 翟飚，编译. 北京：人民出版社，2005.

第三讲

认识你自己

“南海之帝为倏，北海之帝为忽，中央之帝为混沌。倏与忽时相与遇于混沌之地，混沌待之甚善，倏与忽谋报混沌之德，曰：‘人皆有七窍以视听食息，此独无有，尝试凿之。’日凿一窍，七日而混沌死。”①如果我们把倏和忽当作人类，把混沌当作自然，倏和忽应该站在人类自身角度认识和对待混沌这一自然还是应该站在混沌角度对待混沌这一自然呢？

人、自然、社会构成了一个由诸多关系相互作用、相互影响、相互制约、相互协同的复合生态系统。生态系统整体的和谐、稳定、美丽与人类认识自然、改造自然、利用自然的理念密切相关。长期以来，学术界关于人与自然关系的观点主要有两种：一是人类中心主义，它以人为中心，认为自然仅仅只是为了满足人的需求而存在，人在与自然界其他存在物的关系中居于主导地位；二是非人类中心主义，认为人仅仅是自然界中的普通一员，人与自然具有同等的地位。当前的生态文明建设既是生态意识和生态实践并重的过程，更是生态意识引导生态实践的过程，因而，探讨当今人类应该以怎样的生态思维来引导生态实践，应该怎样定位人在自然界中的地位、作用。正确处理协同人和自然实践过程中的诸多相关问题，对于生态文明建设具有重要意义。

一、人类中心主义

人类中心主义(anthropocentrism)是20世纪70年代之前西方主流的思想观点。它在处理人与自然关系问题上更偏重于人类，中外许多学者从不同角度对人类中心主义做了阐述。

(一)人类中心主义的基本含义

根据《韦伯斯特第三次新编国际词典》的定义，人类中心(anthropocentric)一词具有三层含义：“第一，人是宇宙的中心；第二，人是一切事物的尺度；第三，根据人类价值和经验解释和

① 庄子.应帝王[M].孙海通，译注.北京：中华书局，2009：62.

认识世界。”①

英国生态马克思主义学者戴维·佩珀(David Pepper)在《现代环境主义导论》一书中指出深层生态学把人类中心主义定义为:“视人类价值观念为所有价值之源;意欲操纵、开发并破坏自然以满足人类的物欲。”②

我国学者余谋昌认为,“人类中心主义或人类中心论,是一种以人为宇宙中心的观点。它的实质是:一切以人为中心或一切以人为尺度,为人的利益服务,一切从人的利益出发。”③

我国学者卢风认为,“人类中心主义具有两个信念,一是认识论方面的信念,人类在认识自然和征服自然方面原则上不存在解决不了的问题;二是实践方面的信念,追求物质生活富足和感官愉悦乃是人生的最高目的。”④

由上可见,人类中心主义的内涵涉及的范围比较广泛,有存在论、认识论、价值论等多方面的解释和阐释,但核心都是从不同角度看待人与自然的关系,体现了人类对待自然的态度。下面从不同角度理解人类中心主义:

在存在论层面,基于托勒密的地心学说,传统的人类中心主义认为,人类在物理空间方位上居于宇宙的中心,但随着日心学说和进化论的诞生,地球中心论受到冲击。目前,从存在论的角度理解人类中心主义,在人与自然物的存在关系中,人居于主导地位。

在认识论层面,认识的主体只能是人,人所提出来的任何一种对待自然的观点、态度,都是人根据自己的思考而得出来的,都是属人的。

在价值论层面,人是唯一具有内在价值的存在物,其他存在物仅仅具有工具价值,大自然的价值只是人的情感投射的产物。

在生物学层面,人是一个生物,囿于生物逻辑的局限,人类必然首先维护自己的生存和发展,不可能站在其他存在物的角度牺牲自己的利益,这就像老鼠以老鼠为中心,狮子以狮子为中心,因此人以人为中心。

在道德层面,人类中心主义认为道德仅仅是调解人与人之间关系的规范,人对自然并不具有直接的道德义务。人是唯一的道德代理人和道德顾客,只有人才有资格获得道德关怀。

(二)人类中心主义的发展历程

随着自然科学和人类认识能力的提高,人类对待自然的态度也在相应变化,从古到今,在西方文化中,人类中心主义主要经历了古希腊人类中心主义、中世纪人类中心主义、近代人类中心主义、现代人类中心主义。

1. 古希腊人类中心主义

把人类抬高到自然之上的人类中心主义思想主要起源于古希腊。早期的古希腊自然哲学主要探求自然本性,从而产生了泰勒斯的水、毕达哥拉斯的数、德谟克利特的原子等关于自然的“始基”性认识,但同时期也有自然哲学家强调了人的重要性,比如公元前5世纪智者学派的

---

① 余谋昌,王耀先.环境伦理学[M].北京:高等教育出版社,2004:48.

② 佩珀.现代环境主义导论[M].宋玉波,朱丹琼,译.上海:上海人民出版社,2011:12.

③ 余谋昌.走出人类中心主义[J].自然辩证法研究,1994(7):5-8.

④ 卢风.主客二分与人类中心主义[J].科学技术与辩证法,1996(2):1-7.

领袖普罗泰哥拉就提出了“人是万物的尺度，是存在的事物存在的尺度，也是不存在的事物不存在的尺度”这一命题[1]，虽然这一命题被认为是智者学派诡辩的思想，即每一个人都是万物的尺度，当人们意见分歧时就没有一个统一的标准。但这种思想却肯定了人是裁判者的地位，是西方关于人类中心主义的最早描述。苏格拉底(Socrates，公元前469—公元前399)的“认识你自己”思想实现了古希腊哲学从对自然的研究向对人的认识转变，他的弟子色诺芬(Ξενοφών，约公元前440—前公元355)在《回忆苏格拉底》中提到，在苏格拉底看来，万物和四季的更替都是神为了满足人类的需要而准备的，“众神是用什么来装备人，使之满足其需求呢？——他们看到我们需要食物，就使大地生长出粮食，而且安排下如此适宜的季节让万物生长茂盛，这一切都是那样符合我们的愿望和爱好。”[2]亚里士多德认为：“动物出生之后，植物即为动物而存在，而动物则为了人类而存在，其驯良是为了供人役使或食用，其野生者则绝大多数为人类食用，或者穿用，或者成为工具。如果自然无所不有，必求物尽其用，此中结论便必定是：自然系为人类才生有一切动物。”[3]自然是原因，自然界的动物、植物都是为了一个目的而存在，植物为动物而存在，动物为人类而存在，整个自然界在人是目的思想主导下形成一个环环相扣的因果链条。

托勒密的地心说是古希腊时期人类中心主义的存在根据，在物理空间方位上，地球居于宇宙中心，人类利用动植物而生存，动植物在古代人的直观性、猜测性思维模式下就成为因果关系链条中为人类而准备的一个环节，生活于地球上的人类自然就成为宇宙的中心。但实质上，此阶段的人类中心主义更偏重于思想认识，由于人类整体认识自然、改造自然的能力比较低下，人类很难真正成为中心，反而常常在庞大神秘的自然面前显得很弱小。但也正是这种人类中心的思想成为对人类认识自然、改造自然的激励，人类也逐渐从蛮荒的自然中脱颖而出成为真正意义上的人。

2. 中世纪人类中心主义

中世纪大约从公元5世纪到公元15世纪，经历了千年的时间，也被称为科学史上最黑暗的时期。此阶段，虽然科学家和科学理论遭到了无情的摧残，但托勒密的地心学说由于与上帝创世说这一思想相吻合，仍然是基督教宣传其神学思想的科学支柱。在基督教看来，人不仅居于宇宙中心，而且，上帝创造了世间万物，同时用“上帝的形象”创造了人，宇宙间的一切事物都是上帝为了人类而安排的，人代替上帝管理人世间的一切，人在目的意义上也是中心。《圣经·创世纪》指出，“我们要照着我们的形象，按着我们的样式造人，使他们管理海里的鱼，空中的鸟，地上的牲畜，并地上所爬的一切昆虫”“看哪！我将地上一切结种子的蔬菜和一切树上所结有核的果子，全赐给你们做食物”，人在上帝的特别关怀下统领万物，成为地球的主人，神学家托马斯·阿奎拉(Thomas Aquinas，约1225—1274)也认为，“较低级的创造物是为了较高级的创造物，如植物和兽类是为了人类……整个宇宙和它的所有部分就它的目标而论，都是通过仿效和显现归于上帝之荣耀的神的美德而受到上帝的安排。”[4]低级的植物、动物是为了人而存在，而一切的存在都是上帝的安排。显然，此时的人类中心主义是宗教神学观的组成部分，它

① 北京大学哲学系.西方哲学原著选读：上卷[M].北京：商务印书馆，1981：5.

② 色诺芬.回忆苏格拉底[M].吴永泉，译.北京：商务印书馆，1984：156.

③ 亚里士多德.政治学[M].吴寿彭，译.北京：商务印刷馆，1997：23.

④ 阿奎拉.基督教箴言隽语录[M].周丽萍，薛汉喜，编译.南昌：百花洲文艺出版社，1995：47.

的思想和观点是为宗教神学服务的，创造人类的上帝才是真正的中心。

3. 近代人类中心主义

近代人类中心主义主要在文艺复兴和工业革命后确立。文艺复兴解放了思想，工业革命借助于自然科学发展了生产力，此时，人类对自然的认识能力和改造能力与以往相比较发生了翻天覆地的变化。“资产阶级在它不到一百年的阶级统治中所创造的生产力，比过去一切世代创造的全部生产力还要多，还要大”①，如果说古代人类中心主义在很大程度上还只是一种理念，人类对自然具有敬畏、崇拜和顺从的心理，那么此时，人类中心主义思想真正从理念付诸实践，人类站在自然之上按照自己的需要、方式和视角随意地对自然予取予求，人的理性成为支配万物的法则，“我们是自然界的主人”成为当时响亮的口号，自然也因之成为人类的工具。笛卡儿认为，“我们在认识了火、水、空气、诸星、诸天和周围一切其他物体的力量和作用以后（正如我们知道我们各行工匠的各种技艺一样清楚），我们就可以在同样方式下把它们应用在它们所适宜的一切用途下，因而使我们成为自然界的主人和所有者”②；康德认为，“理性必须挟持着它那些按照不变的规律下判断的原则走在前面，强迫自然回答它所提出的问题，决不能只是让自然牵着自己的鼻子走”③；黑格尔认为，“自然界无论对人施展和动用怎样的力量——寒冷、凶猛的野兽、火、水，人总是会找到对付这些力量的手段”④。法国科学家彭加勒说：“今天，我们不再祈求自然；我们命令自然，因为我们发现了它的某些秘密，我们每天都将发现它的其他秘密。”⑤这种人类中心主义思想在工业社会中迅速蔓延、膨胀，它不仅是当时的主流思维方式和文化观念，而且是占主导地位的行动准则和实践理念。

4. 现代人类中心主义

传统人类中心主义在其发展过程中不断遭遇社会现实的冲击，近代初期哥白尼的日心说否决了托勒密的地心说，从而推翻了人类在空间上的中心地位；达尔文的进化论否决了神创论，从而打击了中世纪人类中心主义；而近代以来把控制自然、征服自然作为宗旨的人类中心主义却导致了现实的生态危机，反而对人类的持续性生存和发展构成威胁。在反思传统人类中心主义的基础上，产生了以帕斯莫尔（J. Passmore）和麦克洛斯基（H. J. McCloskey）、墨迪（W. H. Murdy）、诺顿（Bryan G. Norton）为主的现代人类中心主义。

以帕斯莫尔、麦克洛斯基为代表的人类中心主义被称为“开明的人类中心主义”，其代表作是《人类对自然的责任》（帕斯莫尔，1974）、《生态伦理学和政治》（麦克洛斯基，1983）。他们认为人类中心主义为了人类的利益也尊重自然、保护自然，承认自然的内在价值，只要对传统人类中心主义做出生态学上的新的改造和阐释，同样可以实现自然生态平衡。其观点主要有：①在人与自然的相互作用中，人类占主导地位；②人类保护自然实质上是为了保护自己的生存和发展，人类的整体利益和长远利益是保护生态平衡的真正出发点和归宿点；③当代生态问题的根源并不在于人类中心主义，而是那种认为自然界的一切都是为人类而存在且自然界没有内在价值的自然界的专制主义，人类中心主义虽然强调人类的价值高于自然界的价值，但它也

---

① 马克思，恩格斯. 马克思恩格斯选集：第一卷[M]. 中共中央马克思恩格斯列宁斯大林著作编译局，译. 北京：人民出版社，1995：277.

② 周辅成. 西方伦理学名著选辑：上[M]. 北京：商务印书馆，1996：593.

③ 赵敦华. 西方哲学简史[M]. 北京：北京大学出版社，2001：261.

④ 申仲英，肖子健. 自然辩证法新论[M]. 陕西：陕西人民出版社，2000：417.

⑤ 彭加勒. 科学的价值[M]. 李醒民，译. 北京：商务印书馆，2007：99.

承认自然的内在价值。

以墨迪为代表的人类中心主义被称为“现代人类中心主义”，其代表作是《人类中心主义：一种现代的观点》（墨迪，1993）。他从生物进化论、文化人类学、哲学认识论和本体论角度展开他的思想，主要观点有：①人类把自身利益看得高于其他非人类是自然的，人类必然要高度评价、保护和强化自己成为人的那些因素。“所谓人类中心就是说人类被人评价得比自然界其他事物有更高的价值。根据同样的逻辑，蜘蛛一定会把蜘蛛评价得比自然界其他事物都高。因此人理所当然是以人为中心，而蜘蛛是蜘蛛中心论的。这一点也适用于其他的生物物种。”①②自然物具有工具价值。“按照自然物有益于人的特性赋予它们以价值，这就是在考虑它们对于人种延续和良好存在的工具属性。这是人类中心主义的观点。随着我们有关人对自然的依赖关系的知识不断增加，我们把这种工具价值赋予越来越多的自然物。”②③承认自然物的内在价值，但人的内在价值高于自然物。“对自然的人类中心主义态度未必就要求只有人是所有价值的源泉，也不拒绝相信自然之物有其内在价值。”③“我可以断言一颗莴苣有其内在价值，但我还是在它尚未繁衍出后代之前把它吃掉了，因为我评价自己营养充分的存在高于莴苣的存活。”④④人具有特殊的文化、知识和创造能力，这只表示人对自然肩负更大的责任。生态危机实质上是人的文化危机，当人类关于自然知识的总和高于人类智慧知识（人类持续生存和生活质量的知识）的总和时，生态危机就发生了。但人类的理性能力、筹划能力、进化的潜力使人类既可以超越自然的局限性实现其进化，同时也能认识到自己行为选择的自由受到“自然界整体动态结构的生态极限所束缚”，也正如此，人类必然选择保护和支持我们生命系统的事情来做，人类对自然生态平衡肩负更大的责任。

以诺顿为代表的人类中心主义被称为“弱式人类中心主义”，其代表作是《环境伦理学与弱的人类中心主义》《为什么要保护自然界的变动性》等文章。诺顿在对几种人类中心主义辨析的基础上提出了自己的人类中心主义观点，他认为人类中心主义不能建立在自我意识的基础上，因为这种观点认为人拥有内在价值在于人具有自我意识，人的自我意识也决定了只有人才是道德存在物，诺顿认为如果把道德行为能力（moral agency）与道德关怀（moral considerability）区分开来，“只有具有自我意识的存在物才是道德存在物”这一论断就不攻自破，因为还存在着丧失了自我意识的人，这些人只能作为道德顾客接受道德关怀而不能成为道德代理人，这与传统观点人既是道德代理人也是道德顾客相矛盾；同时诺顿认为人类中心主义也不能建立在进化论的基础上，依据进化论的观点认为根据自然选择理论，每一个物种都朝有利于自己的方向进化，所有物种个体都追求自己的目标，相应地，人是人的中心，蜘蛛是蜘蛛的中心，因此，个人为了人的利益而采取的任何行为都是合理的。诺顿分析认为这种观点其实借助于科学理论为人类设计了一个别无选择的进化路径，具有决定论色彩，它排除了选择的可能性。通过对上述人类中心主义观点的分析和批判，诺顿认为人类中心主义应该建立在理性分析的基础之上，其思想主要是提出并区分了两对概念，即感性偏好与理性偏好、满足的价值与价值观改变的价值。

---

① 墨迪.一种现代的人类中心主义[J].章建刚，译.哲学译丛，1999(2)：12－14.

② 同①.

③ 同①.

④ 同①.

感性偏好(felt preference)与理性偏好(considered preference):这一对概念来自对强人类中心主义(strong anthropocentrism)和弱人类中心主义(weak anthropocentrism)的区分。诺顿认为,强人类中心主义是注重感性偏好的理论,感性偏好是指可以感觉或体验到的任何一种欲望或需要,在价值判断和道德评价方面按照需求—满足的直接思维作为评判标准,主要关注人的眼前利益和需要,行为跟着感觉走,需要就是命令,从而把自然物作为满足人类各种需要的仓库。可以看出,强人类中心主义重在满足人的各种欲望和偏好,而不探究这些欲望是否合理、是否需要反思和限制。弱人类中心主义是注重理性偏好的理论,理性偏好是指经过慎重考量后的人的欲望或需要,这种考量的目的在于通过一种合理的世界观(这种世界观由可靠的科学理论、解释这种理论的形而上学、审美理念、道德规则构成)评判人的欲望、需要是否具有合理性,从而在人类的行为付诸实践之前防止其对大自然的随意破坏。诺顿认为我们目前虽然还不具有体系化的、全面的理性世界观,但现有的科学技术知识和我们对待自然的谦卑方式可以引导我们趋向理性世界观。在本体论上的生态学和进化论告诉我们,人和周围的环境是一个有机整体,同进化,互影响;在认识论上的怀疑论和建构主义的知识论告诉我们,自然界是具有多关系的生态系统,系统内微小的变化会累积成整个系统变化的诱因,而整体系统的变化又会影响系统要素的变化。而人类关于生态系统的知识随着生态系统本身的不断变化而改变,人类的知识也在不断改变着对生态系统的认识,演化的多关系生态世界观及其怀疑论对笛卡儿的认识论敲响了丧钟;同时,在自然面前保持谦卑的伦理学可以限制人类的狂妄自大,以模仿自然、尊重自然、适应自然的方式和自然和谐相处。基于此,诺顿赞同弱人类中心主义,在他看来,强人类中心主义缺乏对人类的感性偏好进行必要的反思,这种一味放纵人类感性欲望和需要的人类中心主义只是一种个人中心主义,算不上"人类"中心主义。而弱人类中心主义通过理性反思而对自然进行合理化利用,一旦这种观念确立,人们就会视破坏自然的行为为不道德的,从而对之提出批评并拒斥这种不道德的行为,因而无须把内在价值赋予非人类存在物。

满足的价值与价值观改变的价值。诺顿像大多数人类中心主义学者一样认为只有人才具有内在价值,其他自然存在物的价值取决于它们对人的价值的贡献,但不同于其他人类中心主义者,他把人的需要的满足理解为人的需要价值(human demand value),把人的价值观改变的价值理解为转换价值(transformative value)。诺顿认为强人类中心主义仅仅认识到了自然满足人的需要的价值,而忽视了其转换人的价值观的价值。人在观察、体验大自然中经常改变自己的感性偏好,从而形成面对自然的合理的世界观和理性偏好,把最初认为自然仅仅对人类的实用性价值转换成自然本身的存在具有审美、陶冶性情等价值,而这种价值与自然物同存在,甚至体现在自然物与其周围自然物错综复杂的关系中,一旦自然物丧失,或自然物生存的环境被改变,这种转换价值就可能不复存在,因而,自然存在物所具有的转换价值为人类自觉保护它们提供了充足的理由,而这与自然存在物是否具有内在价值无关。"对野生物种的体验能够启发人们进行反思,从而净化人的需要价值。这些体验影响着,也支持着那些反对物质主义和消费主义的生活方式的理想。"①

① NORTON. Why Preserve Natural Variety[M]//杨通进. 全球伦理:全球话语中国视野. 重庆:重庆出版社,2007:8.

(三)对人类中心主义的评价

人类中心主义无疑在人类从自然界成长、演化中发挥了重要作用,可以说,没有人类中心主义就没有人类的今天。而且,人类中心主义在演变过程中其思想内容的不断调整使其更趋于有力保护自然生态。但也应该看到,人类中心主义万变不离其宗,它虽然承认自然存在物的内在价值,然而认为自然存在物的内在价值永远低于人的内在价值,一旦人类与自然存在物发生冲突,没有真正承认自然存在物内在价值的人类又是否会“以自然的名义考虑自然”就很值得怀疑。总体上来看,人类中心主义在自然观方面,认为自然是独立于人之外的客体,割裂了人和自然的统一性,没有看到自然是人类栖居的精神家园和根基,人类只能融入自然之中生存和发展,坚持人和自然是主客二元对立的机械模式;在认识论方面,过分夸大了人类的主观能动性,无视人的有限性,因为一定历史阶段的人很难确切了解生态系统各种类的全部特性及其复杂关系,也不能完全预测生态系统物种变化的长远影响,对自然资源的人为排序既割裂了自然界的整体性和贯通性,也无视未来科技发展对自然资源的新利用能力,特别是忽视了自然本身对人类的报复性破坏作用;在方法论方面,坚持单向性、简单性思维方式,缺少回环性、复杂性思维方式,没有把自然、人、社会看作一个有机整体。

假定地球上只剩下最后一个人,以人类中心主义的观点分析,这个人在他死亡之前是否可以任意破坏地球环境呢?从强人类中心主义的立场来看,最后一个人只要他还拥有对周围环境掌控的能力,他的行为将毫无限制。从弱人类中心主义的立场来看,理性的慎重考量是为了在不破坏自然的基础上保证人的可持续发展,那么他临死前的所有欲望能否满足?从帕斯莫尔等人的观点来看,人类保护地球是为了保护自己,最后一个人的死亡也就预示着地球上再无人类,那这个人有必要保护地球吗?从墨迪的观点来看,承认非人存在物拥有内在价值,但人类的内在价值高于非人存在物,那么,这个人有必要在自身内在价值消亡之前考虑非人存在物的内在价值吗?可以看出,如何评价人对待自然的观点与人类如何生存具有密切关系。在人类弱小的时代,人类被神秘、庞大的自然所压制、奴役,正是在与自然的奋争中通过不断地认识自然、改造自然,寻求在自然中的立足之地,此时的人类中心主义在思想和实践上都具有积极的意义,从蛮荒的自然中拯救人类,引领人类走向现代文明。而随着现代科技的发展,人类的认识能力和实践能力不断在自然界中显示了其巨大的威力,忽视自然限度、超越自然规律的行为司空见惯,自然反过来成为人类征服和控制的对象,人类面临生存危机,不改变人类高于自然的生存方式,人和自然的冲突、矛盾将频繁发生且不断升级,最终人类极有可能自掘坟墓。因此,当今社会正确处理人和自然的关系迫在眉睫,如果人类仅仅具有征服自然、控制自然的理念,其劳动实践的目的只是为了满足自身的需要,这是一种单向性生存方式,自然必然被人类看作为自己储存物品的仓库而随意利用;相反地,如果把人的劳动理解为对人与自然关系的变换中介,这是一种双向性、多向性生存方式,人与自然相互影响、相互制约,人作用于自然,在自然中展示人的本质力量,同时自然也需要人类的保护和补偿,特别是随着人类对自然认识越来越深入,自然规律内化于人类深层心理,导引着人类的实践行为,在这种人与自然的劳动变换中实现人向自然的生成和自然向人的生成,自然成为人类的无机身体,人与自然和谐共生。如果这样,因人类自身的不正确生存方式所导致的地球上最后一个人的时代也不会来临。

二、非人类中心主义

20 世纪 70 年代末，相对于人类中心主义思想产生了非人类中心主义（non-anthropocentrism）学派，它主要包括动物解放/权利论、生物中心主义、生态中心主义。在价值观上，非人类中心主义认为，非人类存在物和人类存在物一样具有内在价值；在伦理学上，把道德关怀对象从人扩大到一切生命和自然界。动物解放/权利论主张把道德关怀的范围从人扩展到人以外的动物；生物中心主义主张把道德关怀的对象范围扩大到一切有生命的存在；生态中心主义主张把道德关怀的对象扩展到生态系统，既包括人，也包括非人的存在物。

（一）动物解放/权利论

动物解放论的代表人物是美国普林斯顿大学教授彼得·辛格，其代表作是《动物解放》（1975）。动物权利论的代表人物是美国北卡罗莱拉州立大学教授汤姆·雷根，其代表作是《动物权利研究》（1983）。

1. 动物解放论

1973 年，辛格在《纽约书评》上首次撰文提出了“动物解放”（animal liberation）的思想，随后，他的这种思想主要反映在《动物解放》一书中。他主张把道德伦理从人际延伸到动物领域，人与动物之间是平等的。虽然人和动物之间存在重大的差异，但解放运动要求拓宽我们的道德视界，把动物解放看作是人类解放事业的继续，为此辛格在理论上以逻辑推理的方式探讨了动物解放的必要性，在实践方面提倡取消工厂化养殖和动物实验。

（1）一切动物皆平等

辛格认为人与动物的不平等就如同人类历史上的白人把黑人排斥在国家权力之外的种族不平等、男性剥夺了女性的选举权和被选举权的性别不平等一样，动物被人类排除在道德的考量之外是极其错误的，人对动物的歧视是物种歧视，如同种族主义（racism）和性别主义（sexism）一样，这是物种主义（speciesism）。

他从道德的公平性入手进行论证。当我们坚持“所有人不论种族、性别都是平等的”这个论断时，那么，这种平等的衡量标准、尺度是什么？是智力、能力、基因、事实性特质、性别、种族还是环境？其实都不是，如果以上述任何一种作为考量人与人平等的依据，那么人中的一部分人就必然比另外一部分人获得更多的权益。而人类之所以平等地关心每一个人的利益，是因为每一个人都有感受痛苦和欢乐的能力，而这是获得道德关怀的充分条件。受英国功利主义哲学家边沁（Jeremy Bentham，1748—1832）的影响，辛格认为感受痛苦的能力是作为给予一个生物平等考虑权利的关键特征，那么，与我们同物种的成员（辛格认为普遍流行的错误称呼是动物）具有感受痛苦和快乐的能力，它的利益与我们是平等的。

如果一个生物能够感受痛苦，那么，拒绝考量这种痛苦就没有道德上的合理性。不管这个生物的本质是什么，平等原则要求的是：平等地考量它的痛苦，就像平等地考量其他生物的痛苦一样——只要它们之间可以做大概的比较。如果一个生物不能感受痛苦或者体验快乐和幸福,我们对它就没有什么需要考量。因此,对感觉能力(用这个词只是为了方便,如果不在严格的意义上精确使用它,它就是感受痛苦和体验快乐和幸福的简称)的限制是对他者给予关怀的可辩护的唯一界限。①

(2)平等的基本原则是平等的考量,而非在权利内容上完全一致

许多人质疑人和动物平等的观点,认为男女之间有许多相似性,应该拥有平等的权利,而人和动物之间差异很大,不应该拥有平等的权利。辛格认为,虽然人和动物之间的差异性必然带来人和动物权利的差异性,但这种明显的事实并不妨碍把平等的基本原则扩展到非人动物。"把平等的基本原则从一个群体扩展到另一个群体不意味着,我们必须以极其相同的方式对待这两个群体或者给这两个群体赋予完全一致的权利。"②比如,男人和女人具有差异性,女人有堕胎权利,如果平等地给予男人堕胎的权利毫无意义,同样地,人有选举的权利,谈论狗不能像人一样具有选举的权利也毫无意义,对不同的生物的平等考量也可能导致不同的对待和不同的权利。"人类的平等原则不是对人类之中被硬说成事实上平等的一种描述,相反,它是对我们应该如何对待动物的一种规范。"③

(3)反对食用动物和动物实验

辛格认为食用动物和在动物身上做实验是物种歧视主义的两种主要形式。工业化社会的城市人群与动物联系最为直接的方式就是食用它们,通过食用动物满足自己的快感而并非是为了摄取蛋白质的需要,因为有许多不食用动物可以获得蛋白质的方法。而圈养动物的方法让动物在整个存活期间忍受糟糕的环境,仅仅只是为了把饲料转化为肉。辛格认为这是一个牺牲其他动物的重要利益而满足我们人类微不足道利益的鲜明表现,而在广泛对待其他动物的实验中,也存在着大量的残暴形式,比如打着为了人类的安全性旗号进行的许多动物活体解剖实验。如果一个动物实验可以救活许多人,那么,在一个幼小的孤儿身上是否也可以进行同类的实验,因为成年的猩猩、猫以及其他的哺乳类动物同幼小的孤儿具有同样的智力,甚至它们的智力,高于幼儿,但人类并没有用幼儿做实验,辛格认为实验者表现出对自己物种的明显偏爱,对动物的歧视。

辛格的动物解放/权利理论被视为"当代动物权利运动的圣经",他扩宽了道德关怀的对象,把动物解放看作人类解放的继续,引导人类发挥道德上的利他精神。但辛格的理论也遭遇了许多批评,诸如苦乐仅仅是人们追求最终目的"善"的伴生物,而非善本身,况且在生态系统中动物之间相互捕食而导致的痛苦死亡也并非恶,这是保持生态平衡的正常现象;以痛苦作为衡量道德关怀的标准,痛苦程度与道德关怀怎样对应?假如对动物的伤害尽可能减少其痛苦,是否就可以任意食用、猎杀动物和进行动物实验呢?也正是其理论的局限性,雷根进一步完善了动物权利论。

2. 动物权利论

(1)雷根对传统理论对待动物观点的批判

雷根认为辛格从功利主义角度论证了动物解放的理论虽然值得赞赏,但却不能令人满意,

---

① 辛格,雷根.动物权利与人类义务[M].曾建平,代峰,译.北京:北京大学出版社,2010:85.

② 同①81.

③ 同①83.

因为如果把对动物的关怀建立在动物具有感受苦乐的能力这一标准上，那么减少动物所遭受的痛苦是否就可以不保护动物或杀死动物。同时，他也批判了传统对待动物的间接义务论、契约论、仁慈原则、功利主义观点。间接义务论认为人对待动物无直接义务，人对动物所造成的伤害并不是对动物做了错误的事情，而是对于动物相关的人（主人）造成了伤害，人们对待动物的责任是对他者——人的间接责任。雷根批判这种观点本质上仅仅把对人类的伤害与道德相关联，排除了对动物本身所受伤害的权利考量。契约论建立在个体自愿信守并接受的一套道德规则的基础之上，契约保护接受契约条款的人及理解契约条款的人，小孩由于受到契约者的喜爱、养育，也在保护之列，但这也仅仅是对其父母的间接义务。动物由于不能理解契约就失去了契约保护的权利，但如果动物是某些人的感情利益对象，只要有人关心它们，尽管它们自己没有权利，人对它所具有的就是间接义务。雷根认为这种契约对立约者有利，但对任何未被要求签约的人并不同样有利，最终这种伦理学的方法允准了社会的不公正性。仁慈原则认为我们对动物负有仁慈的直接义务，负有不对它们残忍的直接义务。雷根认为这种观点看似对动物实施了直接义务，不同于上述两个观点，但实质上仁慈的行为来自某种确定的动机，如同情或关怀，这体现了一种价值，但无法保证这种仁慈的行为就是一种正确选择，比如种族主义者对自己种族成员仁慈，但对非种族成员可能残忍，这种仁慈完全可能植根于不公正之中。功利主义者接受两种道德原则：平等原则和实效原则。功利主义的最大吸引力在于对每个人的利益都要考虑，而且应该得到同等的考虑，但雷根认为功利主义所说的价值是每个个体利益的满足，而非个体利益本身，不管是人还是动物，其本身没有任何价值，只有欲求得到满足的感觉才有价值，这正如盛满了苦的或甜的液体的杯子，液体有价值而杯子本身没有价值，但液体本身的价值需要对每个杯子中的液体进行累计、加总、合计，在结果影响的满足总量和受挫总量的平衡比较中衡量其价值的好或坏，雷根认为这种衡量办法极有可能导致结果的公正性而在道德上却无情无义，比如我杀死了我婶婶继承了大量的遗产并把遗产捐献给需要帮助的人（许多人），从功利角度来讲，杀死一个婶婶的功利结果小于救助多人的功利结果，但很明显任何适当的道德理论都认为这种行为是错误的，“功利主义在这个方面是失败的，因此，这不是我们要寻求的理论”①。在批判传统理论的基础上，雷根提出了自己关于如何对待动物的思想。

(2)动物是有权利的，都是生命体验的主体

雷根认为辛格把痛苦作为衡量道德关怀的标准仅仅赋予了感觉以价值，而这种价值来自外在方面，没有认识到感觉者本身的固有价值(inherent value)。人可以食用动物与人可以食用1岁大年幼的小孩相比较，食用动物（如果生前让其快乐，死亡时减少痛苦）常常被认为是正常的，但食用小孩（也是生前快乐，死亡时减少痛苦）却常常被认为是邪恶的。为什么？雷根认为根本原因在于人拥有独立于利益、需要及对他人有用的内在价值。人是目的，把人当作他人的工具是错的，把动物至少是某些动物当作工具也是错误的，动物也有固有价值。因此，我们只有承认动物像人类一样具有固有价值，拥有权利，才能从根本上杜绝对动物的无谓伤害。那么，人拥有权利，也有对等的义务，动物不能像人一样承担责任和义务，动物可以拥有权利吗？

雷根认为证明人拥有权利的理由与用来证明动物拥有权利的理由是一样的。在传统学说中，我们说每一个人都具有平等的道德权利，其根据并不是每一个人都具有理性、语言、参与政治生活等，因为人群中的新生婴儿、智障人士、植物人等并不具有正常人的能力，但人类并未否

---

① 辛格，雷根. 动物权利与人类义务[M]. 曾建平，代峰，译. 北京：北京大学出版社，2010：121.

决他们的权利。从道德身份来看,正常成年人的权利与义务是对等的,他既是道德代理人(moral agent)也是道德顾客或道德患者(moral patient),但非正常人仅仅是道德顾客,不能承担义务,只能享用权利,这些权利是天赋的,而不是由他人或任何组织授予的,也非因某事而获得的奖励。雷根认为人拥有天赋价值的根据是:人是"生命体验的主体"(the experiencing subject of life)。生命体验主体的标准是:

> 信念和欲望;感知、记忆以及未来感,包括对自己未来的感觉;情感生活,同时伴随对快乐和痛苦的感受;偏好利益和福利利益;启动行为来追寻自己欲望和目标的能力;实践进程中的心理同一;某种意义的个体福利——个体体验着好或坏的生活,这个体验在逻辑上独立于个体对他人所具有的效用,也无关乎他们自己成为任何他人利益的对象。①

满足生命体验主体的个体所具有的价值在逻辑上独立于他们对他人的效用,以及他人的利益,他们的固有价值也不是他们靠自身努力获取的,也不因为他们做了什么或没做什么而丧失,他们自身就具有价值。这种价值不同于被赋予体验的内在价值,快乐、幸福之人并不比不快乐、不幸福之人具有更大的固有价值,他们的固有价值是平等的,固有价值和内在价值是不可通约的。即使对一些无生活能力的人来说,他们会遭遇怎样的生活取决于我们对他们采取的行动,但这恰恰说明了他们本身就是这种生活的体验主体,我们每一个人都是一个拥有对自身而言或好或坏的生活的生命主体。不管是对于道德主体或是道德顾客而言,具有这种地位是在这个世界上存在的一部分。生命主体标准确认了道德主体和道德顾客的一种相似性,动物也像道德顾客一样具有成为上述生活主体的特征,那么,动物也拥有天赋的固有价值,这种价值要求我们人类不应把动物作为满足我们需要的工具,我们应该以一种尊重它们身上天赋价值的方式对待它们,它们具有不遭受痛苦的权利。

(3)种际权利的冲突及其调解

虽然人和动物的权利都不可侵犯,但由于动物属于弱势权利,人类具有强势权利,当这种不同种际间的权利相冲突时,并不等于说动物的权利不可侵犯,个体动物的权利也是可以侵犯的,但这种侵犯必须基于与尊重原则无矛盾,即每一个个体都具有固有价值,而且他们的权利都是平等的,那么:①对该个体的权利侵犯将阻止(而且是唯一的现实阻止方式)对其他无辜个体的更大伤害;②对该个体的权利侵犯是所有措施中的必要环节,而且这些措施将从总体上阻止(而且是唯一现实的阻止方式)对其他无辜个体的更大伤害;③只有对该个体的侵犯才有希望阻止对其他无辜个体更大的伤害。这三个条件限制了对个体权利侵犯的边界。为了更好地保护动物权利,雷根又提出了解决种际冲突的两条原则。②

第一条:最小压倒原则(the miniride principle)。如果我们必须在压倒多数无辜者的权利和压倒少数无辜者的权利之间做出选择,并且每个受影响的个体将会以初步看来相当的方式受到伤害,那么我们应该首先选择压倒少数人的权利,而不是压倒多数人的权利(关注受伤害数量)。

第二条:恶化原则(the worse-off principle)。如果我们必须在压倒多数无辜者的权利和

① 雷根.动物权利研究[M].李曦,译.北京:北京大学出版社,2010:205.

② 同①266-277.

少数无辜者的权利之间抉择，如果少数无辜者遭受的伤害将让他们落入比多数无辜者中的任何一个都更糟的境地，那么我们应该选择压倒多数无辜者的权利(关注受伤害程度)。

雷根的观点遭到了来自哲学界的许多批评，权利的拥有者到底以哪些动物为界？要在权利的拥有者和不拥有者之间划一条泾渭分明的界限是很困难的，同时这种划界可能忽略了生态圈许多成员的利益。如果以“生命体验主体”作为拥有权利的标准，那么，是否植物也有其生命体验过程？人在需要保护野生动物时，应该保护猎食者还是被猎食者？雷根的动物权利说重在保护动物个体的利益，对生态系统的整体利益任其自然，“如果我们对构成生物群落的个体表现出恰当尊重，群落难道就不会得到保护吗？”①这与生态中心主义观点相悖，比如尊重鹿的权利，任其繁衍，是否会造成草地及其相应整体环境的压力呢？试想想，在下列人类对待动物的态度和行为中，你该怎么做？①供捕食的猎物；②共生者；③竞争者；④寄生者；⑤掠食者；⑥科研对象；⑦审美对象；⑧娱乐对象；⑨象征物。

(二)生物中心主义

生物中心主义(biocentrism)把道德关怀的对象拓宽到生物，关注所有生命的存在价值。主要代表人物是法国的人道主义学者阿尔伯特·史怀泽，其代表作是《敬畏生命》，美国哲学家保罗·泰勒，其代表作是《尊重自然》。

1. 史怀泽的“敬畏生命”

史怀泽，现代西方具有广泛影响的思想家、人道主义学者，1952年诺贝尔和平奖获得者。他是现代意义上生物中心主义的创立者，其核心思想是“敬畏生命”。史怀泽最初在德语中对“敬畏生命”的表述是，对生命尊敬和恐惧的一种综合感情。其主要观点如下：

(1)敬畏生命的伦理基础是“生命意志”

史怀泽认为：“敬畏生命不仅适应于精神的生命，而且也适应于自然的生命。……人越是敬畏自然的生命，也就越敬畏精神的生命。”②长期以来，包括人类在内的一切生命都对生命有着可怕的无知，一切生命都有生命意志，都在要求生存和发展自己的生命，但不能体验发生在其他生命中的一切，“自然抚育的生命意志陷于难以理解的自我分裂之中”③，而人的自我分裂尤为严重，如人对自然的破坏、人对人的冷漠，这种自我分裂导致所有的生命都存在于黑暗之中，而拯救所有生命走出黑暗的只能是人，人既能意识到自己生命意志的分裂，也能认识到其他生命意志的分裂。同时，人也会认识到他和其他生命之间存在着普遍的联系，“我是要求生存的生命，我存在于要求生存的生命之中”。因而，我们要把所有的生命都看作神圣不可侵犯，敬畏别的生命如同敬畏自己的生命，体验自己的生命就如同体验别的生命，帮助所有需要帮助的生命，把对人的道德关怀拓宽到所有生命，在此过程中，我们超越了我们存在的有限性，获得了比其他生命更宽广的存在维度，与世界建立了有意义的精神联系，这才是道德的。

在我们生存的每一瞬间都被意识到的基本事实是：我是要求生存的生命，我在要求生存的

---

① 雷根. 动物权利研究[M]. 李曦，译. 北京：北京大学出版社，2010：304.

② 史怀泽. 敬畏生命[M]. 陈泽环，译. 上海：上海社会科学院出版社，1992：131.

③ 同②19.

生命之中。我的生命意志的神秘在于，我感受到有必要，满怀同情地对待生存于我之外的所有生命意志。①

(2)敬畏生命的伦理原则

史怀泽认为生命本身就是善，敬畏生命就是要保存和促进生命，相反地，恶就是阻碍和毁灭生命。所有的生命都是有价值的，而且这种价值不分高级和低级，否则，人类就可能以自身为中心对其他的生命加以区分，从而认为存在着没有价值的生命，并且对这些生命进行伤害。那么，是否人类就不能消灭所有生命？史怀泽对此认为，人们必然会伤害或杀死一些生命，但敬畏生命的人，只是出于不可避免的必然性才伤害和毁灭生命，比如农夫可以割草来喂牛羊，但他不可以踩死路边的野花。人们应该对牺牲于己手的生命有意识地负责，尊重生命，不伤害、不杀生并不是目的本身，敬畏生命是一种态度和品性，它本身就包含着“爱、奉献、同情、同乐和共同追求”。

善是保存和促进生命，恶是阻碍和毁灭生命。如果我们摆脱自己的偏见，抛弃我们对其他生命的疏远性，与我们周围的生命休戚与共，那么我们就是有道德的。只有这样，我们才是真正的人；只有这样，我们才会有一种特殊的、不会失去的、不断发展的和方向明确的德性。②

史怀泽的理论与他在非洲的生活经历密切相关，特别是他关于“敬畏生命”的观点最初来自他与河马在夕阳西下的河面上逆向相遇而产生的念头，他看到了夕阳下动物所拥有的生命之美，带有神秘色彩，再加之他的理论更多的是对人的品德的要求，因其学术观点缺乏逻辑论证，这些观点并未得到广泛的支持，但他却给我们提出了一个必须思考的问题：面对生命，你要成为什么样的人？

2. 泰勒的“尊重自然”

泰勒的《尊重自然》一书被西方学界视为“当代捍卫生物中心主义伦理学的最完整且最具哲学深度的著作之一”。在这本书中，他建构了一个由尊重自然的态度、生物中心主义的自然观和实现尊重自然态度和信念的一套伦理标准和规则三个方面组成的体系结构，并进行了充分的论证。

(1)尊重自然的态度

泰勒认为环境伦理理论的中心原则就是“当行为和品质特点表达或体现了某种我称之为尊重自然的终极态度时，这种行为就是正确的，这种品质在道德上就是好的”③，在泰勒看来，尊重自然是一种最高水平的态度。他从拥有自身善的实体(entity having a good of its own)和拥有固有价值(entity possesing inherent worth)两个方面论证了尊重大自然的态度。泰勒认为：“某事对于一个实体来说有利或有害而不涉及任何其他实体，那么该实体就具有自身的善。”④具有自身善的实体既包括能够感受或意识到自己利益的高等动物(主观性利益)，也包

---

① 史怀泽.敬畏生命[M].陈泽环，译.上海：上海社会科学院出版社，1992：91.

② 同①76.

③ 泰勒.尊重自然：一种环境伦理学理论[M].雷毅，等译.北京：首都师范大学出版社，2010：50.

④ 同③37.

括不能感受或意识到自身利益的低等动物和植物。虽然低等动植物不像高等动物一样意识到自己的主观利益，但它有自己生命的完整历程和自己的善，对此加以维护就是对实体自身善的促进，对这种实体来说就存在着客观的善，比如对一只蝴蝶的保护，使其经历卵、幼虫、蛹的完整生命过程就是对其的有利方面，维持了其正常的生物学功能，虽然它自身没有意识到自身的生命利益。但如果对一堆沙子保护不使其变湿，仅仅对利用沙子的人有利，而对沙子来说无所谓意义。从逻辑推理来看就是X是具有自身善的实体，我们并不需要知道X是否具有信仰、愿望、感情或有意识的利益，我们要探究的是"能促进或保护X的善吗?"泰勒认为所有有生命的实体都具有自身的善，都具有"生命的目的中心"(teleological centers of life)，这种目的并不是说每个生命都是有意识的，而是说生命活动都指向一个目标，即实现其生长、发育、延续、完善。具有自身善的实体本身具有固有价值，这种固有价值与人类对其评价无关，也与其对他物的好坏无关，这种自身善的实现状态比不实现状态好，这也就意味着人类作为道德代理人有义务站在所有生命本身的立场上对生命的善加以促进和保护，尊重一切生命，这是伦理的本质。

(2)生物中心主义自然观

对待生命的恰当态度取决于我们如何对待它们，如何看待它们与我们的关系。以生命为中心的世界观是一系列信念，它为人类如何对待自然提供了合理的背景，这种世界观由四个方面组成：

其一，人类与其他生物一样，都是地球生命共同体中的一员；

其二，人类与其他物种一起，构成了一个相互依赖的系统，每个生物的生存和福利的好坏不仅取决于其环境的物理条件，也取决于他与其他生物的关系；

其三，所有生物都把生命作为目的中心，因此每个都是以自身方式追求自身善的独特个体；

其四，人类并非天生优于其他生物。①

人类和其他的生命在地球共同体中都把生命作为目的中心，都追求自身的善，人虽然有意识、有能动性，但人类并不能独立生存，只有与其他生物同演化、共生存，才能造就繁荣昌盛的自然界，从漫长的自然演化过程来看，人类并非天生优于其他生物。尊重自然的态度根植于生物中心主义的自然观中，人类正是在接受并践行这种世界观中推进人和生物的平等。

(3)人类行为的原则

为了使尊重自然的态度真正付诸实践，泰勒进一步提出了一些具体的伦理规范，具有现实的可操作性。

对人类行为规范的四条原则是：①不伤害的原则(the rule of nonmalefience)。这是一条消极的义务，要求人类不伤害自然环境中拥有自身善的任何生物。②不干涉原则(the rule of noninterference)。它包含两种消极的义务，一种要求我们不要限制个体生物的自由；另一种要求我们不仅要对个体生物，还要对整个生物系统和生物共同体采取不干涉的政策。③忠诚的原则(the rule of fidelity)。这个规则仅适用于与个体动物相关的人类行为，这些动物在野生状态下，容易受道德代理人的欺骗和背叛，最主要的就是不要打破野生动物对我们的信任。④补偿正义原则(the rule of restitutive justice)。这一规则要求人们履行这样一个义务，即当道德主体受到道德代理人的伤害时，重新恢复道德代理人和道德主体之间的正义平衡。②

---

① 泰勒.尊重自然：一种环境伦理学理论[M].雷毅，等译.北京：首都师范大学出版社，2010：62-63.

② 同①110-122.

解决人类与其他物种利益冲突的原则有：①自卫原则(the rule of self-defence)。当遇到危险或有害的生物时，道德代理人可以毁坏它们以保护自己。②均衡原则(the rule of proportionality)。当人的基本利益与动植物非基本利益相冲突时，保护人的基本利益；当人的非基本利益与动植物的基本利益相冲突时，保护动植物的基本利益。③最小错误原则(the rule of minimum wrong)。当人的非基本利益与动植物的非基本利益相冲突，而人又不愿意放弃某些非基本利益时，此原则要求人们把对其他生命的伤害降低到最低限度。④分配正义原则(the rule of distribute justice)。当人的基本利益与其他生命的基本利益相冲突，但其他生命并不对人构成威胁时，公平分配资源以保证所有生命都能延续；但当人的基本利益与其他生命的基本利益相冲突并威胁人的生命时，不要求牺牲人的利益实现其他生命的利益。⑤补偿正义原则(the rule of restitutive justice)。在最小错误原则和分配正义原则不能完美实现的情况下，要求恢复人与其他生物之间的正义平衡，对其他生命做出大致与对它们的伤害相等的补偿，维护生态系统和生命共同体的健康和完整。①

泰勒的生物中心论从人类对待自然的态度和责任到相应世界观的建立都做了详细的论证，同时为了用这种态度和思想来指导现实行为，又制订了一系列应该遵守的伦理规则，既完善了生物中心方面的理论建构，也为人们与其他生命如何相处提供了可资借鉴的具体操作原则，和史怀泽具有神秘性的理论相比较是一种进步。但是，我们也要看到，泰勒的生物中心针对的生物同样是个体生物，而忽视了生物整体和生态整体，认为人类对整体的生物系统和生态系统没有直接责任，然而，在个体与个体相冲突时，如何选择、如何论证各个个体利益的大小、重要程度将是一个艰难的工程，更何况按照他的伦理规则，当人不愿意放弃自己的一些利益时，其他的生命最终还是要向人类妥协，这种重构公正、补偿正义会遭遇现实困境。

(三)生态中心主义

生态中心主义不同于动物解放/权利论和生物中心主义仅仅关注个体的权利和利益，它关注生态整体的利益和价值，把道德关怀的范围从人类拓展到整体生态系统。主要代表人物是美国的环境伦理学家奥尔多·利奥波德，其代表作是《沙乡年鉴》，美国哲学家霍尔姆斯·罗尔斯顿，其代表作是《环境论理学》《哲学走向荒野》，挪威哲学家阿伦·奈斯，其代表作是《生态学、共同体与生活方式：生态哲学纲要》。

1. 利奥波德的土地伦理学

利奥波德被称为美国新保护运动的“先知”，也被誉为美国新环境理论的创始者。他思想的形成和发展经历了三个阶段：1909 年至 1924 年主要是资源保护主义者，此时主要依据资源对人类的有用和无用、有利和无利对其进行保护；1924 年至 1933 年转向生态学思想阶段，在林业局实验室工作的利奥波德由于不满意林业局从经济利益出发管理的思想，离开林业局转向对野生动物管理的研究，完成《野生动物管理》一书，成为野生动物管理学科的开创者；1934 以后形成自己的土地伦理生态观。在《沙乡年鉴》(1947)中利奥波德第一次系统性地阐述了生态中心伦理学，结合生态学这门科学，他认为应该把道德关怀从生命范围拓宽到大地、土壤、河流等非生命的自然存在物，生命和非生命构成了一个生态整体。

---

① 泰勒. 尊重自然：一种环境伦理学理论[M]. 雷毅，等译. 北京：首都师范大学出版社，2010：167－1193.

(1)道德共同体的拓展

利奥波德通过古希腊英雄奥德赛杀死他的12个女奴开始阐述人类道德伦理的演化。古希腊时,奴隶是私有财产,奥德赛任意对他们处置并无不道德,现今,人类的道德已经拓展到所有人类,但人们目前还视土地、植物、动物等非人的存在物如奥德赛的女奴一样仅仅是财产。他认为人们所理解的共同体的范围实质上也是道德共同体的范围,原始社会人们关注的共同体限于自己的氏族部落,因而人们只对自己的共同体讲道德。而随着共同体范围的扩大,道德关怀的范围也逐渐扩大,他认为到目前为止人类道德扩展经历了两个阶段:第一阶段伦理道德协调人与人之间的关系;第二阶段伦理道德协调人与社会的关系。目前应该进入第三个阶段,伦理道德应该协调人与土地之间的关系。利奥波德的土地并非仅仅是土壤,它指称生态系统,是能量流过一个由土壤、植物以及动物所组成的环路系统。他认为应从生态学的视角而非经济学的视角认识人与动物、植物、土地、河流的关系。从生态学角度来看,人和其他非人的存在物处于同一个共同体,土地共同体既是生态学的基本概念,也是伦理观念的延伸,应该被热爱和尊重。道德的实质就是共同体中所有成员相互限制、相互协同以实现共生,当人们认识到自己和其他存在物这种共同体关系时,他们才有可能以道德制约自身,并把其共同体内的其他存在物看作是与自己同生共死且需要关怀的对象。利奥波德认为道德共同体范围的拓展在理论上和实践上都是必要的,人类在自己的发展中对大自然的破坏几乎没有任何限制,控制和征服自然的理念和行为导致自然破坏严重,但"征服者最终将自我毁灭!一个裁剪得过于适合人的需要的自然界将毁灭裁剪者!"①生态共同体告诉我们,人类只是生物群落中的"生物公民",而非自然的统治者。认识到这一点,人类就会承担起对共同体中其他成员(动物、植物、水、土壤、高山等)乃至土地共同体的责任和义务。

土地伦理只是扩大了这个共同体的界限,它包括土壤、水、植物和动物,或者把它们概括起来:土地。②

要把人类在共同体中以征服者的面目出现的角色,变成这个共同体中的平等一员和公民。它暗含着对每个成员的尊敬,也包括对这个共同体本身的尊敬。③

(2)土地伦理的道德原则

利奥波德坚持生态整体主义思想,他认为伦理整体主义可以有效地对资源管理进行决策,同时,从生态学这门科学理论来看,生态学揭示的生态整体性也决定了伦理上的整体主义。土地共同体是由许多生物和非生物组成的"高度组织化的结构",这个结构类似于金字塔结构,其底层是土壤,向上依次是植物、昆虫、鸟类与啮齿动物,最顶层是大型食肉动物。保持这种金字塔结构整体的和谐、稳定、美丽是最高的善,"一个事物,只有在它有助于保护生物共同体的和谐、稳定和美丽的时候,才是正确的;否则,它就是错误的"④。因此,生态系统内部个体生物的快乐、痛苦并不是善恶的标准,它们仅仅是生态系统正常运行中的必然现象,如果整体生态系

---

① 纳什.大自然的权利[M].杨通进,译.青岛:青岛出版社,1999:94.

② 利奥波德.沙乡年鉴[M].侯文蕙,译.北京:商务印书馆,2017:236.

③ 同②236.

④ 同②282.

统是好的、平衡的，那么个体生物的痛苦和死亡也是好的。维持这种整体的和谐、稳定、美丽取决于两个条件：其一，生态系统要素的复杂性、多样性；其二，各要素之间的合作与竞争。那么，人作为生态系统的成员且是顶层成员，在长期与其他成员共同生活中产生的情感使他有义务尽可能在较少干预生态系统、发挥生态系统自我修复能力的状况下，维护和保持生态系统的复杂性和多样性。

利奥波德的土地伦理学思想把没有生命的土壤、河流等自然存在物纳入伦理关怀的范畴，承认了非生命存在物的权利，从整体上看待生态系统，在生态哲学的发展上具有里程碑式意义，它唤醒了人们对大自然的尊重和热爱，他也因此被尊称为“土地伦理学之父”。但是，这种激进的思想也导致诸多批评，许多批评者认为他的整体主义思想会为了整体的利益而牺牲个体利益，为了整体的“好”牺牲个体的“好”，以此类推，人与当今的生态环境恶化关系重大，是否为了整体生态环境的好就可以消灭共同体中的人，或者剥夺人的许多权利，这是一种新的环境法西斯主义①。同时，如何赋予非生命存在物以价值也是争议的焦点，事实上，生物和非生物的确构成了一个相互依存、相互作用的整体，但从存在的事实能否推出它们就具有价值是一个值得考虑的问题。

2. 罗尔斯顿的自然价值思想

罗尔斯顿赋予非人存在物与人类一样的内在价值，这种内在价值是客观的，并非人们的主观偏好，为此他论证并建构了一个完整的自然价值论理论体系，并从中导引出人类对具有内在价值的自然的稳定、完整具有维护的责任和义务。

（1）自然价值论

西方学者最初关注生态问题时大多主张用“权利”作为建构自己哲学的理论基础，他们认为一个人拥有权利就表示这个人可以免遭他人伤害，获得道德保护屏障。从而，权利也成为对非人存在物予以道德关怀的依据，辛格、雷根等人就从动物权利提出了动物解放权利理论。然而，在生态伦理的发展过程中，许多学者认为把权利概念直接沿用到环境伦理方面是不恰当的，他们认为“非人类存在物的道德权利”可以由“非人类存在物的天赋价值”来代替，罗尔斯顿认为：“对我们最有帮助且具有导向作用的基本词汇却是价值。我们正是从价值中推导出义务来的。”②

罗尔斯顿的自然价值论是在批判主观价值论的基础上建立的。主观价值论认为价值就是人的主观偏好，比如欲望、兴趣、情感，否认价值评价与价值对象之间的内在联系，自然物的价值是由人类的兴趣爱好随意模塑的泥团。罗尔斯顿认为并非只有人才是价值的评价者，所有生物都从自身角度评价、选择有利于自己生存的环境，并趋向其目的。价值并非人类主观情感的投射，其实更多是一种“翻译”，事物本身所具有的属性是人类确定其价值的前提，价值评价的形式虽然是主观的，但评价的内容是客观的，因此，把价值完全归结于人的主观偏好是难以令人信服的。

罗尔斯顿把价值当作事物的某种属性来理解。他认为，大自然中具有价值的事物，并非是人赋予自然或强加于自然的，而是被人发现的，它本身就存在于自身之中。人们常常认为对生态系统的描述从逻辑上来看先于人们对生态系统的价值评价，描述引发了评价，但实质上描述

---

① 雷根. 动物权利研究[M]. 李曦，译. 北京：北京大学出版社，2010：303.

② 罗尔斯顿. 环境伦理学[M]. 杨通进，译. 北京：中国社会科学出版社，2000：2.

和评价之间的关系具有复杂性，它们常常同时出现，我们很难裁定哪个在先哪个在后，因为描述生态系统的和谐、统一、完整、创造、依赖等现象的同时也蕴含着评价，“人们在大自然中发现的价值，是我们心中的价值的一种反映”①。大自然的价值既是我们带进的，也是从自然中概括出来的，价值是自然的属性，体现了主客观的统一性。评价仅仅是去标识出事物的这种属性的一种认知形式，尽管对事物的价值属性的认知不是用认知者的内心去平静地再现已经存在的事物，而是要求认知者全身心地投入其中，伴随着内在的兴奋体验和情感表达。换言之，我们只有通过体验的通道才能了解事物的价值属性。人们所知道的价值是经体验整理过的，是由体验来传递的。但这并不意味着价值完全就是体验，因为全部自然科学都建立在对大自然的体验之上，但这并不意味着它的描述、它所揭示的事物仅仅是这些体验。评价是进一步了解这个世界的某种非中立的途径。如果没有对自然界的感受，我们人类就不可能知道自然界的价值，但这并不意味着，价值就仅仅是我们所感觉的东西。我们评价的东西，就是某种我们观察到的东西。这种被我们观察到的价值，属于体验性的价值，而未被我们观察到的价值，则属于非体验性的价值。

罗尔斯顿认为自然界具有多重价值。在人类产生之前，有机体就能够从工具利用的角度评价其他有机物和地球资源，如植物把水和阳光作为资源来利用，猎鹰高度评价鸣禽等，这表明有机体在认同他物工具价值的同时，也从内在价值的角度评价自身——它们的身体、它们的生命形态，没有一个有机体是为了他物而生，它们都是把它自身生命作为一个目的本身而加以保护，从它们自身角度来看，成为自身、保护自己的生命就是一件好事。这种现象在人类产生之前就已经存在，因此，“工具价值和内在价值都客观存在于生态系统之中，生态系统是一个网状组织，在其中，内在价值之结与工具价值之网是相互交织在一起的”②。但罗尔斯顿又认为，在整体生态层面使用工具价值和内在价值这两个术语不太理想，需要用系统价值（system value）来描述。“系统价值是某种充满创造性的过程，这个过程的产物就是那被编织进了工具利用关系网中的内在价值”，“系统价值就是创生万物的大自然（projective nature）”③，有机体在个体的层次上护卫它们自己的身体或同类，但生态系统在整体层次上促进新的有机体产生、增加物种种类并使新老物种和睦相处。内在价值只是整体系统价值的一部分，不能把它割裂出来孤立地加以评判，一块孤立的泥土确实很难说它拥有内在价值，也不能说它拥有多少内在价值，但它是生态系统的内在要素，它参与了生态系统的整个进化过程。“无论从微观还是宏观角度看，生态系统的美丽、完整和稳定都是判断人的行为是否正确的重要因素。”④罗尔斯顿除了从最基本的角度区分工具价值、内在价值和系统价值之外，他还提出了 14 种自然物的特殊价值，即生命支撑价值、经济价值、消遣价值、科学价值、审美价值、使基因多样化的价值、历史价值、文化象征价值、塑造性格价值、多样性与统一性的价值、稳定性与自发性的价值、辩证的价值、生命价值、宗教价值。自然多样性价值体现了自然本身能够带给人类多重情感体验，让人类摆脱了对自然的单纯物质利用，为实现自然的多价值管理提供了理论依据。

---

① 罗尔斯顿. 环境伦理学[M]. 杨通进，译. 北京：中国社会科学出版社，2000：314.

② 同①254.

③ 同①255.

④ 同①255.

(2)自然价值来自自然的创造性

整体上看，罗尔斯顿是从价值本体论的层次上来讨论自然价值的，自然价值是由自然物质的性质、结构和功能决定的。他将自然价值定义为“被储存的成就”(storied achievements)。例如，人类出现之前，各种地质作用形成的矿产资源，生命活动创造的地球适宜人类生存的条件，自然过程所创造的各种活物质等，它们都是自然史上所储存的成就。当我们描述自然史的演化过程时，我们很难精确地断定自然事实何时隐退，自然价值何时浮现，在事实被完全揭示出来的地方，价值似乎也出现了，“与其说应然是从实然中推导出来的，还不如说是与实然同时出现的”①。自然价值存在于自然事实的演化之中，自然价值不依赖人类的观察，不受人类的感觉支配，它们具有不以人的意志为转移的客观性，是客观存在的。这种客观性是由自然事物的性质决定的，不管人是否评价它，也不管人是否体验它。自然本身是产生价值的源泉，“大自然是生命的源泉，这整个源泉——而非只有诞生于其中的生命——都是有价值的，大自然是万物的真正创造者”②。大自然的所有创造物预示着自然创造性的实现，自然是朝着创造价值的方向进化的，大自然不仅创造了各种各样的价值，也创造出了具有评价能力的人类。不是我们赋予了自然价值，而是自然本身中就蕴含着价值，同时，自然也把价值馈赠给人类，人类对丰富多彩的生命大加赞叹，赋予生命特别是人类以内在价值，却对创造生命的大自然母体不屑一顾，难道创造生命的母体大自然不具有内在价值吗？

罗尔斯顿的自然价值论体现了一种新的哲学范式，它突破了传统的事实与价值截然两分的观念，从价值导出道德，将道德哲学与自然哲学紧密结合；他创建了系统价值的概念，突破了传统的价值主客二分性，建构了生态整体主义的世界观。但同传统生态伦理学说一样，罗尔斯顿的理论也面临着如何证明价值与义务之间必然联系这一困境。

3. 奈斯的深层生态学

1972年9月3日，挪威哲学家奈斯在第三届世界未来研究大会上做了一个题为《浅层的与深层、长远的生态运动》的学术报告，报告中首次提出“深层生态学”这个词汇。1985年，美国生态哲学家乔治·塞欣斯(George Sessions)和社会学家比尔·戴维尔(Bill Devall)出版了《深层生态学：重要的自然仿佛具有生命》一书，比较全面地阐发了深层生态学的基本理论。至此，作为一种注重思考生态危机的具有深层社会文化背景的理论，深层生态学已初步形成。深层生态学(Deep Ecology)又称生态智慧(ecosophy)，它是在与浅层生态学(Shallow Ecology)比较和突破其局限性的基础上创立的，浅层生态学在自然观上仅仅关注医治生态危机的表面症候，而不追究其深层根源；在价值观上认为离开人类谈论自然的价值毫无意义；在经济发展观上坚持经济增长观，它只关心资源的管理与利用；在社会观上坚持生活标准不能下降的观念。奈斯正是在批判浅层生态学的基础上提出了包含两个原则、八项主张的深层生态学，也被他称为“生态智慧T”。

(1)两个原则：自我实现和生物圈平等主义

自我实现是奈斯深层生态学的最高原则(ultimate norm)，它既是深层生态学的理论基点，又是深层生态运动所追求的最高境界。传统意义上的自我实现(self-realization)主要追求人生的享乐或个人的获救，深层生态学将自我实现拓展到了生态领域，自我实现与环境密切相

① 罗尔斯顿.环境伦理学[M].杨通进，译.北京：中国社会科学出版社，2000：315.

② 同①268－269.

关，奈斯认为人类自我实现的过程经历从本我（ego）到社会的我（self）再到大我（Self）三个阶段，自我实现的过程是一个对自然的认同感不断扩大的过程，也是一个和自然疏离感减少的过程，是把小我变成大我的过程，大我就是生态的我（ecological self），也是人类真正的自我，在此阶段人类和自然融为一体，将在所有存在物中看到自我，并在自我中看到所有的存在物，当然这种看并非单纯的认识论上的反映，它蕴含着人和自然之间价值观的确立，表示着人和自然达到较高程度的统一，正如奈斯的合作者德韦尔和塞欣斯所说的“谁也不会获救，除非我们大家都获救”（live，let live），这里的谁包含着大自然中的所有成员，人、动物、植物、山川、河流等。最大的自我实现来自最大的复杂性和无等级社会，生态系统越是单一，生物的自我实现程度越低，因为生物个体在单一生态系统中抗风险能力越低，相反，生态系统的多样性会增加其复杂性和共生性，而复杂性和共生性同时也会反过来增加生态系统的最大化的多样性，多样性增加了自我实现的潜能。同时，人在自我实现过程中也离不开社会环境的支持，而无等级社会使所有人具有自我实现的平等权利。

生物圈平等主义是深层生态学倡导的另一个最高原则。其基本理念是生物圈中的所有事物都拥有生存和繁荣的平等权利。这种思想直接源于奈斯“原则上的生物圈平等主义”，其前提依据是生态系统中的每一物种都担负着独特的功能，自身存在与其他存在密不可分、具有同一性，既然我们具有内在价值，那么，其他的存在物当然也具有内在价值，生物圈中的所有存在物作为整体中的成员都具有平等的内在价值，都具有生存权、发展权、孕育后代权以及在“大我”中的自我实现权。所谓价值上的高低贵贱、等级序列只是人类中心主义价值观的表象与展示，是人类以自我利益为核心而人为划分食物链能级结构的结果与呈现，而非整个自然的真实情况与具体体现，更不是相应价值在自然中的真实表达与形象再现。深层生态学视生态系统为一个有生命活力的、各部分之间以及部分与整体之间相互关联而又密不可分的整体存在，在赋予整体以生命的同时也相应地把生命生存权利赋予整体的各部分。生态平等主义准则超越了动物权利/解放、其他非人类中心主义狭隘的平等权内涵而要求赋予生物圈所有存在物以平等权，这是一种全新的、彻底的平等主义。

深层生态学的自我实现和生态圈平等主义两个原则内在相关，自我实现的前提就是生态平等以及对生命的尊重，在生态复杂性和多样性中实现共生。这也预示着人类要减少对自然的掠夺和征服，因为伤害自然界等于伤害人类自身，人类的自我实现过程必然受阻。因此，深层生态学给出了一条基本的生态道德原则：我们应该最小而不是最大地影响其他物种和地球。基于此，深层生态学呼吁人们过一种“手段简朴，目的丰富”（simple in means，rich in ends）的生活。然而达成“生态的我”是一种理想境界，可能只有少数人可以实现，那么，怎样把这种理想变成人们普遍的信念并付诸实施应该是一个长期的、艰巨的工程。

（2）深层生态学的行动纲领

深层生态运动既是一种理论，也是一种运动，基于两大原则，1984 年深层生态学的两大代表人物奈斯和塞欣斯（John Sessions）在野外宿营中通过总结深层生态学十多年的发展情况，共同起草了深层生态运动应该遵循的如下八大行动纲领：

①人类与非人类在地球上的生存与繁荣具有自身内在的、固有的价值。非人类的价值并不取决于它们对于满足人类期望的有用性。

②生命形式的丰富性和多样性是有价值的，并有助于人们认识它们的价值。

③除非满足基本需要，人类无权减少生命形态的丰富性和多样性。

④人类生活和文化的繁荣与人口的不断减少不矛盾，而非人类生活的繁荣则要求人口减少。

⑤当代人过分干涉非人世界，且这种情况在迅速恶化。

⑥因此我们必须改变政策。这些政策影响着经济、技术和意识形态的结构，其结果将与目前不大相同。

⑦思想观念上的变化主要在于对“生活质量”(富于内在价值情形)的评价而不是追求享乐标准的日益提高。人们将认识到“大”(big)与“棒”(great)的巨大差别。

⑧同意上述观点的人们有责任直接地或间接地去努力实现这些根本性的转变。

八大纲领的提出在西方学术界和生态运动中反响强烈。赞成者把其作为行动的指南，反对者把其指责为生态法西斯主义(主要针对第四条)，目前这种争论还在继续。

(四)对非人类中心主义的评价

非人类中心主义认为人类中心主义以人的某些特性确定是否成为道德关怀的依据，据此推理如果自我意识发育未成熟的婴幼儿和智障人士可以成为道德关怀的对象，那么，动物也应纳入道德范畴，因此，以逻辑推理来看，非人类中心主义认为人类中心主义具有不一致性。同时，现代人类中心主义站在人的角度谈论保护自然环境，也承认自然具有内在价值，具有功利性，当人与自然发生利害冲突时，人类就可能为了自身利益损害其他物种。因此，他们主张拓宽道德关怀的范围，从人延伸到动物、生物直至生态系统。相较人类中心主义，非人类中心主义重新调整了人与自然的关系，赋予了非人自然存在物以内在价值，警醒人们站在自然角度“以自然名义”思考问题，自然整体论对人们的主观盲目性具有一定的制约作用，在哲学理念上是一种创新。

非人类中心主义也面临着现实困境。首先是非人存在物道德身份的确定，传统道德伦理学说赋予人以道德代理人和道德顾客双重身份，非人类中心主义认为人以外的动物、植物、生态即使不能成为道德代理人，但也应该成为道德顾客，成为被人类关怀的道德对象，但当人的利益与非人存在物利益发生冲突时，许多学者都认为非人存在物要做出让步，那么，又通过什么来保证非人存在物的利益呢？其次，“人与自然是平等的”是非人类中心主义的基本理念，人与自然平等的实质是人与人的平等，在当前人类社会还存在着贫富不均、人与人很难平等的现实状况下，让人让渡自己的利益以实现人与自然的平等能够达成吗？可以说，非人类中心主义的理念具有良善性，但其实践操作比较困难，这就需要在人与自然之间寻找既保护人的生存和发展，又保护非人存在物的良好方法、路径，以实现人与自然同繁荣共演化。

三、坚持人与自然关系中两种认识视角的有机结合

从历史演化角度来看，自然创生了人类，又把人类放在了历史进化的最高点，人类必然面对自然具有自己种类的优越性；从当前地球现存状态来看，人无疑居于主导地位，而这种地位也是人类在历史长河中与自然合作、竞争的结果。那么，作为有道德的人类在今天面对自然既要维护自己的利益，也要认识到与其他存在物和谐相处的重要性。因此，人类自身的认识视角

以及以此认识视角指导其实践行为在处理人与自然的关系中至关重要。

(一)两种认识视角:整体性视角和个体主体性视角

古代文化主要是一种立足自然的整体性视角。当时自然科学发展水平较低,人类很难深入事物内部对其进行细化认识,也就不能准确把握自然事物的具体特性,此时不管是自然整体还是具体的自然物对人类而言都是神秘的、笼统的,人类只能停留在对事物认识的浅表层次,更多的依附于自然,其认识视角具有整体性特征。近代以来,随着生产力的发展以及科技进步,人类对自然的认识越来越深入,科学也呈现分门别类的状态,产生了从不同角度对自然规律揭示的物理学、化学、地质学等学科,人类跃出自然站在自然之外认识自然,人类的个性得到张扬,人类的智慧似乎可以解决自然中的一切难题,此时的认识视角更多站在人的角度面对自然,具有个体性特征。

古代的整体性视角视自然为至高无上,人类很难深入事物内部达到对事物的清晰认识,在自然面前人类弱小无力;近代的个体性视角过分抬高了人的地位,人又视自然如草芥可以任意奴役。这两种视角都没能处理好人与自然的关系,在实践中或者抑制了人的发展,或者造成了自然的毁坏,是不可取的。现代立足自然的整体性视角和立足个人的主体性视角随着时代发展都被赋予了新的含义,只有把这两种视角有机结合,才能真正促进人与自然的和谐。

(二)人类认识自然是两种视角的有机结合

自然是由人、社会、自然物构成的一个有机整体,这种有机整体的自然在存在论视域是最高的目的和最高的善,任何人类和个人都很难凌驾于整体自然之上,人类与其他的存在物共同存在于这一整体之中,相互影响、相互协同、相互制约促进整体的和谐、稳定和美丽。当然,整体中成员之间并非完全意义上的平等,每个成员在整体中的作用各不相同,人类作为整体中最具有主观能动性的动物,其思想和行为对整体的目的和善具有至关重要的作用,因而,考虑整体的和谐、稳定、美丽既要看到人—社会—自然复合生态系统这一整体,并同时强调人作为主体存在于人—社会—自然复合生态系统之中,充分认识到在实践活动中人对自然整体的关系其实转换成了人对自然存在物的关系,主张发挥主体对生态系统整体的协调作用。因此,双重视角并不是简单的叠加,而是两方面的有机结合,整体的和谐、稳定、美丽是实践行动的目标,也是指导个体行为的基础,个体行为必须建立在整体性视角基础上,以不破坏生态系统整体性为前提。在当前时代背景下,主体性的发挥一方面培育其整体性生态意识,另一方面以整体性生态意识引导实践行为,关注对自然生态系统的修复和优化,创造性地解决人类当下面临的生态环境危机和人类生存困境。

四、生态认识主体的确立

近代哲学的主要目标是为科学建立基础,认识论就因此成为主要的研究方向,而认识论必然涉及认识主体的确定。笛卡儿确定认识主体是“我”,他说我可以怀疑一切,但我不能怀疑我正在怀疑，只要我怀疑我在怀疑，那正好证实了我在怀疑，我怀疑就是我在思想，这个在思想的"我"就不能没有，"我想，所以我是"①。在这里，肯定认识必然要肯定认识主体，因此，只有能思想的人才是认识主体。在笛卡儿的学说中，虽然也谈到了认识客体，但认识客体和认识主体彼此独立、互不依赖、各行其是，二者的联系就是都严格地秉承同一天意。自此开始，在哲学上形成了影响深远的主客二分的思维模式，人作为主体站在自然之外、凌驾于自然之上，这样的主体存在于工业文明时代，也与现今的环境破坏密切相关。那么，生态文明时代怎样的认识主体才能不破坏环境呢？这就需要重新界定认识主体。

（一）对主体的不同认识

传统哲学认为主体是实践活动和认识活动的承担者，是相对于客体而言的。随着生态伦理、生态哲学研究的深入，在中外学术界都出现了对认识主体的争论。人类中心主义学者坚持传统的认识主体只能是人的观点，而非人类中心主义的学者如雷根、泰勒等人认为动物、植物都是一个目的中心，是自己生命的主体。我国生态哲学家余谋昌也从本体论角度出发，认为生命和自然界也是生存权利的主体，他说："在生态系统中，不仅人是主体，生物个体、种群和群落也是生态主体。"②我国学者卢风也认为："人并不是最高主体，更不是绝对主体，自然才是最高主体，甚至是绝对主体。"③在上一讲中我们讲道：从存在论的角度来看，自然整体是最高的存在，可以是存在主体，因为自然整体具有创造性，有其运行规律、趋势；但从实践论的角度来看，人类实践活动和认识活动面对的是具体的自然存在物，在人和非人的具体存在物之间，只有人才能担当认识主体的责任。如果把非人存在物作为认识主体具有泛主体主义倾向，而且等于把人完全降低到生物同等水平，看不到人在认识方面的主观能动性，忽略了人的社会属性。当然，人作为认识主体这一实践论范畴受自然整体存在论范畴的制约，人是自然整体中的一员，人认识自然、改造自然不能超越自然规律。

（二）生态主体和生态客体

1. 生态主体

生态主体是具有生态意识并从事生态实践活动的人。这里的"人"具有复杂的含义，2015年1月1日执行的《中华人民共和国环境保护法》第一章的第四条、第六条规定：国家、地方各级政府机构、企业、公民个人都有保护环境的义务和责任。因而，国家、各级地方政府机构和其他团体、企业、公民个人在保护生态环境、维持生态良性演化中都承担着生态主体的责任。国家作为生态主体，对内统筹规划，顶层设计，制定促进人与自然和谐的各项环保政策和制度、措施，对外承担着与国际社会针对全球生态问题协商、对话、沟通的重任。由于生态地理环境具有整体性、贯通性特征，比如长江跨越11个省、自治区、直辖市，多瑙河流经9个国家，但行政区域或团体组织却人为把这种地理环境分割成无数碎片，极易形成环境治理方面各自为政而

① 笛卡儿.谈谈方法[M].王太庆，译.北京：商务印书馆，2000：27.

② 余谋昌.生态哲学：可持续发展的哲学诠释[J].中国人口·资源与环境，2001(3)：3.

③ 卢风.社会伦理与生态伦理[J].河北学刊，2000(5)：12－17.

最终使环境恶化的状况。因而，具体的生态认识和生态实践活动应在不同层面展开，同时也需要多层次的生态主体共同参与，不同层面上生态主体各不相同。《联合国气候变化框架公约》体现了各个缔约国共同对全球温室效应的关注和碳减排的努力；国内各级地方政府机构以及某些团体解决自己区域的生态问题并协调相邻区域生态问题，促进区域间生态整体的良好衔接，2012 年，国内首个跨区域生态补偿在安徽和浙江展开实质性操作，浙江千岛湖水质优劣在很大程度上取决于来自安徽的水源新安江的水质情况，在国家发改委、财政部、环保部和两省的共同协商下，最终达成共同保护新安江水质的协议；企事业是生态保护的重要主体，其经营活动常常造成直接的生态破坏，比如，2012 年 1 月至 2013 年 2 月，无废物处理资质的相关公司将江苏泰州锦汇公司等六家企业生产的危险废物废盐酸、废硫酸总计 2.5 万余吨偷排进泰兴市泰运河、泰州市古马干河中，导致水体严重污染，后泰州市法院判处六家涉案企业赔偿环境修复费 1.6 亿元，企业既有在法律法规范围内营利的权利，也必须依法承担损害环境的责任。生态文明建设需要每个公民融入其中，培养自己的生态素养，做一个具有整体生态意识、履行生态实践的生态人。

综合来看，生态主体虽然是人，但并非仅仅是单个的个人，它是一切保护生态环境的团体（国际社会、国家、企业、团体组织等）和个人的综合体。

2. 生态客体

生态客体是指生态主体认识和实践的客观对象，包括人及其非人的具体存在物。从横向来看，生态客体具有整体性、贯通性特征，虽然每个生态主体有其相应的生态客体，但基于生态科学和系统科学考量，自然存在物之间通过相互影响、相互作用构成了生态系统，任何一个生态系统又处在一定的环境之中，因而，生态主体对生态系统任何一个组成要素的认识、改造都会引起生态系统及其周围环境的连锁性反应，生态主体的对象非孤立的个体，而是具有相关性的复杂整体；从纵向来看，生态客体具有动态演化特性，生态系统要素的得失、变动、流转都不断地改变着原有的生态客体，生态主体面对的生态客体具有常新性、变动性。生态客体正是在横向生态系统内部及其环境之间的多重联系和作用下引起了纵向序列的动态演化而生成的。

（三）生态主体和生态客体的关系

在实践基础上，生态主体和生态客体是一种对象性关系。和传统主体-客体的单向性模式不同，生态主客体对象性关系模式具有回环性，即主体-客体-主体模式：生态主体与自然并不是一种单向度的、仅仅是人类向自然索取的主客体关系，而是一种以自然为中介的“生态主体-客体（自然物）-生态主体”的关系，人类通过认识自然、改造自然维持自己的生存和发展，但同时，改变了的客体反过来对主体具有制约性作用，主体和客体在相互作用、相互制约、相互协同、相互竞争中实现生态系统良性运行。

当然，要实现主体和客体真正意义上的和解，其实质在于人与人的和解，人类须认清自己在自然界、人类社会演化中的地位，凭借自己的生态智慧和道德智慧肩负起应有的责任，不负自然的造化者，在人、自然、社会的复合系统中承担调节者作用，通过协调生态系统的诸多关系推动生态文明建设，实现人与自然的和谐。

五、生态文明建设需要协同的十大关系①

生态系统是由自然、人、社会所组成的复合生态系统，其中，自然、人、社会各要素之间的关联、影响、约束、选择、协同、放大等诸多关系决定了生态系统的存在状态和发展趋势。从人与自然的关系来看，如何处理自然工具价值和自然内在价值、自在自然和人工自然的关系，反映了人类对待自然的价值理念；从人与社会的关系来看，社会生态时代化趋势与个体生态意识偏狭性现状的矛盾关系要求在全社会形成整体生态价值理念和生态文化氛围；从自然与社会的关系来看，绿水青山和金山银山、绿色消费和异化消费、生态整体化与实践碎片化、生态正义与社会进步、顶层生态设计与基层生态现实、传统科技与生态科技的关系体现了社会在经济、政治、科技方面如何把生态理念付诸生态实践。生态文明建设的目标是复合生态系统整体的完整、稳定和美丽，它既是生态理念、生态社会氛围和生态实践并重的过程，更是生态理念引导生态实践并形成生态生活风尚化的过程。只有正确处理和协调诸多生态关系，才能真正促使人的全面发展和生态美丽，实现双赢。

（一）自然工具价值和自然内在价值的关系

自然仅仅是为人类谋取利益的工具，还是具有自己的内在价值？哲学史上，苏格拉底认为万物生长、四季流转都是为了满足人的各种需求；亚里士多德认为动物的存在就是为了人类穿用、食用或成为人类的工具；阿奎拉认为非理性生物是为了理性生物的利益而存在；笛卡儿认为人们在认识了水、空气等自然界其他物体的作用和力量后就可以拿来为我所用，从而成为自然界的主人和所有者；康德更是认为人为自然立法。这些观点都把人类凌驾于自然之上，自然被人类当作追逐利益的工具，这种极端的人类中心的思维方式和实践方式导致了人类长期以来无视自然本身的内在价值，从而单向地向自然索取和掠夺。自然虽然阻止不了人类的行为，但自然本身却有其内在价值，这种价值既体现为生态环境演变过程中孕育万物的自主性和创造性，也体现为在与人、人类社会共同构成的复合生态系统中的难以替代性。自然创造了包括人类在内的万千自然存在物，各种自然存在物之间的相互影响、相互作用构成了整体的生态系统，而整体生态系统的稳定、完整、美丽取决于各种自然物的相互融合、相互协同、相互竞争、相互限制，没有自然界的丰富多样性就很难实现整体的生态价值，也很难体现人的价值。人类历史上曾经把自身之外的自然当作自己可以任意奴役的对象，当这种作用超过了自然本身的承载和修复能力时，砍光树木引起了山洪暴发、林木消失带来了土地沙漠化、废水污染了大江大河、废气遮蔽了蓝天白云……自然以无声的语言警醒着人们，此时，自然的价值以一种对人类反向报复的方式体现出来。因而，正确对待自然，就要看到自然不仅是一种为人类谋取利益的工具，具有对人类实用的消费性价值，同时也有其维护整体生态系统完整、稳定、美丽的内在性环境价值。人类的生存模式并不只是遵循资本逻辑单纯地向自然索取以追逐利润的最大化，变成无“人味”的生物人，人类生存的意义在于生活的丰富多彩并和周围的动植物、自然存在物

① 王有腔.生态文明建设需要协同的十大关系[J].西安交通大学学报(社会科学版)，2019(3)：84－90.

竞相共生,“活着,让它也活着”才是人类应该遵循的生活逻辑。因此,人类最重要的生态理念是站在自然的角度,以自然的名义而不仅仅以人的名义对待自然,利用自然的同时也保证自然的繁荣昌盛,正确厘清自然的工具价值和自然内在价值的复杂性关系,从而找到与自然和谐相处的最佳结合点。

(二)自在自然与人工自然的关系

在第二讲中,我们从存在关系的角度已经分析了自在自然和人工自然的关系,在此我们从认识实践的过程谈谈如何处理自在自然与人工自然的关系。

自在自然是指没有打上人类印记的自然,包括人类产生之前的自然、人类产生以后还没有被纳入认识和改造范围的自然。人工自然是人类认识了和改造了的自然,主要体现为人造工程和人工产品。人类在实践活动中把自然引入人类历史过程,通过利用自在自然的特性,按照各种各样的方式改变自然的形状和结构、转化自然规律发生作用的条件和方式,实现了自在自然的人工化,社会发展的历程是人工自然不断增多的过程,也是人的本质力量展现的过程。这种人类本质力量展现的过程同时也是人工自然如何融入自在自然的过程,一般来讲,自在自然有其自身的运行规律,它是自然长期演化的结果,人类社会有人类社会的运行规律,它是各种社会因素相互作用的结果。那么,人类所创造的大量工程和产品是否能和原有的自在自然相融合,从而延续自在自然所具有的动态平衡?从人类历史发展的历程来看,人类在实践活动中往往依据自己的爱好、需求和审美标准添加了自在自然中所没有的新东西,现实的自然界由原有的自在自然和新造的人工自然共同构成,需要重新整合和相互适应。当然,这种整合的最佳结果是自在自然和人工自然的和谐,再造一个新的自然、人、社会的复合生态系统,但现实状况常常表现为很多人工自然介入原有的自在自然中后,或者造成了自在自然本身的不可逆转性破坏,很难恢复生态原貌;或者短期内生态破坏的不良后果没有显现,但长期实践中的生态破坏后果却十分严重。因此,自在自然和人工自然的关系实质上是人类在实践活动中是否具有大自然系统的生态理念,把自然、人、社会、人造工程、人工产品等看成一个有机统一的生态整体,充分认识到人以及人类社会的任何一个细小行为都会引起原有自在自然的改变,增加、减少任何一个工程、产品也就预示着原有系统增加或减少了新的环节,需要重新整合。因此,政治经济实践活动中的系统性生态考量至关重要,例如新增工程地点的选择、工程所需原料的种类和来源、工程垃圾的处理及工程运行后对环境的影响、产品如何使用和消费等,种种相关链条上的每一环节都需要人类具备前瞻性的生态理念,把工程的经济效益和社会效益、环境效益有机结合起来,这不仅是为了工程短期的成功,更是为了人和自然的相互融合以及可持续发展。

(三)社会生态时代化趋势和个体生态意识偏狭性现状的关系

生态文明建设是继原始文明、农业文明、工业文明之后的新型文明形态,表现在循环经济、生态政治、低碳社会、绿色生活的方方面面,它追求经济效益、社会效益、环境效益的有机统一,要求政府、企业、团体、公民都具有整体性生态意识并付诸实践,在全社会形成绿色文化氛围,共建美好环境。然而,在现实层面,政府、企业、团体、公民的实践活动常常基于自身的需求和本地的生态状况，很少或很难关注较远范围的公共环境，生态意识具有局部性特点。比如，“自我型”生态意识主体主要关注自身生态素养的提升，对自身以外人、公共环境的生态状况采取“自扫门前雪”的不理睬态度；“自利型”生态意识主体主要关注与自身利益相关的生态问题，即只有当生态破坏危及“我”时才会挺身而出维护生态环境，而对与己无关的生态毁坏却熟视无睹；局部性生态意识主体的生态视野逐渐拓宽，能够关注自身以外的生态问题，但从根本上来看还是站在局部利益角度对待生态环境，缺少整体性生态意识；漠视性生态意识主体认为生态问题无须治理和保护，随着经济发展到一定程度，环境质量会自然好转，这种意识的危害性最为严重，它没有看到环境的好转需要人的治理和保护，也没有看到有些环境破坏是不可逆转的，一旦破坏将难以实现生态补偿。[①] 鉴于个体的生态意识还存在以上种种偏狭现状，生态文明的时代趋势下需要提升个体生态认知的整体理念，通过构建生态知识、生态理念、生态实践三位一体的生态教育体系，采取政府、企业、团体、家庭、个人全方位、多角度地交叉式宣传教育模式，培育、养成、提升公民的整体生态素养，在全社会营造生态生活风尚化氛围。

（四）绿水青山和金山银山的关系

习近平总书记在谈到经济发展和环境保护的关系时形象地以“两座山”理论加以比喻，即金山银山和绿水青山。用生态理念指导经济建设就是既要发展经济又要保护生态环境，既要金山银山，也要绿水青山。但长期以来，要真正实现二者之间的和谐统一却是实践中的难题。习近平总书记认为，在实践中人们关于“两座山”之间关系的认识经历了三个阶段：第一个阶段是用绿水青山换取金山银山，无限制地向自然环境索取资源；第二个阶段是既要金山银山，也要绿水青山，此时经济发展和环境保护之间的矛盾凸显；第三个阶段是绿水青山就是金山银山，此时生态优势可以转化成经济优势，二者具有内在的一致性。[②] 从经济发展中缺乏生态理念到具有一定的生态理念再到将生态理念融入经济发展之中是经济发展和环境保护之间的博弈过程，当前在人民追求美好生活的新时代，实现绿水青山与经济发展的有机融合才能真正消解发展不平衡现象，让人民过上山清水秀、幸福富裕的美好生活。

但真正把绿水青山当作金山银山的理念付诸实践仍然需要全社会的协同努力。绿水青山和金山银山关系的核心点在于人类如何发展。人的发展既体现为物质丰裕，也需要精神愉悦，生态美带给人的审美体验价值越来越成为实现人的全面发展的重要组成部分，自然美成为人全面发展的必需品。人类和自然生态是一种依存共生的双向关系，那种单向依赖生态环境满足物质需求而不给予生态补偿的行为最终必然导致“人与自然变换断裂”，既毁坏了绿水青山，也失去了经济发展的根基。因此，从持久发展的角度看，要处理好绿水青山和金山银山的关系就应该确保经济发展和环境保护实现双赢。一方面引入生态技术和生态工艺，在生产源头、生产过程、生产末端实施全过程循环经济发展模式；另一方面在美好环境中培育人的社会融入感、幸福感和获得感，以促进人的全面发展。

---

① 王有腔，王星．生态文明建设呼唤整体性生态意识[J]．环境教育，2018(11)：71－73.

② 习近平．之江新语[M]．杭州：浙江人民出版社，2007：186.

(五)异化消费与生态消费的关系

生产与消费是经济发展中不可分割的两个部分。如何生产和如何消费同时关涉绿色发展。传统经济发展推行的大量生产、大量消费模式,伴生了异化消费现象。异化消费是背离了真实需要的虚假需要,法兰克福学派的马尔库塞(Marcuse)对此做了区分,他认为虚假需要是"为了特定的社会利益而从外部强加给个人身上的那些需要",比如被广告媒介所引导的大量消费、受外界支配和控制的消费等都属于虚假需要,这些虚假需要表面上满足了人们对物(欲望)的需求,实质上却并非人的真实需要,没有利用现有的物质资源和智力资源促使人们得到最充分的发展。① 人们通过大量消费满足欲望,彰显身份和地位,把大量消费和高消费作为通达幸福的路径。然而,无穷无尽的欲望迫使人始终走在消费的征途中而缺失了反思和思考的时间,人本身变成了物的奴隶,物也因此失去了其原本为人服务的意义。异化消费源自资本逻辑追逐利润的本性,在大量利润—大量生产—大量消费的经济模式推动下,一方面,大量利润推动的大量生产需要自然界的大量供给,自然资源成为维持经济持续性繁荣的牺牲品;另一方面,大量生产刺激的大量消费必然使大量的消费品快速成为废弃品而污染环境。可以看出,异化消费在资源攫取和废弃垃圾双重性上加剧了生态危机。

生态消费是适应时代需要的消费模式,其核心理念是健康合理消费、保护资源环境。这种消费理念要求把生产、消费融为一体,在生产消费全过程中坚持生态理念和生态行为。这种从生产端入手引导末端的消费模式,能够实现供给适应消费、消费催生供给的良性循环,避免出现产能过剩、资源大量浪费的现象。在生产源头,通过生态科技和生态工艺提升资源的利用率,并进一步发掘已有资源的利用价值,消费尽可能少的自然资源以获得尽可能大的经济效益。在生产过程中,避免一次性物品的生产,杜绝对资源的一次性浪费使用;保证最终流向社会的生产成品是绿色环保型消费品。从整个消费过程来看,消费时应该有针对性地选择不危及人体和环境的健康消费品,消费后对废弃物正确处理并尽可能回收利用,最终对环境产生尽可能少的危害性废弃物。生态消费是一种适度、理性、有社会责任感的消费,它需要政府、企业、个人在制度、政策、规则、文化的相互制约、相互协同中共同营造新的生态消费文化和消费模式,通过向自然索取较少的资源促进人和自然的和谐及可持续发展。

(六)生态整体性与实践碎片化的关系

社会行政管理的区域化模式在横向层面通常把地理环境的整体性、贯通性在实践中分割成无数碎片,因而在生态保护方面形成了各自为政的局面,这种实践碎片化现象与生态整体性是一种悖论。生态系统的整体性来自生物之间、生物与环境之间发生作用所形成的整体效应。从生物群落来看,动物、植物、微生物形成了相互依存的竞争共生关系,每一个具体的生物都不能孤立存在,是整体生态链条中的成员。整体生态链条中任何一个环节的缺失或变动,都会波及临近相关的生物发生连锁性反应,或者消失,或者濒临灭绝,或者被迫改变栖息地,从而影响生态系统的完整性或致使生态系统重新整合。从生物与环境之间的关系来看,二者之间不断

① 马尔库塞.单向度的人[M].刘继,译.上海:上海译文出版社,2006:6-7.

进行物质、能量、信息的交换，生物从环境中汲取自身生存和发展之需要，同时对环境产生影响，而环境对生物具有选择、约束、支配的作用，使之适应环境本身的变化，也正是在这种生物和环境之间相互影响、相互协同、相互竞争的过程中形成了生态系统动态的整体性。但自从有了人类，人类不断地侵入自然，自然在人类的利益中被分割成无数有用和无用的具体物，自然之间的天然衔接性被人为地斩断，这种碎片化对待自然的思想与生态系统的整体性相矛盾，近代以来，随着人类在实践层面不断改造自然，自然也越来越成为机械原子被随意地组合和拆分，生态危机也随之越来越严重。因而，只有在具体的实践中抛弃碎片化治理理念，考虑生态的整体性、相邻性、相关性、持续性，依据自然生态规律认识和改造自然，正确处理生态整体与人的实践关系，才能保证人的可持续发展以及生态环境的可持续演化。

（七）顶层生态设计与基层生态现实的对接关系

顶层设计这一概念来自工程领域，在“十二五”规划中首次成为一个政治名词。其思路主要基于系统论方法，通过统筹、协调各方面、各层次关系，在高层次寻求解决问题的方案，整体上实现最佳目标。一方面，由于目前我国生态系统比较脆弱、环境破坏比较严重，在生态文明建设过程中，单纯地依靠公众、企业、地方政府“摸着石头过河”式的维护、治理生态环境，其结果必然会导致各自为政，在具体的实践中形成碎片化的局部性生态保护局面，而这违背了生态环境的整体性、贯通性特征，最终很难实现环境质量的整体提升。另一方面，各地区生态资源、自然条件具有其地区特征，最贴近环境而生活的人最了解环境，也最关注自己周围的环境状况，能够针对性地解决当地的生态问题，协调有关生态各方的利益，及时化解因生态问题而导致的社会问题。很明显，生态问题需要各地从其生态特点出发加以解决，但各地自身解决又很容易形成治理碎片化现象，因而，把握生态整体信息，熟知各地生态状况，实现顶层生态设计与基层现实的有效对接是目前我国建设生态文明、提升整体生态质量的最优路径。顶层生态政策、制度的成功设计来自对基层生态状况的总体认知和有效掌握。同时，生态政策、制度的真正实施需要权力下放，需要适应各地千差万别的生态特点和需要，只有真正把顶层生态设计的思想与各地生态现实有效结合，并在中央宏观统筹协调下实现各地之间的生态沟通、协商、对话以及良好的衔接与共同治理，生态系统才会真正达到整体的稳定、和谐、美丽。

（八）社会进步与生态正义的关系

社会进步是全方位的进步，它既包括传统意义上的经济增长、政治民主、社会和谐、文化繁荣，也包括当代生态文明建设中凸显的生态正义。生态正义是在人类社会整体进步趋势下需要关注的新现象，它主要是指人类在处理人与自然关系过程中涉及的人际生态平等以及人与自然的生态平等。人际生态平等包含代内生态平等和代际生态平等。代内生态平等要求国家之间以及国家内部各部分或区域各部分对生态利益的共同享受和生态损害共同分担；代际生态平等要求当代人遵循经济、社会、生态有机统一的可持续性发展理念，其实践行为不要危及后代人发展的基础和能力。人和自然的生态平等主要指人类和自然和谐相处，共建美好生态环境。目前世界各国正在步入生态文明时代，生态正义问题也逐渐成为全社会必须关注和解决的突出问题，在人与自然之间，人类对自然环境的破坏虽然有所遏制，但仍然存在着温室气体排放过多导致的温室效应等一系列不良的生态行为;而在人与人之间,环境污染明显地表现为从发达国家流向发展中国家、从发达地区流向欠发达地区、从城市流向乡村的趋势。发展中国家、欠发达地区、乡村等经济力量相对薄弱地区在全球进入生态文明时代的进程中遭受着新一轮的环境污染,一方面表现为隐性的环境污染,大量污染型企业基于生态成本的减少落户于经济欠发达地区,看似促进了该地区的经济发展,实质上对该地区环境具有潜在性威胁;另一方面表现为直接把大量垃圾、污染物倾倒、掩埋于欠发达地区,常常通过把危险性较高的废弃物以付费的方式转嫁给穷困的接受者,从而导致实践中环境效益和环境损失的分配存在不公平现象。虽然全球变暖、水体污染、沙漠化等环境破坏的后果会波及地球上每一个人,但"富有阶层和权力阶层因为处于更有利的状况中,从而能够避免环境问题带来的最严重后果,有时甚至能完全规避不良的环境影响"①。《人民日报》曾以"拒绝污染上山下乡"为题,指出很多污染型企业在城市环保门槛越来越高、环保执法越来越严的情况下,变着法子"上山下乡",使得农村成为新的生态重灾区,呈现"垃圾随风刮,污水靠蒸发"的污染景象。② 环境污染转移的新情况与经济发展不均衡密切相关,贫穷区域为了发展经济常常降低环境要求,这种现象在全球范围内形成了生态环境的"马太效应",即富人的生态环境越来越好,而穷人的生态环境相对越来越糟。但社会整体进步不能忽视弱势地区和弱势人群,也需要社会、政府、集团、公众联手推进生态文明建设。一个坚持生态正义的社会,不管人们住在发达的都市还是贫穷的乡村,都应该赋予人们追求健康生活方式的理念和能力,让人人过上愉快、健康、可持续的生活。

(九)传统科技与生态科技的关系

近代以来,人类借助于科技认识自然、改造自然,既创造了史无前例的物质文明,同时也导致了严重的生态危机,从而威胁人类进一步的生存和发展。现实的生态危机迫使人们对传统科技进行反思,科技到底是善还是恶,我们应该发展怎样的科技,我们应该如何对待科技,等等一系列问题成为追求美好生活的人们必须面对的课题。控制论专家维纳(Wiener)在其《控制论》序言中说道,科学技术的发展"具有为善和作恶的巨大可能性"③;爱因斯坦说过:"科学是一种强有力的手段,怎样用它,究竟是给人带来幸福还是带来灾难,全取决于人自己而不是取决于工具。"④因而,人类怎样处理科技发展与环境的关系就变得至关重要。传统科技更多被当作改造和控制自然的工具,技术创新单纯地以追求经济效益为目标,这种技术理性思维主导下的实践活动短期可能取得了一定的经济效益,但长期却不利于经济社会的协调发展,日益成为破坏环境的重要因素,甚至不加控制的科技越发达,人类毁灭的速度越快。因而,人类未来的发展必须实现技术的生态化转向,发展生态科技。

生态科技是建设生态文明的强有力支撑,生态文明建设的规划路径、进展程度、方向目标在很大程度上取决于生态科技发展的状况。生态科技就是依据人与自然和谐的宗旨,把生态理念渗透、贯穿于传统技术系统,从技术设计到技术应用以及技术应用后果的全过程坚持绿色

---

① 贝尔.环境社会学的邀请[M].昌敦虎,译.北京:北京大学出版社,2010:23.

② 赵永平.拒绝污染"上山下乡"[N].人民日报,2015-09-06.

③ 维纳.控制论[M].郝季仁,译.北京:科学出版社,1962:23.

④ 爱因斯坦.爱因斯坦文集:第二卷[M].许良英,等译.北京:商务印书馆,1976:165.

技术创新，引导技术走向节约资源、保护环境的发展之路。与成熟的传统科技相比较，新型的生态科技存在技术难度大、产品成本高、实践推广难的劣势，这些劣势导致传统技术仍然在经济发展中发挥作用，而生态文明建设必须实现科技的生态转向，这就需要政府、企业、社会力量的协同推动。在政府层面，为生态科技创新和推广提供有利的政策支持和制度保障；在企业层面，构建绿色技术创新体系和制造体系，促进生态科技的研发和应用；在社会层面，营造生态生活风尚化的社会氛围，打造良好的生态环境。随着政府、企业、社会全方位对生态科技的重视，生态科技替代传统科技将是社会发展的趋势。

（十）人的全面发展与生态美丽的关系

常有人说：既然自然和人是一个有机统一整体，人的生存和发展需要消耗自然资源，那么，人类的发展不就以牺牲自然资源为代价吗？所以在整体的生态系统中，重视人就会贬低自然，重视自然就会贬低人。的确，在传统经济发展过程中，这一矛盾现象确实存在而且在实践中也造成了自然资源枯竭、生态环境破坏的严重后果。但究其实质，也仅仅是促进了经济发展，毁坏了美丽河山，并没有实现人的全面发展。马克思在《1844 年经济学哲学手稿》中指出，共产主义是一个人的全面发展的社会，这种全面发展体现在人和自然的和解、人和人的和解两个方面。[①] 人与自然和解的具体内涵就是人类在认识和掌握自然规律的基础上把自然规律内化为人的理念并指导其实践活动，既要承认人本身的内在价值，也要认同自然本身的内在价值，人与自然是命运共同体，人的任何行为都不能以破坏自然的完整、稳定、美丽为代价，通过人自身的发展逐渐减少和自然的疏离感，认同自然并与自然和谐相处。生态问题上人与自然和解的本质是人和人的和解，自然资源如何分配和占有在于人和人的关系，因此，人的全面发展重在实现人和人的和解。虽然，国际社会经济发展不均衡、不同的政治民主理念等因素至今还是制约人与人和解的重要因素，但在生态问题上人与人的和解却不可阻挡。由于整体社会进步以及生态文明的时代化趋势，特别是当生态问题已经对人类未来的生存和发展构成威胁时，生态问题上人与人的和解就成为当下国际社会的重要议题。从近几年国际温室气体会议的历程来看，虽然各国基于自身利益在减排方面各有考量，减排过程曲折，特别是美国在减排过程中不时出尔反尔，多次声称退出减排协议，但是，人类社会又是一个命运共同体，任何个别国家的不当行为都不能阻滞国际社会总体发展的步伐，可持续发展成为全球共识就说明环境保护难以阻挡。人类生态文明的进程是不可逆转的，习近平总书记倡导的“人与自然是生命共同体、人与人是命运共同体”的“两个共同体”理念必然为全球人类的全面发展与生态美丽奠定协商、沟通、对话的基础。

人、自然、社会交织而成的复合生态系统及其相互作用而成的人与自然、人与社会、社会与自然的复杂性关系决定了生态文明建设是现时代人类社会的复杂性系统工程，生态理念、生态氛围、生态实践的多维度建设路径需要协同其中蕴含的各种关系以达成生态文明的目标效应。

---

① 马克思. 1844 年经济学哲学手稿[M]. 北京：人民出版社，2000：81.

思考题

1. 试评析人类中心主义和非人类中心主义。
2. 人类和自然相处应该坚持怎样的认识视角?
3. 建设生态文明需要协同哪些关系?

推荐读物

1. 鲁枢元. 自然与人文[M]. 上海:学林出版社,2006.
2. 辛格,雷根. 动物权利与人类义务[M]. 曾建平,代峰,译. 北京:北京大学出版社,2010.
3. 史怀泽. 敬畏生命[M]. 陈泽环,译. 上海:上海社会科学院出版社,1992.
4. 泰勒. 尊重自然:一种环境伦理学理论[M]. 雷毅,等译. 北京:首都师范大学出版社,2010.
5. 罗尔斯顿. 环境伦理学[M]. 北京:中国社会科学出版社,2000.

第四讲

生态内在价值何以可能

2012年，马云和朋友曾经在欧洲猎杀17只雄鹿，引来众多质疑，有人认为马云作为大自然保护协会(The Nature Conservancy，TNC)中国区理事不保护动物，却反而猎杀动物。他为什么要杀生呢?

2016年，藏族姑娘卓玛花费人民币5109600元，从屠宰场买下6387头羊放生到草原，她的这种救生行为也引起多方关注，有赞许，有质疑。

从表面看，马云在杀生，而藏族姑娘在救生，但实质呢?我们应该怎样对待动物或生态?

传统哲学通常认为只有人才具有内在价值，人之外的自然存在物最多具有为人服务的工具价值，并不具有内在价值。生态哲学认为人、自然、社会构成了复合的生态系统，生态系统具有整体的内在价值，生态系统整体的和谐、稳定、美丽是最高的价值。

一、传统价值学说关于价值本质的种种观点

自笛卡儿以降的近代哲学将世界划分成人和自然两个截然对立的部分，人是主体，自然是客体。传统哲学习惯从主客观角度理解价值，概括起来主要有三种价值观：主观价值论、客观价值论、主客关系价值论。当然这种区分具有简单性界定成分，很难准确概括许多哲学家对价值的复杂认识，但选择这种划分更有助于对传统价值类别的区分性理解和扬弃。

主体、客体，主观、客观是传统哲学中的基本概念，主观、客观与主体、客体相对应。从英语翻译看，subject具有主观、主体含义，object具有客体和客观含义，但二者的哲学范畴还是具有一定的差别，主体是人；主观是人的意识、观念；客体是主体认识的对象；而客观含义比较宽泛。西方哲学史上，柏拉图认为“理念”是客观存在，莱布尼茨认为“单子”是客观存在。黑格尔认为客观性有三种：第一种客观性是唯物主义所承认的不以人的意志为转移的外在事物；第二种客观性是康德认同的与主观感觉的东西不同的普遍性和必然性；第三种客观性就是黑格尔提出的“客观性是指思想所把握的事物自身”①，也称为“客观思想”。主观价值论从人自身和人的欲求角度谈论价值；客观价值论主要从事物本身的属性角度谈论价值，这里的客观比较接

① 黑格尔.小逻辑[M].贺麟，译.北京：商务印书馆，1980：120.

近不以人的意志为转移的客体,排除了神秘的思想客体;而关系价值论从主客体间相互关系所呈现的效应谈论价值。

(一)主观价值论

19世纪末20世纪初,主观价值论在传统哲学中占据主导地位,新康德主义价值哲学、实用主义价值观都是其代表学派。其核心思想是价值来自主体自身的感知,虽然某些价值学说也在主体与其客体对象之间谈论价值,但它忽视了客体对价值的贡献,认为客体本身的存在并不重要。价值的主动性在主体,主体自身的兴趣、情感、欲望、需要等生成价值。

1. 意义说

此价值学说虽然在主客体关系中呈现意义,但它更强调主体的理解和评价,价值以对主体的意义或对主体心灵的意义而存在。比如德国新康德主义者李凯尔特认为:"关于价值,我们不能说它们实际存在着或不存在着,而只能说它们是有意义的,还是无意义的。"①

2. 情感论

此种观点认为价值是情感的产物或情感的表达。价值不在于事实是对、是错,而在于个人的感情、口味、好恶,喜欢常常成为衡量价值的标准。实用主义者詹姆士认为:"宇宙中的任何一个部分都不会比别的部分更重要,宇宙中的所有事物和所有事件都没有意义色彩,没有价值特征,……我们周围的世界似乎具有的那些价值、兴趣或意义,纯粹是观察者的心灵送给世界的礼物。"②罗素认为:"不可能有任何绝对意义上的'罪'这种东西;一个人称之为'罪'的东西,另一个人也许称之为'德',虽然他们也许因这一分歧而互相厌恶,但谁也不可能证明对方犯有理智上的错误。"③

3. 欲望说

此种观点认为主观的欲求、欲望是价值的基础。虽然主观欲求、欲望是一定的对象或对象所具有的属性,但价值并不一定与对象相关,即使对象不是确定性的存在,只要主体有欲望就有价值,而且越有欲望越有价值。奥地利哲学家艾伦菲尔斯认为:"我们欲求的东西都是有价值的,而且它们之所以有价值,就是因为我们欲求它们。"④

4. 兴趣说

此种观点认为价值来自人的兴趣。对象不管是什么,只要有人对它发生了兴趣,而且也不管兴趣是什么,它都是有价值的。很明显,这种价值是在人的兴趣和对象之间展开的,但是否有价值却取决于人的兴趣。美国新实在论者培里把价值发生的源泉、价值分类的基础、价值评价的依据、价值的调节都归因于人的兴趣,体现了主体的兴趣在价值形成过程中的主动性和重要性,他说:"无论哪一个对象,一旦有人对它发生兴趣,无论哪一种兴趣,它就都有了价值。"⑤

5. 满足需要说

此种观点认为价值来自人的需要的满足。德国新康德主义弗赖堡学派价值哲学的奠基人

---

① 李凯尔特. 文化科学与自然科学[M]. 涂纪亮,译. 北京:商务印书馆,1986:17.

② 詹姆士. 实用主义[M]. 陈羽伦,孙瑞禾,译. 北京:商务印书馆,1979:101.

③ 罗素. 宗教与科学[M]. 徐奕春,林国夫,译. 北京:商务印书馆,1982:127.

④ 江畅. 现代西方价值理论研究[M]. 西安:陕西师范大学出版社,1991:70-71.

⑤ 方迪启. 价值是什么:价值学导论[M]. 黄藿,译. 台北:联经出版事业公司,1986:39.

文德尔班认为:"每种价值首先意味着满足某种需要或引起某种快感的东西。"①

主观价值论体现了主体人的能动性,是近代以来的主流价值学说。此学说看似以人的兴趣、情感、需要等的满足作为衡量价值的标准,但必然涉及能满足人这些需要的另一方——客体,实质上还是在一种相互关系中谈论价值,只不过重点是主体人。当然,这种以人为重点的价值观在实践中把自然客体作为为人服务的工具,单方面强调人的满足程度,客观上也会造成对自然客体的破坏。另外,自然客体等外在条件对人的兴趣、爱好、欲望的满足有程度之分,有些是人主动需要的,有些是人可能极力想避免、不需要的,但人所需要的未必能得到满足,而人想避免的又未必能避免,比如人生有很多需要不尽如人意,而许多灾害又是人想避免又难以避免的,那么,这种需要的满足具有价值意义,不需要又避免不了的"需要"在主观价值论中又是否是价值呢? 价值是否能够等同于欲望、需要? 况且,想要和需要的东西其实总是不在自己身边时才会惦念它,如果这些十分珍视的东西就在场,其实人们并不惦念它,那这种想要、需要的价值又从何体现呢?

(二)客观价值论

20 世纪初到 20 世纪 20 年代,产生了与主观价值论对峙的客观价值论。这种学说认为价值是事物本身固有的,与人的主观情感、欲望等心理因素无关。

1. 客体固有属性论

此种观点认为价值是事物本身或事物本身固有的性质,是客观的、自明的,只能通过直觉把握。休谟在《人性论》中提出了"从是到应该"的问题,他认为"是"是描述性术语,是经验事实,强调真假,真假是客观的事实陈述;而"应该"是规范性术语,是价值判断,强调好坏,好坏是人的主观评价,二者不能等同,从"是"不能直接地推出"应该"。随后摩尔在其《伦理学原理》中提出了"自然主义谬误"(naturalistic fallacy),认为以往的自然主义都是用自然性质或自然事物来为善下定义,但是,"善的"是某种性质,"善的东西"却表示与"善的"相适合的东西的整体,"善的"与"善的东西"不是等同的,这种价值等同于具体事实的现象犯了"自然主义谬误",他进一步确立了事实和价值二分的思想。在摩尔这里虽然善不能与自然客体相混同,但价值却是事物本身固有的,"我确定一切大善大恶的类别,并且主张,许多的不同事物本身就是善的或者恶的"②,只不过这种善或恶本身不需要通过其他逻辑命题来证明,必须直截了当地来接受它或否定它,它是自明的。摩尔的自明并不是传统直觉主义的人的直觉、常识,它自己是真实的而不是我们认为它是真实的,这种真实是我们为什么想到它或应当想到它、肯定它的理由。这里的自明是事物自身凭它自己就能够昭然若揭或真实的,它不是除它本身以外的其他命题的推论。

2. 舍勒的现象学价值论

马克斯·舍勒是 20 世纪初德国哲学家,他是现代西方现象学价值理论的确立者和重要代表。他认为:"我们能够在诸事物中直接地确认价值的性质,如'可爱的''诱人的''美的'等。

---

① 王克千. 价值之探求[M]. 哈尔滨:黑龙江教育出版社,1989:49.

② 摩尔. 伦理学原理[M]. 王德中,译. 北京:商务印书馆,2017:3.

这些性质完全不依赖于我们的意见，而属于具有自己的依存法则和等级次序法则的价值世界。”①在这里，舍勒承认价值是客观的，它不依赖于我们主观的意见，在事物中可以确认价值，价值是实质存在的，但这些价值并不是从事物中抽取出来的，它是先于我们而存在的，具有先验性。价值既是独立于具体事物而先验的存在，像“美的”这些价值术语是先于“美的事物”这些事实而存在的，并非是从其中推导出来的；同时，价值也独立于人的意见和心理，与我们是否掌握它无关。可以看出，舍勒所谈的价值是独立于携带者及评价主体之外而存在的先验性质，这种先验性质的价值在人的直觉中是自明的、直接呈现的，既然价值是先验的而不是通过普遍归纳而获得的，那么它就属于事实领域。舍勒把事实分为三种：自然事实、科学事实和纯粹事实。价值就是纯粹事实，它是现象学所给予的直接内容，充分纯粹清晰，它是先验的又包含着经验所能显示的全部内容，因而，价值不仅具有先天性，而且具有客观性、独立性、绝对性、自明性，价值独立于我们的情感、意志、理智，它不是我们附加于事物之上的，价值也不被我们的行动决定，事物的价值可以清晰明显地呈现给我们，我们可以通过洞察、沉思直接在事物中确认价值。

客观价值论认为事物本身固有价值，这种价值来自事物本身或事物的属性，或者先验的存在，这种观点相较于主观价值论拓宽了价值范围，承认了事物的价值，可以说对长期以来仅仅认为只有人具有价值是一种反驳。但它面临的诘问是：属性、事实能否直接等同于价值？如果等同，其根据是什么？

（三）主客观关系价值论

主客观关系价值论主要从主体和客体的相互关系中谈论价值，这种观点认为价值不是在主客体任何单一方面中形成，价值不是事物，不是事物的元素，而是一种关系概念。拉兹洛认为价值是主客体相互作用的状态；日本学者牧口常三郎认为价值是客体的固有属性与评价它的主体相互作用时产生的功能。在《1844年经济学哲学手稿》中，马克思就提到了人和自然的对象性关系，人把自然作为自己的对象，从自然界获得自己生存和发展的需要，“为了使自身得到满足，使自身解除饥饿，他需要自身之外的自然界”②，自然满足了人的需要，但同时也彰显了人的本质，在劳动实践中实现人的自然主义与人道主义的统一。可见，马克思虽然也在关系中谈论价值，但他的价值论并非建立在自然物对人的需要的单纯满足，马克思更看重人的本质发展，他的价值目标是人和自然融为一体。但马克思主义原理和哲学教科书中的主流观点却大多从单纯的效应关系角度谈论价值，认为价值就是客体属性满足主体需要的关系，如权威的《马克思主义基本原理概论》对价值就做了如下认识：“哲学上的‘价值’是揭示外部客观世界对于满足人的需要的意义关系的范畴，是指具有特定属性的客体对于主体需要的意义。……当客体能够满足主体需要时，客体对于主体就有价值，满足主体需要的程度越高价值就越大。”③在《马克思主义哲学》中认为：“在主客体的相互作用中，存在着一种主体按其需要对客体的属

---

① 施太格缪勒.当代哲学主流：上卷[M].王炳文，燕宏远，等译.北京：商务印书馆，1986：144.

② 马克思.1844年经济学哲学手稿[M].北京：人民出版社，2000：106.

③ 马克思主义理论研究和建设工程重点教材编写组.马克思主义基本原理概论[M].北京：高等教育出版社，2010：79.

性和功能进行选择、利用和改造的关系,或客体的属性、功能对主体的需要满足和实现的关系。这种关系就是价值关系……价值的大小,说到底就是客体满足主体需要程度的大小、客体对主体意义的大小。"①主客观价值论是我国学术界的主流观点,这种观点看到了价值不是由主体和客体任何一方单独确定的,是在双方的相互关系中呈现的,价值的形成来自主体的需要、客体的属性能满足主体的需要,这两方面条件缺一不可。但这种观点很容易与主观价值论相等同,仅仅考虑人的需要,最终还是会趋向于无视自然本身的需要,自然也仅仅是满足主体人需要的工具。

二、生态哲学家对自然价值的认识

(一)内在价值的延伸

传统价值都是属人的,虽然主观价值论、客观价值论和主客观价值论关于价值的本质认识不同,但实质上都不能脱离人来谈价值,即使客观价值论认为自然本身固有价值,但这种价值还是需要人来洞察、沉思。而主观价值论、主客观价值论也只是看到了自然物对人的工具价值,否认其内在价值。20 世纪 70 年代以来生态学、生态伦理学、生态哲学方面的深入研究,雷根、泰勒、罗尔斯顿等生态哲学家对非人存在物内在价值的确定虽然定向目标不同、价值拓宽的范围不同,但他们都从不同角度论证了非人存在物的内在价值。

动物解放/权利论者雷根认为特定的动物个体自身是具有内在价值的,他把这种价值称为固有价值(inherent value),生命主体(the subject of a life)标准是拥有固有价值的充分条件。

所有具有这些生命主体特征的个体都拥有固有价值,享有平等的道德地位,这种道德地位在逻辑上独立于他自身的聪明、有用、幸福、优秀。雷根的致思路向是通过人和动物在生命主体方面特征的比较,求同存异,最终确定某些与人相似的动物具有固有价值。

生物中心主义哲学家泰勒认为尊重自然的最好态度就是把地球生态系统中的野生动植物视为拥有固有价值(inherent worth),他认为天赋价值与人的评价相关,也取决于人的评价,比如艺术品、自然奇观、宠物、历史遗址等,人赞美它们并予以保护就有天赋价值,人不在乎、不赞美它,它就缺乏天赋价值。而内在价值与体验有关,当人或其他有意识的存在物在生活中体验到快乐并赋予其价值时,这种价值就是内在的。天赋价值、内在价值都不同于固有价值,固有价值表示拥有自身善的实体,比如 X 拥有固有价值就说明 X 善的实现状态好于其未实现状态,这种好坏独立于人这一评价者、独立于 X 是否促进了对其他存在物目的的实现有用②。拥有自身善的生物并不是说都像人类一样具有意识,努力地使自己存活而尽力避免死亡,或者它在意自己的生死,其实,许多拥有善的生物没有情感世界,对自己周围的世界也毫无意识,但是它们拥有自身的善,不管它们有无意识。它们都是生命目的论中心(teleological centers of life),它们以自己的独特方式努力生存以实现自己的善。也正如此,人有必要维护其善而尊重

---

① 马克思主义理论研究和建设工程重点教材编写组.马克思主义哲学[M].北京:人民出版社,2009:305.

② 泰勒.尊重自然[M].雷毅,等译.北京:首都师范大学出版社,2010:46.

自然。

生态中心主义哲学家罗尔斯顿构建了自然价值论。他认为有机体既具有工具价值，也具有内在价值。“工具价值指某些被用来当作实现某一目的的手段的事物；内在价值指那些能在自身中发现价值而无须借助其他参照物的事物。”①有机体是具有选择能力的系统，当它们在以其他存在物作为自己资源的时候，也在评价着这些资源，它们本身把自己的生命作为一个目的加以保护，从他们自身的角度来看，能够成为自身、维护自身是一件好事。在人类产生之前，所有的有机物都具有选择、评价并利用周围其他有机物和环境的能力，这种评价与其说是“情感的投射”，还不如说是“对自然的翻译”，事物本身的属性是确定价值的前提，人对其评价就在于它有这种价值，评价的形式是主观的，但内容是客观的。罗尔斯顿认为工具价值和内在价值都不能用来描述生态系统整体层面的内在价值，这种整体内在价值来自生态系统成员之间的冲突、分散、演替、共生等多关系的相互作用，它是自在(in itself)的价值，而非有机体那样的自为(for itself)价值，这种整体生态价值并不有目的地护卫系统内任何一个成员，但却促进新的有机体得以产生。罗尔斯顿把整体生态系统层面的这种内在价值称为系统价值(systemic value)，系统内有机体护卫自己，并不赞赏物种种类的增加，但系统却促进物种种类的增加，它是一个充满创造性的过程，这个过程的产物就是那被编织进了工具利用网中的内在价值，它就是创生万物的大自然②。可以看出，上述生态哲学家把价值主体和价值范围不断拓宽，从人延伸到包括人在内的动物、植物直至生态系统。

(二)自然内在价值的含义

虽然上述生态哲学家的观点并不完全相同，但他们对内在价值含义的理解却在下面几个方面具有一些共同点。

1. 从存在性理解自然内在价值

自己为自己而存在，自己存在不依赖于别物。雷根认为满足主体生命标准的个体所具有的价值在逻辑上独立于他们对他人的效用以及他人的利益，他们自己是自己生活的经验主体；泰勒的“生命目的论中心”把生命自身固有价值与依赖人评价的天赋价值、内在价值相区分，认为固有价值是具有善的实体，自己有自己的好，自己为自己而生存并努力维护自己的生存；罗尔斯顿生态系统的“自在价值”不护卫任何东西，却在整体层面上促使万物产生而形成稳定、美丽、和谐的大自然。这些观点无不表明自然的存在为自己而存在，自然存在物自己体验着自己的生活，这种体验独立于对他人的效用，也无关乎成为他人利益的对象。

2. 从目的性理解自然内在价值

自身是目的，自己有自己的好，自己有自己内在的善(a good of its kind)。有意识的动物具有目的比较容易理解，而无意识的非人存在物其目的又是如何体现的？雷根以“生命主体”作为标准，并对生命主体做了规定，比如信念、欲望、感知、快乐、痛苦等，依据这些特征，这些生命主体具有意识，能明确自己的目的。但同时也存在没有满足生命主体的人类和动物(道德顾客)，雷根认为对他们的认识应该避免教条主义，他们也具有固有价值，由于固有价值是绝对价

---

① 罗尔斯顿.环境伦理学[M].杨通进，译.北京：中国社会科学出版社，2000：253.

② 同①255.

值，因而其价值是平等的，这也暗含着“我们应该以尊重其固有价值的方式对待具备固有价值的个体”①，即使是道德顾客，由于其具有固有价值，人类也应该维护他们生存的目的。泰勒虽然认为有些生物没有意识，没有情感世界，但他们是拥有善的实体，是自己的生命目的中心，不管他们是否明确自己的目的，他们都努力生存，趋向自己的善。罗尔斯顿的有机体都趋向自己的目的，维护自己种类的繁衍，在整体层次上的系统价值中的每一个成员未必知道自己的目的，但在众多的相互关系中整体层面所呈现的是稳定、和谐、完整、美丽的善，生态系统在编织着一个更宏大的故事。

3. 从客观性理解自然内在价值

内在价值等同于客观价值，不管人类存在与否、不管人类偏好如何，这些客观价值都存在。雷根、泰勒认为特定生物具有固有价值，固有价值都是与生命本身形影相随的价值，生命的生活体验，生命趋向自己的目的、自己的善，这种价值本身就是客观存在的，不依靠人的认识和评价。罗尔斯顿把价值当作事物的某种属性来理解，属性本身的客观存在也决定了价值的客观性。

4. 从主体性理解自然内在价值

主体性就是事物的主动性、主导性、创造性和能动性，人并非唯一主体，非人存在物也有主体性。雷根、泰勒以“生命主体”“生命目的中心论”确定生物的价值，生命本身具有固有价值，生命就是自己的主体。罗尔斯顿在个体有机体层面上谈内在价值，有机体护卫自己，繁衍自己本身就体现了其主动性、主体性，而在系统层面上理解内在价值，生态系统看似没有任何计划，不护卫任何东西，但却具有整体层面的系统价值，它促进有机体的产生，促进生物物种的增加，这种价值没有浓缩在某一个有机体身上，但它弥漫在整体的生态系统中，它就是创生万物的大自然。正如系统哲学家拉兹洛所说：“很多事物不仅仅竭力抵消它们环境中的有害影响力，并且还能够发展。自然的系统演化出新的结构和新的功能，终于自己把自己创造出来。”②“主体性普遍存在于具有有机组织复杂性的那部分自然。”③人类没有理由认为自己的主体性是唯一的主体性。

（三）传统价值论和自然价值论的分歧

1. 价值的适用范围不同

传统价值学说是属人价值观，只有人才具有内在价值，才具有意义。自然价值论拓宽了价值适用的范围，从人延伸到有机体，再到无生命的土壤、山水等整体存在的生态系统。

2. 价值的主体不同

传统价值学说中价值的主体是人，只有人才有资格作为价值的主体而存在，“人是主体，自然是客体”是传统哲学中的主流思想，非人自然存在物最多具有工具价值。自然价值论中价值的主体范围从人延伸到动物、植物，直至生态系统。

3. 价值的关系问题

传统价值观是隶属性关系，人为主，具有内在价值，人以外的自然存在物作为客体服务于

---

① 雷根. 动物权利研究[M]. 李曦，译. 北京：北京大学出版社，2010：209.

② 拉兹洛. 用系统论的观点看世界[M]. 闵家胤，译. 北京：中国社会科学出版社，1985：41.

③ 同②82.

人，仅仅具有工具价值，即使承认自然存在物的内在价值，这种内在价值也低于人类的内在价值。但自然价值论的众多观点把人与非人的自然存在物相等同，人与生物、人与生态系统的其他存在物都具有平等地位，相应的也具有内在价值。

三、生态价值的几个重要范畴

（一）内在价值和工具价值

从传统哲学的主观价值论、客观价值论、主客观关系价值论到生态哲学的自然价值论，每一个学者对价值适用范围、价值指向虽然各不相同，但关于内在价值的界定却在一般意义上具有统一认同观，即内在价值就是能在自身中发现价值而无须借助其他参照物的价值，这种价值是事物本身所固有的，它不为外在的利益或效用而改变，自己本身就是主体，自己为自己而存在，自己有自己的好(good)，具有主动性、目的性、创造性特征。工具价值是相对于内在价值而言的价值。既然是工具，它必然具有是“谁”的工具的特性，它的价值也取决于能否被利用以及利用的程度。因而，工具价值是满足具有内在价值的主体的需要，是一种作为达到目的的手段的价值，也被称为外在价值。事物工具价值的实现意味着在很大程度上自身的消失，比如人食用食物是为了维持自己的生存，以便更好地发展，食物在对人贡献了其有用的工具价值后就不存在了，或者说改变了自己的存在方式，因此，内在价值的生成依赖于工具价值的供给和协助。在一定条件下，内在价值和工具价值可以相互转化，具有内在价值的主体转化成他人或他物的工具价值，比如，人既要帮助别人也需要别人的帮助，每个人在其一生中都不断在内在价值和工具价值之间转换。同时，以自然价值论的观点来看，有机体本身具有内在价值，但大多数情况下，有机体充当着工具价值的角色。因而，具体的内在价值和工具价值之间的关系必须在具体的情景中加以认识。

（二）事实和价值

事实和价值的关系是探讨生态价值必须面对的重要概念，传统价值学说和自然价值学说争辩的关键点就是对二者关系的厘清。在哲学史上，自从休谟在《人性论》中提出了“是”（事实）与“应该”（价值）的问题后，摩尔又在其《伦理学原理》中提出了把事实和价值相混淆的“自然主义谬误”，其后，此方面的研究成为西方哲学探讨价值问题时不能绕开的研究方向。

1. 事实

《辞海》对于事实的解释主要是事情的实际情况、事物发展的最后结果。从哲学角度来分析，事实应该具有本体论、认识论意义上的不同含义。本体论意义上的事实表明事实就是客观存在，它是在时间、空间中存在的事物、现象、过程、结果，是自然界和人类社会本身具有的或经历的，无所谓对错。客观事实被人类认识所形成的描述性或判断性事实是认识论意义上的事实，这种事实包括经验事实和科学事实。经验事实通常是人们经验的总结和概括，其结论具有或然性；科学事实是人们借助于一定的科学仪器和手段依据自己的需要对客观事实筛选后的结果，一般经过了重复性的证实、证伪验证，像客观事实一样具有客观性。与价值相关的事实就是具有客观性的事实。

2. 价值

汉语中的“价值”一词，相当于英语的 vaule，主要指物对人的积极意义，因而，大多数人关于价值的认识也定位于此，认为价值是自含正性。其实，如果从价值是客体满足主体需要的属性角度来看，主体本身的需要得到满足，自身的主体性得到张扬，从主体自身来看应该是正性价值。然而，从客观角度分析，首先主体的需要是否正当或有积极意义，比如某吸毒者急需毒品满足他的毒瘾，当吸食毒品后是否其价值得以实现？其次，主体不需要的是否就能避免？主体不需要对自身发展不利的人、物和条件，但不需要并不等于不存在，你不需要病毒，但病毒并不因为你不需要而不侵犯你的身体。因此，从主客体相互关系所形成的效应角度理解价值，价值应该具有正价值、中性价值、负价值三个方面。

上述价值和事实的明确区分还是基于传统价值哲学的观点，也是为了从独立的方面对事实和价值能够比较清楚的认识，但即使从传统哲学的视角来看，效应性价值本身呈现的是客观事实，其实是一种价值事实。进一步，如果从自然价值论哲学的视角来看，事实本身等同于价值，事物的存在、事物的属性表明了事物的价值。所以，事实和价值的关系在不同哲学思想中具有不同的理解。

3. 事实与价值的关系

(1)事实与价值的分离

古代哲人大多持“自然主义”立场，很少有人注意事实与价值的区分。这与当时人们对自然界的认识密切相关，人们认为自然界本身就有其目的，自然的一切变化都是围绕其目的而变化。自然中本身就蕴含着意义，比如自然具有灵性(mind)、充满活力、具有理智(intelligent)的思想在当时很普遍，斯多葛学派的准则就是“依照自然而生活”，在这种情况下，单独提出价值的问题既没有必要也不可能。但随着物理学、化学、生物学这些独立的自然科学把目的论从其学科中驱逐之后，价值问题就作为一个独立的问题被提了出来。

近代英国哲学家休谟第一次提出了能否从“是”到“应该”的问题(what is→what ought to be)，他在《人性论》中谈道：

> 在我所遇到的每一个道德学体系中，我一向注意到，作者在一个时期中是照平常的推理方式进行的，确定了上帝的存在，或是对人事做了一番议论；可是突然之间，我却大吃一惊地发现，我所遇到的不再是命题中通常的“是”与“不是”等连系词，而是没有一个命题不是由一个“应该”或一个“不应该”联系起来的。这个变化虽是不知不觉的，却是有极其重大的关系的。因为这个应该或不应该既然表示一种新的关系或肯定，所以就必须加以论述和说明；同时对于这种似乎完全不可思议的事情，即这个新关系是如何能由完全不同的另外一些关系推出来的，也应当举出理由加以说明。①

休谟这段话中蕴含着两层含义：其一，“是”与“不是”、“应该”与“不应该”是两种不同的关系。“是”与“不是”是描述性语句的系词，是事实，可判断真假。而“应该”与“不应该”用在规范

---

① 休谟. 人性论[M]. 关文运，译. 北京：商务印书馆，2016：505－506.

性语句中，是价值，无所谓对错。其二，既然是两种不同关系，那么从一种关系转化为另外一种关系就有必要加以阐述和证明。但休谟并没有在此进一步分析，也没有明确对“是”与“应该”是否等同表态。但他所提出的问题成为后来价值哲学研究的重要课题。

20 世纪初，摩尔在《伦理学原理》中深化了休谟所提出的问题，以“自然主义谬误”确立了“是”与“应该”的不同，认为从事实不能推出价值。他说：

自然主义的谬误永远意味着，当我们想到“这是善的”时，我们所想到的是，所讨论的事物与另外某个其他事物有着一种确定的关系。但是，参照它来给善下定义的这一事物，要么是我所称呼的一种自然对象——其存在被认为是经验对象的某种事物，要么是只能推断其存在于超感觉的实在世界的某种对象。①

西方哲学中善与德性相依存，通常是人们追求的目的，是价值，而至善就是最高的价值。亚里士多德在《尼各马科伦理学》中指出，“善事物就可以有两种，一些是自身即善的事物，另一些是作为它们的手段而是善的事物。”②自身的善是最高的善，是具有内在价值的善，这种善是无须其他事物之故自身就被追求的事物，而“作为它们手段的善”是达成最高善的工具价值。摩尔在此的“善”就是休谟所提出的价值，他认为自然主义谬误有两种：一种是用自然对象来定义善；另一种是用形而上学超感觉对象来定义善。他也因此通过分析认为把价值等同于自然客体或超感觉的客体是犯了“自然主义谬误”。因为在摩尔看来，自然主义的伦理准则就是“遵循自然生活”，但并非一切自然都是善的，遵循自然生活实质上蕴含着自然可以确定并决定什么是善的，似乎这种认识是显而易见的，但自然是否就是善的却是一个开放性问题，比如健康是自然的，疾病也同样是自然的；五谷丰登是自然的，洪水干旱也是自然的。当我们论证一个事物它是善的，因为它是自然的；或者论证一个事物是恶的，因为它是不自然的，显然这和自然本身具有恶不符合。

20 世纪 20 年代兴起的科学主义，特别是逻辑实证主义把事实与价值的分离推向了高峰，他们采取证实的原则确定了事实与价值的分离。逻辑实证主义认为一个命题是否有意义取决于这个命题是否表述了经验内容，也就是说能否被证实，只有能被证实的命题才有意义，否则就毫无意义。比如，“这朵玫瑰花是香的”这个命题就可以证实其真假，属于事实范畴，它是有意义的，但是从“这朵玫瑰花是香的”并不能必然推演出“这朵玫瑰花应该拥有”，后者仅仅表达了人的情感喜好、愿望，属于价值范畴，它无所谓真假，是没有意义的。正如卡尔拉普所说：“即使按照价值论者的意义，价值或者规范的客观有效性也是不能在经验上得到证实或者从经验的命题中推演出来的；因此，我们甚至不能对价值或规范做出有意义的断定。”③而逻辑经验主义者艾耶尔可以说取消了价值研究的合法性，他认为价值判断既非分析命题（数学命题和逻辑命题）也非事实命题（可以经验证实的命题），构成价值判断的词语如“快乐是善”和“快乐是恶”并不自相矛盾，仅仅是说话者的看法不同而已，是人的情感的表达，并不能在此明确证实到底哪个正确哪个错误，它们其实并不是“在实际意义上有意义的陈述，而只是既不真又不假的情

---

① 摩尔. 伦理学原理[M]. 陈德中，译. 北京：商务印书馆，2017：43 - 44.

② 亚里士多德. 尼各马科伦理学[M]. 北京：商务印书馆，2017：14.

③ 杜任之，涂纪亮. 当代英美哲学[M]. 北京：中国社会科学出版社，1988：107.

感的表达”①。这种情感表达的词语出现在命题中时并不能给这个命题增加新的事实内容，比如“你偷钱是做错了”并没有比“你偷钱”多任何内容，纯粹是情感的表达，不具有任何客观标准。因而，争论价值问题徒劳无益，其结果只能是“当我们处理有别于事实问题的纯粹价值问题时，理屈词穷，论证无法进行，我们最后只得乞助于谩骂”②，价值判断的研究没有科学意义，哲学就是进行逻辑语言分析，艾耶尔就这样埋葬了在哲学中探讨价值的合法地位。

(2)事实与价值的融合

面对逻辑实证主义关于事实与价值断裂的论证，杜威、普特南等哲学家认识到“在我们的时代，‘事实’判断与‘价值’判断之间的差别是什么的问题并不是一个象牙塔里的问题，简直可以说是一个生死攸关的问题”③，从而明确地提出价值即事实的观点。

杜威认为事实与价值的分离是传统哲学二元论的产物，他认为哲学研究的就是人类的生活世界，这个世界最显著的特征就是价值与事实浑然一体，价值存在于人类与自然界和社会的交互作用之中，而且价值需要通过人的行动创造才能实现，人正是由于能够依据理性把握已经存在的诸多事实，并以此提出理想，通过实际行动最终将理想的价值观念变成价值存在。价值与事实并不是断裂的，价值就是价值事实。杜威首先从价值概念的语言学做了分析，他说，当我们把注意力集中在价值的动词使用时，通常的说法具有两重性，比如在词典中，评价既表示珍视又表示鉴赏，而珍视是一种直接的个人情感表达；鉴赏却是一种评价活动，具有“赋予……以某种价值”含义的说法。从同一动词的两重用法就可以看出当前学术界关于价值的表达并没有统一的见解，比如有人认为“好”就是指“对什么而言是好的”，但有人认为的“好”和“自在的好”的“好”是相同的，可以看出，“对什么而言是好的”是动词形式上的评价过程，而“自在的好”是名词形式上的价值本身。对此，杜威认为确定价值以及价值一词的用法对我们来说并没有什么帮助，价值哲学的核心问题是“价值判断”而不是“价值”、是价值评价而不是价值本质。价值本身就是价值判断、价值选择和价值创造的过程，价值不是已然的存在，也不是我们静观的对象，而是需要我们通过智慧指导行动而创造的结果，价值与事实紧密相连，价值判断就是价值事实的判断，没有脱离价值的事实，也没有脱离事实的价值，我们不应人为地设定一个特殊的价值领域或价值世界。其次，杜威认为那些认为价值是纯粹的情感表达或喊叫的观点与实际状况刚好相反，看似是价值评价命题的判断也和事实判断一样能够得到经验证实，价值判断中看似主观性的因素，如欲望、情感、兴趣、目的等都是有经验根据的，也都是可以进行经验观察和验证的，“评价现象就和那些能为可被经验证实或驳斥的事实命题提供素材的现象是同样的”，比如，婴儿哭了，母亲就把它当作一种信号——孩子饿了或者不舒服了，从而采取相应的行动改变婴儿的身体状况。当婴儿长大后，他就会逐渐意识到特定的哭所引起的活动以及由这种活动所引起的结果之间的关联性，从而在这种哭的过程中体验产生的结果。这两种哭是不一样的，第一种哭是婴儿的“纯粹喊叫”，并无明确目的，但这种哭构成了更大有机体状态的组成部分，这种哭作为一种信号就会引起某种回应，比如母亲对婴儿啼哭的关注并采取措施验证婴儿的身体状况；第二种哭是有其目的的，为了达到某种结果而哭，这种哭传达了婴儿赢得别人满足其欲望的情感，而这种情感如同事实一样是可以证实的，婴儿自己不能解决自己的

---

① 艾耶尔.语言、真理与逻辑[M].尹大贻，译.上海：上海译文出版社，1981：116.

② 同①127.

③ 普特南.事实与价值二分法的崩溃[M].应奇，译.北京：东方出版社，2006：2.

问题，希望以哭引起他人的注意，如果得到他人的帮助，这种境况将得到改善，这一系列的行为和事实是可以得到经验验证的，因为它们所涉及的内容都是可观察的。在这个示例中，婴儿啼哭蕴含着对自己境况的厌恶和对好境况的期许，这些欲望、兴趣等价值像事实一样可以在可观察的行为方式和可观察的结果上进行描述和验证，婴儿啼哭的事实中本身就蕴含着价值，事实判断和价值判断是统一的。①

2002年美国元伦理学家普特南出版了《事实与价值二分法的崩溃》一书，证明了事实与价值之间的密切关系。他首先批判了逻辑实证主义把事实与价值区分极端化的观点，认为逻辑实证主义的"事实"概念过于狭隘。"说到底，原始的逻辑实证主义的观点认为'事实'就是可由单纯的观察或者甚至是感官经验的一种单纯的报告证明的某种东西。如果这就是事实的概念，伦理判断最终证明不是'事实的'(判断)就没有什么好奇怪的了!"②在逻辑实证主义看来，也只有这些仅仅能够通过经验证实的东西是"事实"，也才具有意义，那些形而上学判断、伦理学判断没有任何意义。普特南认为被我们用来评价科学陈述合理性的标准，如简单、自洽等，其实也是一些价值，评价性的术语也包含着事实，如"……是冷酷的"既是一种事实描述，也是一种价值评价。事实与价值是相互缠绕的，科学活动中渗透着价值和规范，科学的融贯性、简单性都预设着价值，而价值评判也反映着一种事实。"每一事实都含有价值，而我们的每一价值又都含有某些事实"③，普特南据此提出了"混杂的伦理概念"即"混杂的伦理概念是存在着绝对的事实与价值二分法这种观念的反例"④。"混杂"的概念意指在规范性和描述性语句中都可以使用的概念，如强壮、冷酷、虚弱、笨拙、慷慨等都属于混杂性概念，即使看起来是纯粹事实描述性语句也蕴含着价值意义，如"猫在草垫上"这句描述性语句与文化密切相关，猫这一概念来自我们认为对动物和非动物的划分具有意义，草垫表明了我们对人造物和非人造物的划分是有意义的，在……之上表明了空间的意义，因此，"猫在草垫上"蕴含着相关的文化前提，任何人对于词的运用都与传统文化相关联，如果把自身置于词语所属的传统之外，那么就根本无法运用这个词语，描述性语句在文化中显示它是具有意义(价值)的。⑤

4. 从"是"能否推出"应该"

(1)传统价值论基础上的"是"和"应该"的四种类型

事实与价值的关系到底是分离还是融合，直到现在还是价值哲学争论的焦点，近年来，许多国内外的学者都在探索对事实与价值关系的重新认识，从传统价值论的视角来看，事实可以分为自然事实和社会事实，社会事实因其与一定的主体相关联，主体所处的社会背景(社会制度、社会规则、社会惯例)、主体所承担的社会职责决定了事实与价值并非具有不可逾越的鸿沟。而自然事实如果进入人类社会领域，常常与人的实践活动以及人的欲求指向具有关联性，价值在这种人与自然之间的关系中存在，价值就是主体人与自然客体的关系；但如果自然本身没有进入人类社会领域，自然事实具有价值并不被传统价值论学者认同。总结来看，传统价值学说还是属人学说，主要有下面四种观点。

第一种：在"是"的语句中，人是主词、是主体，通常从主体身份可以推及"应该"，"是"中蕴

---

① 杜威. 评价理论[M]. 冯平，余泽娜，等译. 上海：上海译文出版社，2007：3-66.

② 普特南. 事实与价值二分法的崩溃[M]. 应奇，译. 北京：东方出版社，2006：24.

③ 普特南. 理性、真理与历史[M]. 童世骏，李光程，译. 上海：上海译文出版社，2005：223.

④ 同③44.

⑤ 同③223-228.

含着“应该”担当的责任。如从“他是一个警察”这句描述性语句就表明了警察的身份以及警察应该保卫人民安全等相应职责，警察在自己入职时就已经进入了警察规则的约束之中，“他是一个警察”并非纯粹的事实描述，它也蕴含着职责的价值意义。类似的这种社会制度性、规则性事实与纯粹的自然事实不同，相应的职位角色决定了其相应的职责和义务，从这类事实很容易过渡到价值。

第二种：“是”表述的是价值事实，一个价值事实判断隐含着“应该”的结论。如“环境污染是严重危害人类的事情”既是一种客观的事实存在，同时它本身又具有对人类不好的作用，属于价值事实，此类事实过程和事实本身就是价值过程和价值本身。

第三种：“是”描述的是自然事实，这种自然事实进入人类社会实践领域，成为人欲求的目标，借助于人这一主体中介可以从“是”推出“应该”，如果没有中介条件，就不能推出。在此，从事实判断推出价值判断中间需要一个合乎逻辑的推理过程，即经历“事实判断—对人影响的事实—关涉人的目的—价值判断”几个环节，如“氟利昂会破坏臭氧层”是事实描述，不关乎人类感情和价值；“臭氧层破坏后不能阻挡紫外线，紫外线对人的皮肤有害”也是事实性描述，但这种事实与人相关联，人是评判紫外线的中介环节；“人们不需要紫外线的直射”与人的目的、需求直接相关；“紫外线不好”表明了对紫外线的价值判断。因而，与人相关联的自然事实通过一系列的中间环节最终可以推出其具有价值。

第四种：纯粹的自然事实，由于此事实与人无涉，无所谓价值。这种事实包括两类，其一是自存事实，既和人无关又没有和其他事物发生相互关系独立自存的事实，如“这是一棵大树”；其二是关系事实，和人无关仅存在于无人事物间的关系，如风吹草动、大鱼吃小鱼等现象。

(2)邬焜生态价值论基础上的“是”和“应该”的关系①

生态价值把价值的范围从与人相关的领域延伸到生态系统，但是大多数生态哲学学者对生态价值的界定还是从与人的相似性角度建构其理论，比如动物、植物、生态系统都有和人一样的目的性、创造性、主动性，也因此赋予它们和人一样的固有价值(内在价值、天赋价值)。但动物、植物、生态系统目的性的验证困境及实践操作过程中非人存在物价值与人类价值冲突时的妥协也让这些理论很难走出困境。相较于上述生态理论关于价值的认识，有必要介绍邬焜教授的生态价值理论，因为邬焜教授在批判传统事实与价值分离的基础上对传统的价值概念做了颠覆性变革，而以此构建的生态价值理论让自然界本身所具有的价值不容怀疑。

首先，他重新界定了价值概念。价值是事物(物质、信息，包括信息的主观形态——精神)通过内部和外部相互作用的效应。邬焜教授认为此价值定义包含如下思想要点：①价值现象不仅仅存在于主客体关系中，它乃是一切事物内部或外部相互作用中普遍存在的现象。②这里的事物指的是广义的存在，它是宇宙间一切现象的指谓，包括所有的物质现象、信息现象，以及作为信息活动高级形态的精神现象。这样，无论是在物质体系、信息体系、精神体系内部的相互作用中所实现的效应或是在物质和物质、信息和信息、精神和精神之间的相互作用中所实现的效应，还是在物质和信息、物质和精神、信息和精神的相互作用中所实现的效应都全然是价值。③价值作用决不仅仅是单向的，因为事物间的作用是相互的，所以在此相互作用中所实现的价值也必然是双向或多向的。④仅仅相互作用还不是价值，只有通过相互作用所引起的体系自身或作用双方或诸方的改变的效应才是价值。⑤对于某事物的存在和发展来说，相互

① 邬焜.一般价值哲学论纲：以自然本体的名义所阐释的价值哲学[J].人文杂志，1997(2)：18-25.

作用引出的效应可能是有利的，也可能是有害的，可能是正向推动的，也可能是负向促退的。但无论是哪类性质或哪类作用方向上的效应都是价值关系。这样便可能区分出正价值、负价值、中性价值等，而并不像某些学者所认为的那样，只有有利的效应，或对事物存在和发展起推动作用的效应才是价值，否则便不构成价值。在此，和以往对价值存在于主客观关系中的认识不同，邬焜教授认为价值现象不仅仅存在于主客体关系中，它存在于一切事物之中，且价值是事物相互作用所产生的效应。

其次，他对价值现象存在的范围进行了逻辑推理和论证。邬焜教授认为现有的种种价值哲学理论大多把价值存在的范围限定在主客体关系中，只承认在主体人的世界中才具有价值，这种理论依赖于三个假定的前提：其一，从宇宙演化的纵向关系来看，在人类、人类社会产生之前，在人、人的社会消亡之后，宇宙中不存在任何价值现象（外星人及其社会另当别论）；其二，从宇宙存在的横向关系来看，在现存人类、人类社会之外不存在任何价值现象；其三，人的认识和实践活动未曾把握和能动作用的事物不构成与人的主体相对的客体，所以，这部分事物与人之间不可能发生价值关系。他进一步指出这种限定存在的困难。首先，这一理论无法解释人类主体产生之前的世界对人类产生所起的价值作用；其次，这一理论无法解释人类个人主体生成之前的外部环境和条件对个人主体生成所起的价值作用；第三，这一理论无法解释现存人类社会、个人主体之外的尚未客体化的事物对人类社会、个人主体的存在和发展所起的直接或间接的价值作用；第四，这一理论还完全否定了在一般自然事物领域中存在价值问题的可能性。从邬焜教授的论证可以看出，如果价值仅仅与主客体相关，那么，我们不禁要问：难道价值是在人类产生之后突然间拥有的吗？其实，从逻辑推演的角度来看，如果我们承认地球生物的演化对人类产生具有价值，那么，就要承认地球演化对地球生物形成的价值作用，依次向前追溯，恒星对地球的演化具有价值，宇宙对恒星的演化具有价值，因而，没有人存在的自然界具有价值存在，这种价值就来自事物间相互作用的效应，也正是发生在前的万物的相互作用的效应促成了发生在后的事物的产生和演化，价值过程和价值现象内在的就是事实过程和事实现象本身。邬焜教授进一步区分了价值事实、价值反映和价值评价概念。事物相互作用所产生的效应是事实，也是价值，可称为价值事实，在这里事实与价值是同一的，它是普遍存在的客观现象。而价值反映和价值评价是人主观活动领域的现象，价值反映是主体的人对客观存在的价值事实的认知，与反映者的神经生理结构和心理认知结构密切相关，虽然可能涉及反映者的情感等主观因素，但基本上还是以对内容的客观反映为主；价值评价更多与评价者的情感因素相关，评价者常常把自己的好恶赋予评价的对象，也因此形成了主观价值论观点，其原因就在于把价值和价值反映、价值评价没有清楚地区分，以价值评价替代价值，以价值评价的某些特点解释价值。

四、哲学上关于自然是否具有内在价值的争论

哲学上，关于人与自然关系中人与自然的不同定位主要根源在于对二者的价值认识不同，其争辩的焦点集中在下面四个方面。

（一）是否只有人才具有内在价值

人类中心主义学者认为只有人具有内在价值，人是价值的主体，其理由是人具有主观能动性，在行动之前能够确定自己的计划和目的并在实践中推动目的的实现，也是在追寻自己目的的过程中人的价值得以体现，人自身具有了价值和意义。而自然没有意识、无理性，不能明确自己的目的，因而无人的大自然是价值空场，没有内在价值，人之外的所有存在物只有与人相关联才会被赋予工具价值，才有了为人而存在的意义。正如墨迪所说："按照自然有益于人的特性赋予它们的价值，这就是在考虑它们对于人种延续和良好存在的工具属性，这是人类中心主义观点。"①

非人类中心主义学者把内在价值的范围从人拓宽到了人以外的自然存在物，认为不仅人是价值主体，拥有内在价值，而且自然及其他生命形式也是价值主体，也拥有内在价值。雷根认为特定动物具有天赋价值，泰勒认为所有生物都拥有固有价值，罗尔斯顿认为自然具有自身中发现而无须借助其他参照物的内在价值。以自然本身的存在作为尺度来衡量自然，任何自然物都不可能为它物而产生，正如纳什所言："就像黑人不是为了白人，妇女不是为了男人而存在一样，动物也不是为了我们而存在的，他们拥有属于自己的生命和价值。"②即使无生命的自然存在物看似没有任何目的，但它却参与了整体大自然的演化，汇聚到生态系统中和其他系统成员一起决定着系统的运行趋势和最终目的。

（二）内在价值的判断依据何在

传统价值观认为人有目的、有意义，这是人具有内在价值的重要依据，自然具有内在价值的判据主要来自自然和人一样具有目的性。维纳等人创立的控制论对复杂系统的认识提出了一种新的认识方法，即对一个具有复杂结构的系统在不清楚其内部结构和功能的情况下，通过研究系统外部输入与输出之间的关系可以达到对该系统的认识。在这里，系统行为就是"一个实体相对于它的环境做出的任何变化"③，其中实体的变化受制于系统的负反馈，这种负反馈就是系统的目的，"一切有目的的行为都可以看作需要负反馈的行为"④。通过行为、目的与控制这三个概念间的内在联系，维纳等人把目的性分为三个层次：最高层次是人的目的性，它是人类有意识、有计划的行为；其次是生物的目的性，它是生物对外界环境的一种刺激感应性，主要适应环境而本能地生存；最低层次的目的性来自无机的自然界，主要通过反馈机制实现系统与外在环境的协调和稳定。余谋昌等学者正是以维纳等人上述三个层次的目的性为依据认为自然的目的性在于，自然本身通过自组织性实现生态系统的演化，趋向一种有序的目的性；自然的主动性在于，自然本身通过自己运动而无须借助于人的力量；自然的主导性在于，大自然规律主导、制约着人类的活动；自然的创造性在于，自然是万物之母，创造了包括人类在内的整

① 墨迪．一种现代人类中心主义[J]．章建刚，译．哲学译丛，1999(2)：13.
② 纳什．大自然的权利[M]．杨通进，译．青岛：青岛出版社，1999：173.
③ 罗森勃吕特，维纳，别格罗．行为、目的和目的论[M]//控制论哲学译文集：第一辑．北京：商务印书馆，1965：1.
④ 同③4.

个自然界。这种证明采取了类推的方式：人有目的，具有内在价值，那么，自然物也有目的，自然物也具有内在价值。具体推演格式如下：①如果X是主体，Y是客体，Y和X构成价值关系；②在此价值关系中，X的目的性决定了X具有内在价值，Y仅具有工具价值；③依此类推，Y如果具有内在价值必须像X一样具有目的。科学理论证明了自然界的目的性，所以，自然界和人类一样具有内在价值。

（三）有无内在价值能否成为接受道德关怀的唯一标准

传统价值学说认为只有人具有理性，能够依靠自己的能力做出道德或不道德的行为，能够承担某些责任和义务，并对其行为和后果负责，因而也只有人才能成为道德代理人，也只有人才能直接成为道德关怀的对象，人既是道德代理人，也是道德顾客。承认自然具有内在价值的学者认为人以外的自然存在物即使不能成为道德代理人，但也应该成为道德顾客，接受道德关怀，而且这种关怀并非直接目的是为了完善人的品性（康德），而是它因自身具有内在价值而直接地成为道德关怀的对象。在此应该区分道德主体和道德权利主体、自然权利和自然权利意识，自然存在物虽然不是道德主体，没有自然权利意识，但自然存在物可以成为道德权利主体，应该具有自己的自然权利，从而接受道德关怀。

（四）具有内在价值是否意味着道德地位一律平等

反对自然内在价值学说的学者认为，既然自然存在物和人一样具有内在价值，那么人和自然就具有平等性，如果平等，人的主动能力怎么体现？如果不平等，人是否会为了自身的利益损害非人类存在物？坚持自然内在价值论的学者认为人和自然的平等并非绝对的平等，即使在人类内部也不是完全的平等，比如辛格认为应是关心的平等、规范性平等，奈斯认为应是认同的平等。

国内外学术界的这种争论一直在持续，任何一方都很难彻底说服、驳倒另外一方，人类中心主义很难消解以人为中心的观点，非人类中心主义很难消解实践应用中的困境。其实，生态问题归根到底是实践问题，实践中的人、自然、社会复合生态系统的和谐才是需要达到的最终目的，因而，不管是人类中心主义还是非人类中心主义都不能单纯把某一方面作为主导，而应该从各方多维的关系中所形成的整体生态系统来考量价值，整体生态系统既要看重人的价值，也要看重与人相关的非人存在物的价值，任何一方的价值都是在多重关系中实现的，人与人、人与物、物与物之间的相互影响、相互制约、相互协同最终形成整体系统价值。

五、从多维关系看整体生态价值

（一）价值是事物间相互作用的效应

传统价值关系学说主要基于近代以来人和自然二元对立的思维模式，人是主体，人之外的其他存在物是客体,仅仅是人可以利用的工具和手段。随着人和自然关系二元对立状态被人与自然和谐观念所替代,传统价值观也应被尊重自然、承认自然价值的新价值观所替代。邬焜教授对价值概念的界定从根本上颠覆了传统价值观,既然人之外的非人存在物具有对人存在的效用价值,那么,它们之间在人没有产生之前也存在着相互作用的效用并呈现出作用后的效应,这种效应与物对人作用的效应并无不同,物物之间也存在着价值关系。价值就是事物间相互作用的效应,邬焜教授一方面把传统价值的范围延伸到非人领域,无人的自然界由于普遍存在相互关系,自然界普遍具有价值,这种价值不为人而存在;另一方面改变了传统价值仅仅是正价值的观点,既然是相互作用的效应,就有正效应、负效应、中性效应,相应地,就有正价值、负价值、中性价值。

如果说无人世界中物物之间存在的价值关系还仅仅是一种相互作用、相互影响、相互利用的工具价值,那么,它们在自然织造的大网中相互约束、相互限制、相互竞争、相互协同、相互促进、相互共生而形成的整体效应却显现了自然整体的内在价值。自然整体生态系统的和谐、稳定、美丽是最高的生态价值。

(二)整体生态价值在多维关系中生成

生态系统是由人、自然、社会构成的复合生态系统,其中存在着人与人、人与物、物与物等众多关系,每一种具体的关系都具有特定的效应,也产生了特定的价值,如“在内蒙古,张三砍伐了一棵树”和“在北京,沙尘暴导致人们呼吸困难”这两句话中各自都包含着一种关系,也产生了相应的效应和价值,两句话之间似乎毫无关系,然而生态系统本身的整体性、贯通性决定了每一种关系和其他关系之间又存在着千丝万缕的关系,有些是连锁性因果关系,有些是相互依赖性关系,有些是并列非独立性关系,有些是反馈回环性关系,正是在种种关系中形成了生态系统,而生态系统的整体价值也在这种多维关系中生成,就像上面两句话,内蒙古与北京相距较远,内蒙古砍掉一棵树看似与北京无关,但随着张三、李四等人不断地砍伐树木,北京最终会遭遇沙尘暴而对人造成伤害。因此,一个具体的事物或关系,特别是微不足道的事物或关系看似没有价值,一旦纳入整体生态系统中,在复杂性的关系中每一个微小的事物都是构成整体价值的基础,都在通过整体发挥着自己的效应、体现着自己的价值。当然,整体的生态价值也有正价值、负价值、中性价值,无人参与的自然界,一次地质灾变就可能毁灭整体的地质圈层,对地质圈层而言具有负价值,但这是自然本身效应和价值的体现。在有人参与的自然界,人作为自然进化的最高智慧者和道德者,人依靠科学技术认识自然界的各种关系并预测其发展趋势和将要产生的效应,依靠道德规则约束自己的行为,在承认自然内在价值的基础上,协调、引导自然界的各种关系,生成有利于人和自然和谐的效应和正价值。

(三)坚持整体生态价值观

整体生态价值是生态系统的内在价值,它是生态系统在诸多关系作用下在整体层面的效应,无人参与的生态系统,生态演变遵循自我生成、自我修复、自我优化的原则,相应地,生态系统的价值是各种自然力盲目的、相互作用整合的结果,从宇宙大爆炸开始至今,虽然宇宙历经千难万险,但也创造了多样性的物质和人类而呈现整体效应的平衡状态,其价值体现为有利于万物生长。自从有了人类，人、自然、社会共同构成了整体的生态系统，人也受制于整体生态系统演化的规律，但自然创造了人类，人类作为进化的高级动物，与整体生态系统中的其他要素相比较，在整体生态系统中具有主导性作用，这种作用导致整体生态系统或者呈现和谐、稳定和美丽，或者毁坏严重以致难以持续性发展，也就是说整体生态系统或者趋向正价值效应，或者趋向负价值效应。既然人类对生态系统的价值趋向具有重要影响，那么，在人类参与的实践活动中，人类就应该站在自然的角度，以自然的名义引导整体生态价值趋向正效应，这看似是人类中心的观点，实质上人类在这种引导过程中并非仅仅以人为中心，他超越了自己种类的视界，既站在人类的角度，也站在自然的角度，既看到人类的价值，也看到自然的价值，最终正是在这种人类价值与自然价值的相互协调中实现整体的生态正价值。在本讲开始的两个案例中，看似马云在杀生，实质上马云等人的杀生行为得到了大自然保护协会的允许，当鹿群的天敌减少时，鹿群数量的急剧增长必然会对整体生态系统正效应构成威胁，人为的杀死一些雄鹿有利于整体生态达到最佳效应，从而实现整体生态正价值。相反地，藏族姑娘花巨资从屠宰场购买大量的羊放生，看似善良，实质上可能构成对放生地整体生态环境的破坏，产生整体生态系统的负价值。整体生态系统的最佳效应是衡量人类行为善恶的标准。

整体生态价值观具有两个基本点：一是坚持以人为本的理念，人的生存和发展是出发点，积极发挥人在整体自然中的主导、调节性作用。自然整体的好并非要消灭个体人的好，而是在人与自然整体之间形成良性关系，个体人的好促进整体的好，整体的好引导个体人的行为趋向好。二是坚持生态整体的理念，即使人在生态整体中的作用很大，但也要看到从存在论的角度来看，人永远隶属于整体自然，也很难超越自然，自然是人类的母体和根基，人类必然受生态整体的制约，人只能和自然相互依存，伤害自然等同于伤害自身，人在整体自然中只有依靠自己的智慧和道德从事遵循自然规律的实践活动，也才能实现与自然和谐稳定的整体价值。人与自然同属于一个价值共同体，人是目的，自然也是目的，虽然人与自然在诸多关系中可能存在价值冲突，冲突的解决也有可能是自然对人类的被动性屈服，但一个站在自然角度，以自然名义思考的人，其智慧和道德水平决定了他也会最大限度地照顾自然的价值，特别是随着现代科学技术对自然生态系统认识的加深，随着人类整体进入生态文明时代对自然认同感的增强，随着人的生态素养的提高将日益减少和自然的疏离感，整体生态系统必会显现天蓝、地绿、水净的整体生态价值。

六、共享生态信息，实现整体生态价值

现实中，由于国家、地区、集团、个人之间往往各自为政，自然本身的整体性被人类依其需要的实践活动分割成无数碎片，或者片面追求经济发展而忽视了生态保护；或者顾及一地的发展而忽视了生态的整体关联性；或者认识到了生态保护的共同责任，但缺少相互承担的约定；或者在目前的发展程度上很难认识和掌握生态的具体状况，从而缺少相互沟通、协调、承担的基础。这种生态治理和保护方面存在的人为壁垒和不合作现象与生态的整体性、连通性是一种悖论，往往促使生态空间破碎化加剧，生态整体正价值难以体现。解决这种悖论的最佳方式就是国家、地区、集团、个人必须共同承担维护生态的责任，针对生态问题多方沟通、交流、协商，充分分享各地的生态信息，把一地生态信息、相邻区域生态信息以及全局性生态信息有机

结合起来，实现生态信息集聚、共享，依据充分、可靠、科学的生态信息预测整体生态发展趋势，协商制订保护生态和应对生态危机的对策。生态信息的构建是一个系统工程，从信息的收集、筛选、整理、传输到应用共享，它涉及政治、经济、自然、社会、科学、技术等众多因素。生态信息的收集需要先进的科学技术，生态信息的筛选和整理需要数据库资源，生态信息的共享需要良好的协作管理机制。

(一)充分发展生态科学技术并利用先进科学技术采集生态信息

人口、自然资源、环境是影响生态系统演进的重要因素，人类作为其中的调节者，借助于现代科学技术掌握、了解这些因素所呈现的各种信息，在信息中探寻各种因素的关联性、契合性，从而为生态各方的协商、沟通、对话奠定基础。

人口因素是生态系统中最重要的因素，生态的可持续发展归根结底是人的可持续发展，传统人口问题主要集中于人本身的问题，常常单纯关注人口的数量、质量、结构、分布、迁移等状况。实质上，在人口与自然资源、环境等的关系中采集人口信息，不但要确切地知道、掌握人口本身的状况，而且要看到人口与自然资源、环境的匹配、契合关系。自然资源是人类生存和发展所需要的物质和能量的总称，包括可再生资源、不可再生资源、恒久性资源三大种类，概括起来主要是水、森林、土地、能源、矿产等资源，这些资源是维持人类生存和发展的必要条件，人均资源拥有量的多少是衡量国家发展程度、是否可持续发展的重要标准。环境是人类生存和发展的场所，传统意义上环境常被当作公共物品，如空气、河流等，也正如此，在环境问题上常常产生免费搭车现象，也产生了美国经济学家哈丁的“公地悲剧”现象，即公共资源的自由使用会毁灭公共资源。20 世纪 50 年代以来，在全世界范围发生的大气污染、水污染、土壤污染等环境污染事件充分验证了这一现象。如果说在工业化的发展过程中，人类的生产仅仅采取资源—生产—污染物的单一性生产方式，人类只是看到了科技的正面效应而没有意识到或忽视了科技的负面效应，那么，在资源日趋匮乏、环境日益恶化的现今，随着科学技术的迅猛发展，人类的生态危机意识不断提升，实现人与自然和谐的愿望促使人类必须借助于现代科学技术探查人口、自然资源、环境以及它们之间的各种错综复杂的关系，及时获取生态信息，并快速处理和协调各种生态状况，充分发挥信息在生态文明建设中的重要作用。

可喜的是，现今科技的发展已经可以在很大程度上为生态预警、检测、修复和保护所需要的生态信息提供科学技术方面的支撑。通过把互联网技术与人工干预系统、专项检测系统相结合对生态变化、生态风险进行预警；通过卫星和无人机航空遥感技术的应用从“天上”提升生态遥感监测能力，通过把红外线、电子学、计算机和专用水质、土壤等检测技术相结合建立各种地面监控站实施地面实时监控，形成网络化的“天地一体”的自然生态信息检测体系；通过采用生物、物理、化学、植物等方面的“封禁＋补种”修复技术并结合生态系统的自调节、自组织能力对已经破坏的生态系统恢复其功能、结构，促使其朝向有序的可持续性方向发展，力争建立全国统一、全面覆盖的实时在线环境监测监控系统，推进环境保护大数据建设。当然，从目前来看，要实现较大范围内统一的生态监管和监测还存在三大困难：其一，技术问题，现有的生态技术还很难达到既在宏观上监控又在细节上及时发现问题，只能局限于一些专门领域的信息搜集和处理；其二，资金问题，实现全方位的监控需要投入大量资金，在经济发展不均衡的情况下必然出现富裕地区生态保护投入较多，而贫困地区生态保护投入较少的现象，但生态环境的整体性又不允许生态治理和保护仅限于一时一地，这必然影响生态保护的系统性、协同性；其三，社会问题，生态保护和监管的常态化需要全社会各个层次全方位投入，但当前社会的生态管理、生态教育、生态意识和生态氛围并未达到普遍重视的程度，生态科技发展、生态社会化的到来需要一个过程。

（二）有效利用数据库对大数据生态信息进行分析和处理

为了避免通过科学技术获得的大量生态信息丢失，并在实践中为生态系统的整体均衡和可持续性发展发挥作用，必须建立有效的信息存储系统对生态信息进行整理、分析和处理。生态信息和其他信息的搜集具有相同的特性，它既依靠现代先进的科学技术，同时又需要一定的方法、标准和人的参与，科技手段的先进性、方法标准的差异性、人的主观性等因素通常会对生态信息的搜集产生影响，其间难免会产生信息不全的局部信息、虚假信息、表面信息、过时信息、冗余信息、错位信息等影响生态系统真实性的信息，如果以这些信息为依据实施生态预警、控制、协调、修复，其结果必然加剧生态系统的混乱程度。因而，对于来自人、自然、社会整体生态系统中的信息首先要进行筛选、分类、整理，去除无用的信息；其次，通过大数据分析宏观层次和微观层次、近期静态和持久动态的生态信息，确定人、自然、社会最佳的生态匹配度。从单纯不受人为干预的自然角度来看，生态系统具有动态平衡性、物种多样性、循环无废物性，但有了人的参与，原有的生态系统被包括人、自然、社会在内的复合生态系统替代，人类的经济系统、社会系统随着对自然干预程度的加强，原有生态系统的平衡性出现失调、动荡，物种多样性面临威胁，绿色循环被自然界堆积的大量废弃物代替，新的生态系统呈现复杂特性。人类进步的过程也是不断向自然学习的过程，实现经济系统、社会系统与生态系统的和谐，促进人与自然、社会复合生态系统的和谐、稳定和美丽，人类就要模仿自然生态系统、向自然生态系统学习，站在不同层次、不同角度、不同方面及时、准确、公平、公正地分析、处理各种生态信息，并以生态信息指导生态实践，实现人、自然、社会协同共进。

（三）加强社会管理系统，促进生态信息协调共享

生态信息贮存的目的在于信息的传递、流通和使用，从而为生态系统的均衡发展奠定基础，这就需要社会管理系统协调共享生态信息。一方面，实现信息公开，大到整体生态信息，小到具体工程影响整体生态的相关后果及细节信息都应该透明化，以便生态相关各方关注、参与、监督、共建；另一方面，社会管理协调机构和部门对生态信息的掌控应该坚持公平公正原则，具备整体生态视野，不受地方保护、利益、权力、金钱等因素约束，以科学的生态信息为标准，坚持协调、对话、沟通、包容的原则，站在他人、自然的角度思考问题，尊重他人意见并与之达成共识，“人与人和谐、人与自然和谐、自然与自然和谐”应该成为生态信息共享和处理中的基本原则，从而共享信息和资源，共建美好生态环境，促使整体生态的和谐、稳定和美丽价值得以实现。

思考题

1. 传统价值论和自然价值论有哪些分歧？
2. 你怎样看待事实和价值的关系？
3. 你怎样理解整体生态价值思想？

推荐读物

1. 江畅. 现代西方价值理论研究[M]. 西安：陕西师范大学出版社，1991.
2. 普特南. 事实与价值二分法的崩溃[M]. 应奇，译. 北京：东方出版社，2006.
3. 邬焜. 信息哲学：理论、体系、方法[M]. 北京：商务印书馆，2005.

第五讲

复杂性生态概要

人类和自然相处的过程在一定程度上就是采用何种方法认识自然并付诸改造自然的过程，人类原本无意祸害地球，但对地球认知的局限性和人类欲望的无穷性却常常让人类视大自然为一个巨大的实验场，不同时代的思维方式和实验方法导引下的实践活动也形成了不同时代的生态状况。近代自然科学所揭示的自然界是简单性自然界，14 世纪奥卡姆(William of Occam)提出了著名的“奥卡姆剃刀”，即“如无必要，勿增实体”[①]。牛顿认为：“自然界不做无用之事，只要稍做一点就成了，多做了却是无用；因为自然界喜欢简单化，而不爱用什么多余的原因以夸耀自己。”[②]这种简单性思想在生物学上认为“物种不变”“人是机器”；在化学上认为原子是构成物质的基础，它是永恒不变的；在哲学上形成了普适性的人与自然二元对立模式。19 世纪末期以来，随着人类对自然认识和改造的深入，自然界本身所具有的复杂性被揭示，相应地也产生了覆盖几乎所有学科的综合性科学理论体系，如天文学的星云学说、物理学的能量守恒与转化定律、地质学的地质渐变论、化学的化学元素周期律、生物学的进化论和细胞学说等。而到了 20 世纪，更是产生了关于世界认识的复杂性理论，1973 年，法国哲学家埃德加·莫兰(Edgar Morin)提出了“复杂性范式”概念，在思维方式上引起一场革命；1979 年，比利时诺贝尔化学奖获得者普利高津(Ilya Prigogine)提出了“复杂性科学”的口号，强调从“存在物理学”到“演化物理学”的转化；1984 年，美国圣菲研究所提出“复杂适应系统”(CAS)理论；混沌学说中洛伦兹(Edward Norton Lorenz)的蝴蝶效应揭示了“差之毫厘，失之千里”的复杂现象。现代自然科学展示了一幅幅新的自然界图景，即复杂性的自然界，复杂性科学也被誉为“21 世纪的科学”。以复杂的思想、复杂的方法认识自然才能真正达到对自然的本真了解，也才能有效顺应自然、利用自然。

一、复杂性概念[③]

在现代汉语词典中，还没有复杂性概念及其解释，英文 complesity 意指复杂性、复杂的事物。在《科学的终结》一书中，作者约翰·霍根谈到麻省理工学院的物理学家塞思·劳埃德

---

① LINDSAY R B. The Meaning of Simplicity in Physics[J]. Philosophy of Science, 1937, 4(2): 151.

② 塞耶. 牛顿自然哲学著作选[M]. 王福山，等译. 上海：上海人民出版社，1974：2.

③ 王有腔. 现代综合方法[M]//邬焜. 自然辩证法新教程. 西安：西安交通大学出版社，2009：292-293.

(Seth Lioyd)统计的关于复杂性的定义有45种，如信息、熵、算法复杂性等。可见，目前在学术界还没有对复杂性的统一界定。其实，复杂性研究由于正处于起步发展过程中，真正确定一个具体的概念是很困难的，也往往容易导致简单化，甚至会限制复杂性的发展，但是对于复杂性，并非不可捉摸，我们还是可以从不同方面加以认识和理解的。

从本体论角度来看，复杂性意指客观事物本身是否复杂。著名的复杂性研究思想家埃德加・莫兰非常认同法国哲学家加斯东・巴什拉所说的：自然界没有简单的事物，只有简化的事物。长期以来人们对事物的简单性处理其实是忽略许多细节的结果，自然界本身是复杂的。

从认识论角度来看，由于与认识主体的学识水平、研究范围、认识能力、处理问题的方式方法诸多因素相关涉，事物或被复杂化，或被简单化。

从方法论角度来看，在近代以来的科学研究过程中，简单化原则是认识世界的主要方法。然而，随着对自然界认识的深入，这种简单性方法并非灵丹妙药，并不能解决所有的问题。面对需要深入细节研究的复杂事物，复杂性方法弥补了简单性方法的缺陷，在处理复杂事物中发挥着越来越重要的作用。

虽然目前我们对复杂性不能明确界定，但是我们可以通过下面一些特征来把握系统的复杂性。

首先，复杂系统具有要素、关系的多样性和统一性。在复杂性系统中，存在着众多要素，各种要素间通过非线性相互作用生成了要素间的众多关系，使系统呈现出部分多样性和整体统一性的有效结合。“组织存在于由不同成分构成的一个系统之中，因此它同时是统一性和多样性。”①

其次，复杂系统是有序性和无序性的统一。系统的有序性指系统的“稳定性、规则性、必然性、确定性与其组成事物之间的相关性和统一性等”②；而无序性指系统的“变动性、不规则性、偶然性、不确定性与事物之间的独立性和离散性等”③。单纯有序的系统是确定的、可以预测的，而单纯无序的系统又只能通过大数定律来描述，二者都没有真正的复杂性或者说复杂性程度很低，“复杂性诞生于秩序与混沌的边缘”④。

再者，复杂系统是简单性和复杂性的统一。传统科学以较少的规律和基本法则来认识和解释世界万象，并且在实践中达到预期效果，因而，人们认为事物具有简单性的思想根深蒂固；然而，随着无序性、不确定性的大量出现，特别是无序性甚至远远多于有序性，此时，事物很难再被简单的几个定律所涵盖。万物显露出复杂的特性，以往的简单性更多是忽略细节的结果。当然，强调系统的复杂性不能排除事物和谐、秩序所代表的简单性，复杂系统是包含简单性的复杂性系统。

在复杂性的研究演进中，众多学者从科学方法论的角度研讨复杂性思想，从而提出了一种新的思维方式——复杂性思维，其主要思想包括：不能把复杂性看作是与20世纪以来的相对论、量子力学一样的独立的科学革命，复杂性更多的是一种新的思想，一种新的思维方式；复杂性也不是像很多学者所认为的只是一种超越还原论的整体论，也不是用几个特征如涌现性、不

---

① 莫兰. 复杂思想：自觉的科学[M]. 陈一壮，译. 北京：北京大学出版社，2001：141.

② 莫兰. 复杂性思想导论[M]. 陈一壮，译. 上海：华东师范大学出版社，2008：4.

③ 同②.

④ 沃尔德罗普. 复杂：诞生于秩序与混沌边缘的科学[M]. 陈玲，译. 北京：生活・读书・新知三联书店，1998：5.

可逆性就可以清晰阐述的，也不是简单的复合系统。复杂性应该包括简单性或还原性和整体性，是简单性和整体性的统一，不能排除简单性。因为任何复杂系统内部本身就存在着简单的成分，而且简单性还是构成复杂的基础，如果舍弃简单性，复杂性将难以理解。因此复杂性的思想或方法不应该排除简单性思想。

目前，复杂性研究还处在不断发展阶段，产生了多个立场、多个进路、多个方向的研究态势，这表明了国内外在此方面研究的繁荣景象。由于复杂性思维方法已经被自然科学和社会科学研究所接受，成为惯常的思维方式，因而，以复杂性视域研究和探讨具有复杂性现象的生态系统，可以认识到生态系统中存在着多维复杂关系，生态系统既是有序的又是无序的，它处在有序与无序的互补之中；既是竞争的又是协同的，竞争协同共同推动生态系统的平衡演变；既是确定的又是不确定的，在不确定的混沌中趋向确定性的目标；既是可逆的又是不可逆的，可逆不可逆展现了自然界存在进化退化的多方向性；既是复杂的又是简单的，复杂的自然界中包含着简单性的规则；既具有整体统一性又具有复杂多样性，多样统一构成了勃勃生机的自然界。

二、复杂性生态思想及其方法

生态系统是一个复杂系统，系统内部各要素之间的协同竞争、非线性相互作用构成了一个具有等级、层次、秩序的开放系统，通过与外界环境之间的相互作用形成了生态系统演化的复杂态势。生态系统本身的复杂性决定了必然要以复杂性的思想和方法来认识和改造生态系统，从而顺应生态系统的演化规律。

（一）整体涌现思想

奥地利生物学家贝塔朗菲是系统论的创立者，他从元素与关系集的隶属关系阐述了系统的定义，即“系统可以定义为相互作用着的若干要素的复合体。相互作用指的是：若干要素(P)，处于若干关系(R)中，以致一个要素 P 在 R 中的行为不同于它在另一关系 R' 中的行为，如果要素的行为在 R 和 R' 中并无差异，那么就不存在相互作用，要素的行为就不依赖于 R 和 R'”①。这里的系统含义主要强调不同的系统造就不同的元素，整体中的部分不同于孤立状态下的部分，同一部分进入不同整体或系统中就会受到不同的约束和选择，从而形成不同的元素和系统。我国科学家钱学森认为，“我们把极其复杂的研究对象称为‘系统’，即相互作用和相互依赖的若干组成部分合成的具有特定功能的有机整体，而且这个系统本身又是它从属的一个更大系统的组成部分”②。这里系统含义的核心关键词是要素、关系、环境、特定功能，各种要素相互作用形成复杂的关系，并且处在与环境的不断交换、相互适应和变动之中，最终在各个部分的共同作用下形成了一个具有特定功能的有机整体。可以看出，两位科学家虽然从不同角度定义系统，但都共同强调系统的整体涌现性。这种整体性不同于部分的简单相加之和，

① 贝塔朗菲.一般系统论：基础、发展和应用[M].林康义，魏宏森，译.北京：清华大学出版社，1987：51.

② 钱学森，许国志，王寿云.组织管理的技术：系统工程[J].上海理工大学学报，2011，33(6)：521.

各个组成部分被纳入整体之中，变成了非孤立状态下的部分，且在整体之中发生了非孤立状态下的诸多关系，最终在整体层面突显了部分所没有的新质，出现了“整体大于部分之和”的最佳效应。

生态系统是由人、自然和社会组成的复合整体，其整体的最佳效应来自系统内部各种要素之间的竞争、限制、协同、融合，从而在整体层面产生正效应，即正价值。从人类历史的发展历程来看，古代，在人、自然、社会组成的复合生态系统中，人类被庞大的自然所压制，相对处于劣势，其整体效应呈现为更有利于人类之外的万物生存，但人类凭借自身的生存智慧，逐渐改变了自然整体中人与其他存在物的生存关系，不断提升自身的生存地位。到了近代，人类欣喜地发现自身可以实现对自然的控制和征服，把自身凌驾于自然之上，视自然为自己的大仓库，对自然予取予求，自然也逐渐遭到破坏而变得千疮百孔，此时的生态系统呈现人与自然割裂状态，一方面是人的需求不断被满足，另一方面是自然被破坏，人的力量远远超过自然承载力，整体效应形成了不利于万物生长的态势。物极必反，到了20世纪，人类对自然破坏程度的累积导致自然反作用于人类，物种多样性减少、土地荒漠化面积扩大、温室效应加剧等一系列人与自然不和谐的现象已经威胁人类正常的生存和可持续性发展，从而迫使人类修正其与自然的关系，把人、自然、社会视为一个有机整体，整体中每个成员对整体最佳效应（价值）的产生都至关重要，进入整体中的每个成员都不是独立的部分，都要在与周围每个成员的相互协作中对整体价值的提升做贡献，在此过程中，个体原有的特性可能因为不利于整体正价值而被屏蔽，也可能被激发出有利于整体的新特性，从而造就整体层面的价值，增加整体层面的繁荣昌盛，实现生态系统整体的和谐、稳定、美丽。

（二）非线性相互作用思想

非线性概念和线性概念都是数学名词，线性是对简单系统状态的一种描述，比如 $F=KX$ 是简单的一次函数，X_1、X_2是函数的解，X_1+X_2也是函数的解，把 X_1、X_2分别代入线性函数 $F=KX$，可得到 $F_1=KX_1$和 $F_2=KX_2$，那么，$F=F_1+F_2=K(X_1+X_2)$；把 X_1+X_2代入线性函数 $F=KX$，可得到 $F=K(X_1+X_2)$。从上述两种结果的相同就可以看到，线性函数任意两个解的叠加仍然是函数的解，从系统角度来看就是整体等于部分之和。但非线性系统与此不同，比如在最简单的非线性函数 $F=KX^2$ 中，同样把 X_1、X_2分别代入非线性函数 $F=KX^2$，可得到 $F_1=KX_1{}^2$和 $F_2=KX_2{}^2$，那么，$F=F_1+F_2=KX_1{}^2+KX_2{}^2$；把 X_1+X_2代入非线性函数 $F=KX^2$，可得到 $F=K(X_1+X_2)^2=K(X_1)^2+2KX_1X_2+K(X_2)^2$。很明显，和线性函数相比较，非线性函数两个解相加之和比两个解分别相加之和的结果多了一个 $2KX_1X_2$，把 X_1和 X_2置于一个共同作用的整体与二者孤立关系下的简单相加做对比，其结果很明显，整体中的部分在相互作用中突显了新的性质，产生了和原有旧系统不同的新状态。非线性系统具有相干性、非加和性、多重选择性特点，相干性不同于线性系统中各种要素的独立性，它说明系统内部各种要素相互干扰、相互作用，也正是这种相干性奠定了新系统形成的基础；非加和性不同于线性系统的加和关系，它保证了在系统整体上会产生非叠加效应；多重选择性不同于线性系统的直线性、唯一性，说明系统在其未来的演化路径上具有多方向选择性，当然，如何选择一条系统演化的最优路径和最佳状态取决于系统内部各种关系相互作用的结果。

生态系统是非线性系统，作为其中的每一类要素，人、自然、社会本身都是非线性系统，三者相互作用更加剧了其复杂程度。这样复杂的生态系统，未来的演化并没有确定的路径，既可能趋向整体和谐有序，也可能趋向整体混乱衰败，也可能在平衡—失衡—平衡中反复循环。因而，如果生态系统内部种类单一且具有同质性，各种类要素之间或许难以产生复杂的相互关系和影响，即使发生相互作用，也由于同质性很难相互之间形成互相竞争和适应的生态链，最终的结果只能是趋向衰落、崩溃。如果生态系统内部种类多样且具有异质性，多种类要素本身的差异性决定了在相干性关系中可以相互协同、相互抑制，当然，在没有人类参与的纯自在生态系统，天择的作用及优胜劣汰决定了生态系统的生死存亡。但在有人参与的生态系统中，人的选择具有主导性、引导性作用，生态系统走向和谐有序还是崩溃灭亡在很大程度上取决于人类对待自然的态度和行为。世界自然基金会（WWF）全球总干事马可·兰博蒂尼（Marco Lambertini）说道："野生动物以前所未有的速度，在我们的时代消失。""这不仅仅关系到那些我们喜欢的物种，生物多样性是丛林、河流和海洋正常发展的基石，如果没有了物种，这些生态系统将会崩溃。它们为我们提供的新鲜空气、水资源、健康的食物和气候调节功能也会消失。为了人类的生存和繁荣，同时保护这个生机勃勃的星球，我们现在就需要着手解决这个问题。"①因而，在有人参与的生态系统中，对人、自然、社会各方面及其关系的正确认识并采取相应措施促使整体种类的多样化是当下人类面对的重要议题，也只有这样，才能发挥生态系统非线性机制的重要作用，也才能重建良好的生态系统。

（三）多元竞争协同思想

竞争促使系统演化，协同促使系统和谐稳定。传统学说强调系统内部各个组成部分之间的竞争性，所谓"物竞天择""适者生存，不适者被淘汰"。如果说这种"丛林法则"针对无人的生态系统还可行的话，那么，在有人参与的生态系统中，随着人类认识自然、改造自然的能力不断提高，可以说最适合生存的就是人类自己，弱小的动植物在人类面前是否就应该被淘汰呢？显然，这种观点有悖于现实。人要生存，人之外的自然存在物也要生存，我们的生存依赖于我们周围的空气、土壤、水以及无数的动植物，人难以独立于非人的自然存在物，每一个生态系统中都包括众多的要素，人、动物、植物、土壤、空气、水等，每一个有生命的存在物特别是人在本能的驱使下都希望在生态系统中争得一席之地、占据有利的生存环境，但生存法则却又促使他们必须和周围的环境相互合作，否则，最基本的竞争之地可能都不复存在，还谈何竞争？因而，在当下更应该提倡竞争下的多元协同。

德国物理学家哈肯创立了协同学，他对"适者生存"提出了质疑，"为什么世界上会有那么多不同的物种，难道它们都是最适者吗？"②他认为通常生物间的竞争更多是因为这些生物处于同一个地域，被海洋隔开的不同区域间的物种不存在竞争的现象。但不是最适者也能生存，大自然设下无数妙计，它让许多物种即使居于同一区域，不竞争也可以通过创造新的生活环境而生存，虽然也可以把这些改变其形态和生存方式的物种称为最适者，但实质上更应该用协同来描述生物间存在着的生存关系。同一物种且多数量的燕雀依靠某些器官的专门化建立"生

① 世界自然基金会发布《地球生命力报告 2016》[EB/OL].（2016-10-28）[2019-09-25]. http://health.people.com.cn/n1/2016/1028/c14739-28816334.html.

② 哈肯.协同学[M].凌复华，译.上海：上海译文出版社，2001：71.

态小环境”以求生存而不需在相互间展开激烈的竞争；某些物种通过广泛性食物来源避开生存竞争；某些不同物种食用同一食物的不同部分而在同一区域能够和谐共处；不同物种还通过相互帮助以求共存，比如蜜蜂依靠花蜜为生，但同时又为植物茂盛而传播花粉。哈肯认为像这种协同共生的例子并不只是在一两个生物之间存在，他说：“大自然过程是牙磕牙似的紧密联系着的。大自然是一个高度复杂的协同系统。”①哈肯进一步指出大自然协同系统并非一成不变，而是常常产生不平衡状态，某些生物数量的涨落完全没有规律性，它也不会像我们想当然地认为在失衡后会自然恢复平衡，特别是具有很少单一性关系的生态系统随着关系一方的数量减少或灭绝，关系中另外一方也必然随之减少或灭绝。因而，最佳协同效应的产生只能来自具有多种类的异质性复杂系统，每一种生物通常与其他生物或存在物具有一对多的关系而非一对一的关系，即使这样，还要考虑在复杂系统中存在着的“微小涨落”的敏感依赖性。生态系统是动态的复杂演变系统，即使在一个已经建立的有序平衡系统中，这种平衡极其敏感，在临界点上的微小的变化都极有可能导致宏观上的巨大改变。比如，在一个池塘中，如果排入废水而导致污染程度提高了10%，此时如果预期池塘中的鱼群也会相应减少10%，这种思考方式就太简单了，在池塘污染的某个临界点上，污染程度即使增加很小量，鱼群也可能会突然全部死亡。在复杂系统中，即使微小的变化也有可能破坏一个已成立的有序状态，那么，人类又是否是那个导致不稳定点的主导者，这需要我们反思。

（四）等级层次思想

等级层次具有两层含义：其一，横向间的等级层次。系统中诸多要素间的关系不是简单并列的，不同要素在系统中所处的地位和所起的作用并不完全等同。其二，纵向间的等级层次。高一层级的系统总由低一层级的系统作为组成要素，它本身又是更高层级系统的组成要素。横向间的等级层次主要说明了事物之间的差异性，纵向间的等级层次主要说明事物之间的隶属关系，正是横向差异事物之间的相互作用、相互影响形成了纵向间事物的不断演化，而在这种演化中也构成了事物的纵向层级结构。一般来说，低层次是构成高层次的基础，现代科学阐明了自然界物质进化的层次性，高层次物质系统是由低层次系统演变而来，但高层次形成后，构成它的低层次并不因此而消失，而是作为高层次的组成部分而被保留，比如物质分子由原子构成，原子由原子核和核外电子构成，否则，高层次就成为无本之木、空中楼阁。同时，高层次一旦形成对低层次具有支配和限制的作用，此时，低层次被纳入高层次系统中，以被高层次改造过的形态出现，恩格斯在《自然辩证法》中根据当时自然科学发展的状况把整个自然界的运动从低到高分为机械运动、物理运动、化学运动、生理运动四个层次，他认为，“生理学当然是有生命的物体的物理学，特别是它的化学，但同时它又不再专门是化学，因为一方面它的活动范围被限制了，另一方面它在这里又升到了更高的阶段。”②这段话指明了物理、化学的运动不同于生理活动中的物理、化学运动，因为后者已经被限制在高层次运动形式的范围内。可以看出，在这种相互关联中构成的等级层次结构一旦形成，原来所有的要素、层级、结构都纳入了整

---

① 哈肯．协同学[M]．凌复华，译．上海：上海译文出版社，2001：73．

② 马克思，恩格斯．马克思恩格斯全集：第20卷[M]．中共中央马克思恩格斯列宁斯大林著作编译局，译．北京：人民出版社，1974：600．

体系统中,整体系统的变化影响内部各层级相关因素的变化,而内部各层级相关因素的变化也影响整体系统的变化。

生态系统的正常运转、和谐稳定与其内在所具有的生物区系层级流动结构及其组成要素密切相关。植物的生存需要太阳的照射和光辉,也需要根部厚实丰富的土壤,以土壤为基础,从而形成了向上的生态系统的多层级金字塔结构,这就是土壤层、植物层、昆虫层、啮齿类动物层、食肉动物层,人类既食用植物也食用动物,是整个金字塔中较高位置的特殊层次。相对来说,每一层级都以其下一层级为其食物源和其他用途,构成了一条条的食物链,高层常常需要消费较多低层食物以维持自己的生存,比如每一只食肉动物通常需要数百只被捕食者,在整个金字塔中从底层到顶层数量逐渐减少。而高层死亡后又回归到最底层土壤,整个金字塔是一个环形的通道,高低层次之间相互关联。而且在整个金字塔中并不仅仅存在单一性的食物链,常常是众多食物链纠缠在一起,表面上看复杂无序,实质上各层级之间、各层级内部之间相互合作、相互竞争形成了高度组织有序的结构。但是,如果上下层级流动的环形通道被堵塞或者被斩断,那么,整个生态系统金字塔的运转就面临风险。人类是这个金字塔中产生的新物种,而人类也是对金字塔影响最大的物种。随着人类进入自然界,在整体层面上生态系统主要变成了由人、自然、社会构成的复合生态系统,人、自然、社会又有其下的层级,至于细分到哪个层级就要在具体的生态实践中考量。在这里需要注意的是,生态系统的层级结构并不是强调其间的隶属关系,比如大自然演化的顺序是先有自然物,然后才有人,而且自然物在人类的产生过程中发挥着重要的工具性价值,那么似乎自然物就隶属于人,只为人而存在。其实,生态系统的层级结构性着重强调系统在层级结构中的稳定性,生态系统本身是贯通的、整体的,但人为的破坏、分割现象是现实存在的,因而,生态的和谐、稳定、美丽重在打通生态层级序列的各种环形通道,协调错综复杂的各种关系,只有人类把自己看作生态金字塔中的普通一员,把自己融入动植物、土壤、河流所构成的生态系统中,生态系统内部层级环节的断裂、整体生态系统的崩溃这些生死毁灭的问题才能真正与人相关联,唤起人的道德智慧和生态智慧以保护生态系统,也保护人类自身。

(五)系统开放的思想

严格意义上自然界每一个系统都是开放系统,系统产生于开放、存在于开放,也发展于开放。开放系统是指能和环境进行物质、能量、信息交换的系统,一个孤立系统由于和外界没有物质、能量、信息的交换最终必然走向无序。克劳修斯的热力学第二定律揭示了这一种现象,他把整个宇宙看作一个孤立系统,最终宇宙将趋于热寂状态,是宏观上温度、压强处处均衡的热平衡态的退化现象,此时生命崩溃、万物不复存在,一切都将消亡。而普利高津的耗散结构理论揭示了自然界万物在开放的状态下,都有可能从无序走向有序,他用熵原理分析了开放系统的演化状态,熵表示系统混乱的程度,熵值越大系统越趋向无序。系统的熵由系统内部产生的熵和系统与环境交换的熵两部分构成,根据克劳修斯热力学第二定律,系统内部的熵大于零,系统趋向有序就必须减少系统内部的正熵流,使系统总体趋向负熵流,这主要取决于系统与环境交换的熵流。当然,由于交换的熵流有正有负,因此,交换的熵流并非能够全部消减系统内部的正熵流,系统的总熵流有正有负,最终系统的状态或者有序或者无序。但这和孤立系统最终唯一的无序状态相比较至少指出了系统趋向有序的可能性,系统要发展只能开放。

生态系统是生物和环境构成的系统，是“活系统”，生物依靠新陈代谢维持自己的生存和发展，始终对外界环境开放。生态系统本身的开放性决定了系统内部各组成部分不断探索新的位置、新的运动过程、新的反应过程，系统整体模式随着系统对环境的开放性常变常新。因而，在此交换过程中，最佳的生态系统表现为：每个生物能够找到适于自己生存的良好生态位，并且和周围环境和谐相处，在整体上呈现平衡有序性。但是由于自然界本身的复杂性，生物频繁的变动、迁移等特性，系统内部要素经常更替，系统随时处在与环境的互动状态，常常存在下面几种情况：其一，生物能够随着环境改变而调整自身，生物总体未受影响，整体生态系统模式趋于稳定和谐；其二，生物因环境改变而难以适应，固守其原有状态而导致环境的破坏性冲击，整体生态系统模式陷于混乱，极有可能造成对系统的不可逆转性破坏；其三，生物因环境改变而栖息地缩小甚至失去生存基地，获得外界环境供给的能量将减少或丧失，难以维持系统的长远生存和发展，严重时甚至导致系统的崩溃。因而，生态系统的和谐有序离不开系统的开放，但开放的状况也对系统本身的持续性生存具有重要作用。在第二种情况中，生物因不能适应环境就存在着可能被环境吞噬、灭绝的风险，生物演变历史上的五次生物大灭绝几乎都是在环境巨变中发生的，生物被动地暴露于外在环境之下，其与环境之间的边界消失，对外在环境的泥沙俱下不能有效抵挡，抵御风险的能力几乎为零，生物物种的减少甚至灭绝仅仅是时间问题，如果说大自然的演变造就了生物，也毁灭了生物，这是自然规律，而且人类也很难改变自然规律。但人类进入生物群落中以人类自身的力量和目的改变生态系统的开放度，并可能因此而导致第六次生物大灭绝的来临，这其实应该引起人自身的反思：人应该怎样对待生态？目前世界许多地方建立国家公园、地质公园、野生动物保护区、森林保护区等举措人为地模拟生物生存的原始环境并加以保护，在开放度上隔绝了人类的亲密接触，却为生物营造了适宜的生存开放度。而在第三种情况中，也是人类不断侵占生物生存境地，把许多在广阔天地中自由自在生活的生物逼进狭小的空间以求生存，其原有的供给环境也随之缩小，环境开放的范围明显减少，最终在新的环境中极有可能失去其原来赖以生存的物质、能量，从而导致大量死亡或种群灭绝。可以看出，系统开放必须适度，系统的开放性其实是开放性与封闭性的统一，开放通过与环境交换引起系统本身的变化而趋向有序，封闭保留系统原有的有效成分而不致丧失自己，生态系统需要在开放状态下保存自己原有的有效成分并随着环境改变而调整自身并趋向有序。

（六）反馈回环思想[①]

反馈回环现象主要指在复杂性系统中存在的输入和输出之间的多种相互作用的关系链条。简单系统基本都是围绕一个确定目标通过输出量对输入量的再影响来实现闭环回路控制，如工业系统中室内固定温度的调节。但现实状况比较复杂，大多数的系统都存在着多输出和多输入状况，而且各种输出、输入量之间相互耦合、约束，产生了系统目标和图式的不断选择和改进，显示了一个复杂系统所具有的多目标体系以及相应的多反馈环路现象。在这样的复杂系统中，存在着系统与环境之间、系统内部各组分之间、系统内部上下层次之间众多的相互影响、相互作用链环，而且各种作用随着环境发生变化，系统内部的某些变量及其状态异于系

---

① 王有腔．现代综合方法[M]//邬焜．自然辩证法新教程．西安：西安交通大学出版社，2009：297－298．

统本来所设定的范围，或者有一些方向的变化被扩大了，或者有一些方向的变化被抑制着，或者一些小的变化可能引起大的波动，种种状况导致系统内部目标不断调整，系统整体呈现出复杂的结构和行为。

复杂性研究专家埃德加·莫兰认为系统之所以复杂，其一是在“通常分离的概念之间建立了相互的蕴含、必然的联合”①，这就预示着在复杂性系统中，对立的概念之间相互影响、相互渗透，产生了一种相互作用、相互反馈的依赖型结构。例如，部分不能离开整体，整体也不能离开部分，二者相互分离又相互依赖，对部分的认识会回过头来补充对整体的认识，而对整体的认识会回过头来补充对部分的认识。其二是“引进了复杂的因果性，特别是一种既依赖环境的又自主的因果性思想”，“系统的结果反作用于原因和改变原因，这样我们看到出现了环形因果性。”②在此，系统自身内部形成了一种环形因果链条，就像漩涡一样，其中的每一个环节既是生产者又是产物，既是原因又是结果。同时莫兰认为系统“愈是发展它的复杂性，它就愈能发展它的自主性，而它也将有多样的依赖性”③。也就是说，一方面，这种环路系统中系统的产物、结果相互作用对系统的产生、存在和演化是必不可少的；另一方面，又依赖于外部开放状态中环境带给系统的影响，系统正是在这种既自主又依赖环境的演化过程中，产生了回环现象，“所有被产生的东西通过一个自我构建的、自我组织的和自我产生的圆环又回到了产生它们的东西身上”④。可以看到，认识系统的复杂性，很大程度上其实就是探求系统复杂的环形因果性。

生态系统如同所有的复杂性系统一样，它的有序性既来自系统内部各要素之间的相互影响、相互作用所形成的依赖型、因果型反馈回环关系，也来自系统与环境之间的依赖型、因果型反馈回环关系。在生态系统内部，从生物本身来看，动物、植物、微生物之间形成了一个完整的回环生态链条，植物是生产者、动物是消费者、微生物是分解者，每一种类的生物所产生的垃圾成为另外种类生物的有用物，没有人参与的自然界整体上呈现动态、循环的自然逻辑。从生物与其周围环境来看，生物本身的新陈代谢决定了其必然依赖于周围环境中的资源，同时生物的废弃物又直接或间接地被环境所吸收以滋养环境，形成了依赖型回环关系，总之，动植物的生存主要顺从、适应自然规律，简单地通过自身的存在引起自然界的微小变化，其对自然的作用在结果上很难引致自然危机。而人就不同，人可以迁移动植物且对其本身加以改变，人也可以改变自然地形、面貌、气候，人常常降服自然力迫使其为人类服务。人与生物、人与周围环境的关系也就是人与自然的关系，如果人类顺从自然规律、尊重自然规律，人与自然相互依赖、相伴而生，人向自然生成，自然向人生成，人和自然实现双重演化，从而在人与自然之间呈现和谐有序的依赖型、因果型关系。如果违背自然规律，人和自然之间的依赖型关系将会断裂，因果报复型关系可能将主导人类未来的生存和发展，自然恶性的报复能否发生主要取决于人怎样和自然相处。

---

① 莫兰. 复杂思想：自觉的科学[M]. 陈一壮，译. 北京：北京大学出版社，2001：220.

② 同①225.

③ 同①227.

④ 莫兰. 复杂性思想导论[M]. 陈一壮，译. 上海：华东师范大学出版社，2008：76.

（七）演化的方向性思想[1]

自然本身遵循自身的演化产生了宇宙万物，也产生了人类，同时也把人类从蛮荒状态带进繁荣的现代。而人类对自然演化的认识却随着自然科学在不同时代对自然界的不同认识而经历了一个从简单到复杂的过程。近代自然科学揭示的自然界是确定性、简单性、无方向性的自然界，1814 年，法国物理学家拉普拉斯在《概率的哲学短论》中说道：

我们应当把宇宙的现在状态看作是它先前状态的效果，随后状态的原因。暂时设想有一位神灵，它能够知道某一瞬间施加于自然界的所有作用以及自然界所有组成物各自的位置，并且它能够十分广泛地分析这些数据，那么，它就可以把宇宙中最重物体的运动和最轻的原子运动，均纳入同一公式之中。对于它，再没有什么事物是不确定的，未来和过去一样，均呈现在它的眼前。[2]

在这段话中，拉普拉斯设想了一个神灵或妖精，它能够确知一切，事物过去、现在、未来都在其掌控之中，一切都是确定的，排除了事物演化过程中的偶然性、不确定性，时间是反演对称的，这是牛顿力学机械性思想的极致化表现，也因此被称为“拉普拉斯妖”。

19 世纪中叶后，自然科学由最初的搜集材料阶段进入整理材料阶段，大量科学理论揭示了自然界并非仅仅具有确定性特征。1865 年，克劳修斯提出了熵的概念，认为“在孤立系统内实际发生的过程，总使整个系统熵的数值增大”，由于没有对某一物理系统所具有的熵做出具体的规定和解释，从而使熵的概念具有了某种神秘性和猜测性的色彩，据此学术界也把熵比喻性地称为“克劳修斯妖”或“熵妖”[3]。系统熵值的增大揭示了热力学系统（非生命自然界）从有序到无序的退化过程。而达尔文的生物学揭示了生命自然界从低级到高级，从简单到复杂的进化过程，整个自然界由生命界和非生命界两大部分构成，一方面是非生命界的退化，另一方面是生命界的进化，整个自然界具有不统一性。

1871 年，麦克斯韦提出的“麦克斯韦妖”力图解决自然界不统一的矛盾现象，这就是：

有这样一个神通广大的“妖精”，它能跟踪充满容器的每个气体分子的运动。把这个容器用一道隔板分为 A、B 两部分，并在隔板上安装一个阀门，当阀门打开时单个气体分子可以从容器的一部分经过阀门进入另一部分去。假设这个容器起先完全充满了一定温度的气体，按照热的动力论，一定的温度对应于一定的平均速度。因为气体分子运动具有随机性质，有的分子的速度大于平均值，有的则小于平均值。那么，在适当时刻打开隔板上的阀门，妖精就能让快的分子从 A 进入 B，慢的分子从 B 进入 A，结果不须消耗能量，B 部分的温度就上升，A 部分的温度就下降。[4]

---

① 王有腔．物理学中的三个妖精及其简单性和复杂性思想意蕴[J]．科学技术与辩证法，2009(3)：43－46．

② 拉普拉斯．概率的哲学短论[M]//邓玉玲．偶然性与科学．北京：中国社会科学出版社，1990：57．

③ 邬焜．信息哲学[M]．北京：商务印书馆，2005：565－566．

④ 王雨田．控制论信息论系统科学与哲学[M]．北京：中国人民大学出版社，1988：442．

“麦克斯韦妖”其实想解决“克劳修斯妖”最终不能从无序再演化到有序的现象，它设想了一个“妖精”可以使非生命自然界实现从无序到有序的进化。但是，这个妖精又在哪儿？麦克斯韦并没有找到这样的妖精。20世纪70年代，普利高津的耗散结构理论通过开放系统、远离平衡态、正反馈、非线性机制和巨涨落这五个自组织条件实现了自然界的统一，让我们看到在整体的自然界进化和退化是对立统一的，自然界的演化呈现复杂性。

那么，从熵的角度来看，生态系统中生物依赖新陈代谢维持自己的生存和发展，生物本身的演化过程趋向有序，这种熵减现象是以外部环境的熵增为代价的，随着生物包括人对外在环境需求的增多，外在环境能够满足人类的资源在一定时间段相对会越来越少，从而产生环境破坏的无序状态。这看似一种不可调节的矛盾，人类要生存必然要从自然界获得自己的生存资料，自然必然被利用甚至被破坏。但实质上，这正给人们敲响了警钟，我们是否一定要以自然无序的状态来满足我们的有序？人依靠自然生存，自然满足人的需求将在很长时间都难以彻底改变，但人类同时也认识到自己和自然的唇亡齿寒关系，自然的熵增并不能保证人类永远的熵减，人有三理，即生理、心理、伦理，肉体的生理需要耗费资源满足自己的衣食住行，心理的思想拓宽人的认识视野、创造较少利用自然的新科技，伦理的规范提升人对待自然的道德水平，在自然可承受的限度内利用自然、保护自然、补偿自然。如此一来，人和自然都可实现有序熵减、整体和谐。

（八）系统的优化

优化是系统最终的目标。系统优化并非自身单纯地达到最佳状态，能够与环境同塑共生的系统才能持续性生存和发展，也才称得上是最佳系统。从一般意义来讲，任何系统在一定的环境中存在和演化都必然受到环境的熏陶、影响，打上所处环境的印记，一旦环境变化，系统也会发生相应的变化，所谓“一方水土养一方人”就是此道理。具体来讲，环境对系统的影响体现在，一方面系统的产生、存在、演化需要从环境中获取资源和条件，任何开放系统都处在与环境的持续性交流之中，系统要素的成长需要环境提供相应的资源，系统结构是在与环境的互动中生成，从猿到人的直立行走与当时森林减退，猿类必须适应陆地生存密切相关；另一方面，系统也受到环境的约束和限制，从某种角度来讲，系统的外在环境就是系统上一层级的系统，二者之间是一种上下层级关系，比如学校中的每个学生都可看作一个独立的系统，在学校中，学生—班级—系—学院—学校构成了一个逐步向上的层级系统，学校既是学生的上级系统，学生仅仅是学校的组成要素，但同时学校又是学生存在的环境，学校的学术氛围、价值取向、发展目标、纪律规则等都会对学生产生影响、约束、限制，有特殊的约束、限制才有不同于他校的人才培养，没有任何限制和约束的系统或者不存在，或者和环境融为一体而无边界，最终也很难确立自身。每个系统最终的组分、结构不同于其他系统的组分、结构，不仅与自身的生成演化机制有关，而且与其环境所提供的特殊资源和条件，施加的特殊约束、限制也相关。系统的优化除了环境对系统的塑造之外，也表现为系统对环境的塑造。系统只要有变化，就会引起环境或快或慢的变化，这种变化一方面体现为对环境的建设性作用，比如人类合理地改造自然，促使自然更加丰富多彩；另一方面体现为对环境的破坏性作用，比如人类对自然的不合理利用，无限制地利用自然资源、大量向自然界排放污染物等。系统的优化追求系统与环境的正向同塑共生，需要尽可能避免负面效应。

自从地球诞生生命以来，生态系统经历了五次大规模的劫难，其中最大的原因是地球环境极度的忽冷忽热导致生物不能适应其突变的生存环境，而出现大面积生物灭绝现象。科学家预测人类目前面临第六次生物大灭绝的威胁，我们的生态系统十分脆弱，人类在迅速地改变着地球环境，地球环境也在等待时机报复人类。人类不想灭亡，不想让地球毁灭在我们手上，唯一的路径就是爱护地球，保护我们生存的家园，与环境同塑共生。

思考题

1. 怎样理解复杂性概念？

2. 结合物理学中的“三个妖精”案例谈谈人类对自然界认识从简单性到复杂性的思想历程。

3. 现代人们对自然界的认识为什么要运用复杂性方法？

推荐读物

1. 沃尔德罗普. 复杂：诞生于秩序与混沌边缘的科学[M]. 陈玲，译. 北京：生活·读书·新知三联书店，1998.

2. 哈肯. 协同学[M]. 凌复华，译. 上海：上海译文出版社，2001.

3. 莫兰. 复杂思想：自觉的科学[M]. 陈一壮，译. 北京：北京大学出版社，2001.

第六讲

复杂性理论与生态哲学

一、复杂性理论

复杂性理论源于20世纪40年代诞生的一般系统论、信息论、控制论；到20世纪70年代复杂性理论进入快速发展期，产生了自组织理论，即耗散结构理论、协同学、突变论、超循环理论等；20世纪90年代对复杂性的进一步研究产生了混沌学说、分形学说等复杂性理论。这些学说都诞生于具体的自然科学领域，它们共同探讨和研究了自然界系统的复杂性现象。随着自然科学对复杂性研究的深入，也产生了对复杂性专门研究的理论，如莫兰的复杂性理论、圣塔菲研究所的复杂适应系统理论等。

（一）复杂性科学开创期

20世纪40年代诞生的一般系统论、信息论和控制论等学科开始了对复杂性的探索研究。这些学科都把其研究对象作为系统来对待，虽然某些科学研究的系统也是简单系统，但简单系统越来越少，大部分系统都属于复杂系统且很难简化为简单系统，因此，复杂性系统已经成为宇宙中普遍存在的系统。

系统论由生物学家冯·贝塔朗菲(Ludwig von Bertalanffy,1901—1972)创立于生物学领域。早在20世纪20年代，贝塔朗菲面对生物学领域流行的两种观点“机械论”和“活力论”，大胆地提出“机体系统理论”的思想，认为生命是一个有机整体。1928年他出版了《现代发展理论》,1932年出版了《理论生物学》，这些书中的主要观点都是强调把生物作为一个有机整体来看待，认为生物有机体具有整体性、动态结构、开放性、组织层次性等特征。1937年，贝塔朗菲在美国芝加哥大学的一次哲学研讨会上提出了一般系统论的基本原理，把其理论推广到生物学以外的更广泛领域，但却遭到了许多与会专家的非议，比如认为他的整体论思想会妨碍近代以来已经在科学领域应用取得成功的分析研究方法，再加之二战爆发，贝塔朗菲的观点没有在学术界引起重视。1945年，贝塔朗菲在《德国哲学周刊》发表了《关于一般系统论》论文，标志着系统论的诞生。在此论文中，贝塔朗菲提出了一般系统论的基本思想，并着重研究了开放系统、等结果性、反馈机制、组织层次、非加和性等重要概念和思想，这些思想中蕴含着一定的复杂性思想，也为后来复杂性研究提供了基础性的一些概念（系统、信息、反馈等）。随着控制论、信息论、博弈论等理论相继产生，贝塔朗菲的系统思想很快被学术界认同并得到广泛传播。

信息论的主要创立者是美国数学家申农。1948年申农发表了论文《通信的数学理论》，1949年又发表了论文《在噪声中的通信》，他把数学统计方法应用到通信领域，从量的方面研究信息的传输和提取问题，讨论了信源、信道的一些基本特征，提出了信息的概念，给出了信息量的公式，也标志着信息论的诞生。虽然申农的信息论主要还是属于还原论科学而并非复杂性科学，但他所构建的通信系统模型，关于信息熵的认识、噪声的研究对后来的复杂性研究具有启迪作用。

控制论的创立者是美国数学家、工程专家诺伯特·维纳，1948年，他发表的专著《控制论：或关于在动物和机器中控制和通讯的科学》是其代表作，也标志着控制论的诞生。二战期间，维纳参与了盟国研制自动高射火炮的工作，从理论的探讨来说，包括两个需要解决的问题，其一是高速计算问题，从今天的科学技术发展程度来看，这不算复杂性问题；其二是在复杂情况下的预测问题，这涉及目的性、人机协调、信息反馈等众多问题，已属于典型的复杂行为。维纳发现人、机器、动物共有目的和目的性，正是通讯和控制能够把这三者联系起来，他也由此把控制论定义为关于在动物和机器中控制和通讯的科学，他提出的目的、目的性、信息、通讯、反馈等概念对复杂性研究具有重要的推动作用。埃德加·莫兰认为控制论是“通向复杂性研究的阶梯”①。

（二）复杂性科学的诞生

20世纪70年代以来产生的耗散结构理论、协同学、超循环理论建构了描述系统自组织的框架，统称自组织理论。这些理论把自组织概念引入系统，深化了系统论、信息论和控制论的思想，强调从动态、演化的角度对复杂现象进行认识，形成了复杂性科学。

耗散结构理论是布鲁塞尔学派的领导人、比利时科学家普利高津于1969年在理论物理与生物学的国际会议上发表的《结构、耗散和生命》论文中正式提出来的。1979年，他最早提出“探索复杂性”这一响亮口号，认为复杂性有不同等级，特别考察了“最低复杂性”，提出放弃世界简单性的信念。普利高津认为近代以来的科学“相信在某个层次上世界是简单的，且为一些时间可逆的基本定律所支配”②，而事实上，“我们发现我们自己处在一个可逆性和决定性只适用于有限的简单情况，而不可逆和随机性却占统治地位的世界之中”③。为此，普利高津提出了耗散结构理论，其基本内容是：任何一个开放系统在远离平衡态的状态下，由于系统内部的非线性相干作用而使系统出现涨落，当发生某种耦合关系使系统达到一定阈值时，系统会产生一种突变现象，自动地组织起从原来的无序进入新的时间或功能上的有序状态。可见在此理论中，开放性是系统有序演化的必要条件，远离平衡是系统有序之源，非线性是系统有序演化的内在根据，而涨落导致有序。

协同学是德国的物理学家哈肯于20世纪60年代末建立的一门横跨自然科学和社会科学

① 莫兰.迷失的范式：人性研究[M].陈一壮，译.北京：北京大学出版社，1999：6.

② 普利高津，斯唐热.从混沌到有序[M].曾庆宏，沈小峰，译.上海：上海译文出版社，1987：40.

③ 同②.

的适应性较强的综合性学科。哈肯指出协同学有两层含义:其一是一门关于系统内部诸子系统相互作用、相互合作的规律的科学;其二是指多门学科相互联系和协同的科学。哈肯把协同学的基本内容归为三条基本原理,即不稳定性原理、支配原理和序参量原理。不稳定原理是指新结构的出现要以原有结构失去稳定性为前提,或者以破坏系统与环境的稳定平衡为前提。不稳定性在系统的有序演化中具有积极的建设性作用,它是新旧系统结构交替的媒介。支配原理是指非平衡系统中,主导系统有序结构的慢变量起着支配作用的原理。一方面它支配着各子系统的行为,另一方面它支配着系统的整体行为。序参量原理认为系统的存在和演化受着衰减快、阻尼大的快变量和衰减慢、无阻尼的慢变量这两类变量的影响,哈肯认为慢变量主宰着系统的演化过程,它引导、规范、支配着快变量的行为,使它们协同动作,最终形成整体有序结构。序参量原理中的序是刻画子系统之间相互联系、相互合作情况的一个概念,如果子系统的行为都遵从某种组织原则或表现出某种相关性、一致性,系统则称为有序态,与序的变化相关和一致的参量称为序参量。在有序系统中,正是主导系统有序结构的少数几个序参量之间的相互合作、协同形成系统的有序结构。哈肯在其协同论中提出了自组织的概念(见第二讲)。这样的自组织系统内在的大量子系统之间存在着竞争、协同的特性,系统的竞争使系统趋于非平衡,这是系统演化的动力机制,而系统的协同则使系统内部的许多因素联合起来并放大为整体效应,最终支配系统的整体演化,客观世界的复杂性正是通过系统自组织的合作和竞争从简单性中逐步演化而来。

德国物理化学家艾根(M. Eigen)吸收了进化论、分子生物学、信息论、博弈论以及现代数学的有关成果,把生命起源作为自发的自组织现象来描述,于1971年建立超循环理论,并在1977年发表的论文《超循环——自然界的一个自组织原理》中进行了系统的阐述。在超循环理论产生之前,科学界普遍认为生命起源和进化分为化学进化和生物进化两个阶段,化学进化阶段主要说明如何从无机物质中产生有机分子,生物进化阶段主要阐述从原核生物最终发展为高级生物的演化图景。艾根等人在研究中发现,要把以上两个阶段连接起来存在着两个基本难题,第一是如何把生物进化的统一性和多样性协调起来?分子生物学揭示了生命现象的统一性,所有的生物都使用统一的遗传密码和基本一致的翻译机器,而翻译过程的实现又需要几百种分子的配合,很难设想,在生命起源的过程中,这几百种分子会一下子形成并密切配合组织起来。艾根认为应当承认在化学进化阶段和生物进化阶段存在着一个分子自组织阶段,在这个阶段中通过不同层次的循环,即反应循环、催化循环、超循环实现了生物分子的自我产生、自我选择、自我复制、自我优化、自我放大,从而完成了从有机分子到原核生物的进化,实现了统一性与多样性的协调。第二是先有核酸还是先有蛋白质?分子生物学揭示核酸分子是遗传信息的载体,蛋白质是各种功能的执行者。在核酸和蛋白质的关系中,蛋白质的功能是由被核酸编码的结构所确定,而核酸的复制和翻译又需蛋白质参与,再通过蛋白质来表达。也就是说,必须存在信息,才会有由信息编码的高度有序的功能,而信息又只有通过功能才能获得意义。可见,核酸和蛋白质在形成生命的过程中是不可分离的,但问题在于到底哪一个在先。艾根认为超循环理论指出了解决这个问题的途径,核酸和蛋白质的关系是一个互为因果的封闭环,此环一旦形成,讨论哪个在先就毫无意义,这种环本身就是一种新形成的结构,即循环。艾根认为,超循环结构与一般自组织过程相同,系统中大量的随机事件通过某种反馈机制被放大,在多重因果循环作用下,向高度有序的宏观组织进化。

(三)复杂性科学进一步发展阶段

20 世纪 90 年代产生的分形学说、混沌学说、复杂适应系统理论相较于之前的复杂性研究理论，具有更深层次的复杂性思想，也把复杂性研究推进到新的阶段。

分形学说不同于传统的几何学，传统几何学所研究的对象通常是光滑的点、线、面、体构成的规整图形，即使存在不光滑的图形也常常忽略不计，总体上几何图形的空间结构具有简单性和近似性特征，这样的几何图形也称为整形。但自然界事物的真实空间结构是复杂的，比如，山形的高低起伏、海岸线的蜿蜒曲折、地面的凹凸不平、云彩的奇形怪状等实际现象所展示的并非光滑的规整图形，这些现象也因长期以来被称为“病态曲线”而被排除在几何学之外。但是，随着计算机技术的发展和法国数学家曼德尔勃罗(B. B. Mandelbrot)的创造性工作，对这些“病态曲线”的复杂性现象从一个特定视角进行研究，从而形成了不同于整形几何学的分形学说。分形具有两大特征，不均匀性和自相似性。分形具有多层次结构，呈现不均匀性，但如果从不同尺度观察所看到的图形却具有相似性，不同层次彼此相似，局部与整体形状相似，比如每一片树叶上的图形类似一棵树。分形学说研究的对象是迄今为止最复杂的几何对象，它为解决自然界复杂的分形现象提供了科学支持。

混沌学说被誉为 20 世纪物理学继相对论、量子理论后的第三次革命，它主要揭示了自组织有序演化的一种可能的归宿——混沌状态，它不同于无序、混乱，而是系统高度有序演化发展的结果，是一种复杂性存在。与牛顿力学揭示系统运行的确定性不同，混沌状态具有不规则的、非周期的、异常复杂的特性。混沌现象是确定论系统的一种动力学行为方式，随着系统内部微小的变动，在混沌区产生出内在随机性，从而引导系统行为从原有的决定论方式转向非决定论方式、从周期性演化模式转入非周期性的演化模式。可见，在复杂系统中，结果的非决定性是从决定性行为的自我演化中自己生长出来的，对于具有内在随机性的复杂系统，系统运行对于初值具有敏感依赖性，最初系统两个微小差异的数值在系统的演化中可能相去甚远，这就是复杂系统中的“失之毫厘，谬以千里”现象，美国气象学家洛伦兹的“蝴蝶效应”就揭示了“长期天气预报是不可能的”现象，即复杂系统初始条件的微小变化在未来可能产生灾难性后果，其实，真实情况可能比洛伦兹的比喻还要复杂。

20 世纪 70 年代，随着一系列新兴学科的产生，柯文(G. Kowan)认为科学正面临新的整合，必须用整体的、非线性的、有机联系的思想代替还原论思想。1984 年，他和三位诺贝尔奖得主夸克理论创建者盖尔曼(M. Gell-Mann)、凝聚态物理学权威安德森(P. Anderson)、经济学家阿罗(K. Aroow)在新墨西哥州的圣塔菲建立了研究复杂性的研究所，简称 SFI。后来，随着复杂性专家约翰・霍兰(John Holland)的加入，主要开始对适应性演化系统产生的复杂性进行研究，称其为复杂适应系统理论，简称为 CAS。复杂适应系统理论(CAS)的核心是“适应性造就复杂性”，最基本的概念是具有适应能力的主体(adaptive agent)，它不同于早期系统科学中所使用的要素、组分概念，要素、组分等具有被动性，而主体具有主动性。主体与主体以及主体与环境之间流(flow，物质流、能量流、信息流)的相互影响、相互作用是系统进化和演变的主要动力。正是基于此思想所建立的刺激-反应模型应该说是研究复杂系统很重要的一种回环方法。此模型由三部分组成：一个探测器、一个效应器、一组 IF/THEN 规则。探测器接收来自环境的刺激信息，效应器针对刺激信息做出反应，而刺激和反应被一系列 IF/THEN 规则所连接,如对何种刺激做出何种反应。当然,由于现实系统的复杂性,刺激和反应之间的相关性并非只有唯一确定的IF/THEN规则,存在着多种多样的规则的比较、选择,通过接收反馈结果,修正规则,甚至产生新规则。此环形因果链条见图6-1。

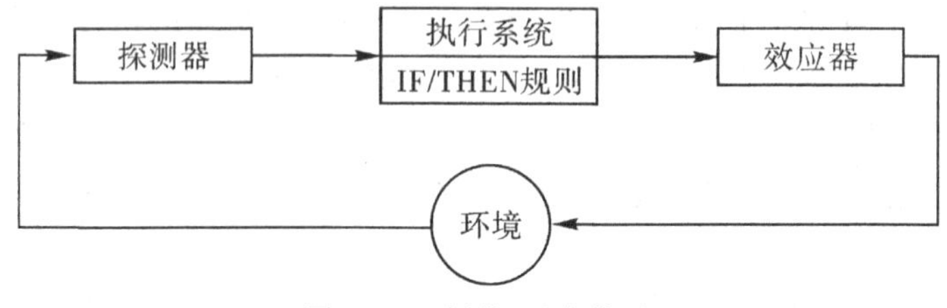

图6-1 刺激-反应模型

法国哲学家莫兰的思想是具有普遍意义的哲学认识论和方法论,其思想的核心部分是"复杂性方法""复杂性范式"。他认为经典科学的简单化认识方法导致两个极端,其一是化简,把复杂的事物还原为简单的事物;其二是割裂,把认识对象的不同层次人为分割、彼此隔绝。在批判经典科学的基础上,他提出了复杂性思想,认为复杂性是统一性和多样性的统一,物理学、生物学和人类社会学是不同的学科,展示了自然界和人类社会的多样性,但它们又相互融通,物理学中的能动组织(自组织)的原型构成了以后的生物组织、社会组织形成的胚芽,同时物理学、生物学的基本概念、理论知识又是人类特定历史时代文化的产物,不同的知识原理是既不可彼此划归又互相依赖的。他把"宏大概念"(macro concept)作为认识复杂对象的方法,"宏大概念"是由多个概念和原理构成的概念网络,其中每一个概念和原理都揭示对象的某些属性和本质,但不同原理和概念在说明对象的具体本质中相互补充。复杂性也是有序性和无序性的统一,有序性揭示了事物的稳定性、确定性、必然性,无序性揭示了事物的变动性、不确定性、偶然性,经典科学认为世界的本质是有序的,无序仅仅是事物表面的一种现象,现代科学认为有序和无序共同构成了事物的本质,莫兰认为在事物的存在和演化中,有序和无序共同发挥作用,有序维持事物的稳定,但可能抑制新事物的产生,无序使事物难以稳定,但可能促使新事物的产生,复杂性其实诞生于有序与无序之间。在复杂性系统中,到处存在着"两重性逻辑"(dialogique)原则,即在系统中互相排斥的两个对立的概念之间又存在着互补的现象,如上述的有序和无序、统一性与多样性,还有简单性和复杂性、整体和部分、观察者和对象、组织和环境等,这些概念是矛盾的、对立的,但在系统中又是不可缺失的,系统正是在这种对立互补中存在和演化。

可以看出,复杂性理论最初诞生于物理、化学、生物学、工程控制等具体的自然科学领域,它们共同揭示了自然界和研究对象的复杂性。在20世纪70年代后,随着对自然科学领域复杂性研究的深入,复杂性理论上升到了哲学方法论层次,自然界和人类社会的复杂性是普遍存在的现象,那么,以复杂性方法和视野认识自然界和人类社会才能顺应自然和社会本身的运行规律。

复杂性理论在其发展过程中几乎都把生命界和非生命界放在统一的系统和动态演化中考察,贝塔朗菲认为生物和环境之间的相互作用、相互关系对系统整体功能的形成具有重要作用;普利高津的耗散结构理论解决了生命界和非生命界进化和退化的相互交替、相互转化,实现了二者的统一;复杂适应系统理论关于适应性主体的自主性以及与环境之间的适应性研究揭示了自然界和人类社会存在着普遍的在适应造就复杂性基础上所涌现的整体秩序性和新奇性。种种复杂性理论是自然科学理论，但它们对自然界的认识却蕴含着丰富的生态哲学思想。

二、系统论与生态哲学

贝塔朗菲在生物学领域提出的“有机体”的思想具有生态哲学意蕴。他从系统论角度阐述了生命是动态生成的有机整体，揭示了生命有机体自身所具有的整体性、动态性、主动性特征；开放系统理论从系统与环境之间的相互作用揭示了系统在开放中动态演化；系统的等级秩序性揭示了生态系统各种要素、有机体协同共生。

（一）生命是“有机整体”

在系统论诞生之前，生物学领域对生命的认识具有两种观点。其一是机械论，这种观点用低级的机械性思想解释高级生命现象的本质，如笛卡儿提出“动物是机器”的学说，认为“不仅无生命皆服从物理学规律——这正是笛卡儿所认为的，而且所有的生命有机体也都遵从物理学规律”①，笛卡儿还保留了人的自由意志，并没有把人看作一架机器。拉美特利更进一步地认为“人是机器”，以反对笛卡儿的“动物是机器”的学说。在很长一段时间，应用物理科学的定律和方法研究生命现象，在理论知识和对自然的控制方面都取得了许多成就，如笛卡儿根据力学原理解释肌肉和骨骼的功能、血液的运动及类似想象，随后光、热、电、动能学的发展提供了对生物学现象的诸多解释。尽管机械论的思想在实践运用中取得成功，但人们似乎觉得生命的本质并未触及。与机械论相对抗的另外一种观点“活力论”随之产生，汉斯·杜里舒（Hans Driesch）的海胆发育实验拒绝了生命的物理化学解释。杜里舒将刚发育的海胆胚芽一分为二，每半个幼芽最终都发育成完整的海胆幼体。而在某些条件下，两个联合的海胆胚芽可以产生一个单一的海胆幼体，如果把海胆胚芽压在玻璃板下，改变其细胞结构排列方式，也可以产生幼体。魔术师般的海胆发育让杜里舒认识到胚芽发育不服从自然界的物理学规律，因为如果机器分离、错位、合并发生将不能完成同样的动作，那么，胚芽如果类似机器也不会产生正常的有机体，因此，在胚胎和其他的有机体中不可能存在物理化学力的作用，它具有自身的内在目的，并按这种目的指导自己的活动。杜里舒引用亚里士多德的概念，把这些目的性活动因素称之为“隐德莱希”（entelechy），它很像我们的精神因素，正是这些因素造成了生命和非生命的差别，并产生了比生命的物理化学属性更复杂的属性。但是，活力论其实是把目前无法解释的现象推给了一些神秘性因素，活力似乎是隐藏在生命现象背后的某种灵魂似的东西，很神秘又无法解释清楚。随着科学发展，以前被看作是活力论的现象逐渐被纳入科学解释和科学定律的范围之内，贝塔朗菲超越了机械论和活力论之争，提出了“机体论”概念。他认为：“生命现象，如新陈代谢、应激性、繁殖、发育等只能在处于空间和时间并表现为不同复杂程度的结构的自然物体中找到，我们称这些自然物体为‘有机体’。”②每个有机体都是一个由共同相互作用的诸多要素构成的系统。这种系统在整体上显示了各个孤立部分所没有的性质，整体层次上

---

① 贝塔朗菲.生命问题：现代生物学思想评价[M].吴晓江，译.北京：商务印书馆，1999：6.

② 同①16.

的生命过程和非生命过程具有根本性区别，有机系统的组成部分和过程高度有序以致该系统能够保存、建造、恢复和增殖，生命的有序、组织、整体性、自我调整不能用机械论的分析方法加以探讨和认识，“仅仅知道有机体的个别要素和过程，或者用机器式结构解释生命现象的有序性，都不足以理解生命现象”①。有机体不是机器，它通过新陈代谢维持自己的生存和发展，生命机体是一个变动不居的生成过程，它具有对环境的适应能力和受扰动后的调整能力，本质上是主动系统。把生态系统视为整体性、动态演化性是生态哲学的核心思想，贝塔朗菲从系统整体层次解释了生命是一个有机整体，具有整体性、动态性、主动性，从而消解了机械论对生命认识的原子不变思想，也从自然科学角度抛弃了活力论的神秘思想，具有浓厚的生态哲学意蕴。

(二)开放系统导致动态演化的等终局性

贝塔朗菲认为有机体不是封闭系统，而是开放系统。“我们把没有物质输入或输出的系统叫作‘封闭系统’，而把有物质输入或输出的系统叫作‘开放系统’。”②根据克劳修斯的热力学第二定律，封闭系统最终必然达到无序的热平衡态，因而在 19 世纪至 20 世纪早期，世界被设想为无序的状态，生命现象仅仅是物理过程中的偶然现象。然而，有机体要维持生存必须同外界不断地进行物质和能量交换，这也就决定了有机体必然不同于克劳修斯探讨的封闭性物理化学系统，有机体是开放系统。有机体通过新陈代谢不断从外界环境输入物质，又不断向外界环境输出物质，其组分的物质和能量处在不断变动中，有机整体也始终处在与外界环境的交互作用过程中并不断地适应环境和调整自身，在变化中维持自己以使自己处于一定的“稳态”。贝塔朗菲把有机体和机器做了比较，机器系统一般都沿着固定的路线运转，如果初始条件变了或运行路线变了，过程的终态将会改变。但生命系统不同，从不同的初始条件出发或沿着不同的路径进行却可以达到同一个终态、同一个目标，比如一个完整的卵细胞，或者一个卵细胞被分割为两个部分，或者两个卵细胞融合在一起最终都可以发育成正常的有机体，真可谓“殊途同归”，贝塔朗菲把此现象称为目的性、异因同果性、等终局性。有机体能够趋达目的主要在于有机体自身具有三种功能：新陈代谢、自主活动和形态发展。有机体正是在开放状态下通过自主活动不断和环境进行物质、能量交换以实施新陈代谢来维持其生命形态的发展，即生长、发育、完善和死亡。这充分说明在开放系统状态下，有机体自身的演化不取决于系统的初始条件，而与系统对环境的开放以及与环境的交换关系密切，有机体通过自主活动适应环境并调节自身，最终趋向同一目的，达到等终局性。但同时也可以看到，贝塔朗菲所研究的系统主要还是简单性有机系统，目的是唯一的、是确定的。

(三)生物有机体的共生

贝塔朗菲认为生命系统具有等级秩序性，这种等级秩序性的主要表现就是生命系统的共生性。共生性现象体现在从低级系统到高级系统的不同阶段，即有机个体、同一物种、不同物种、生物群落的演化序列。从时间方面来看，每个有机体由它的同类有机体产生，它自己又会

① 贝塔朗菲.生命问题：现代生物学思想评价[M].吴晓江，译.北京：商务印书馆，1999：23.

② 贝塔朗菲.一般系统论：基础、发展和应用[M].林康义，魏宏森，译.北京：清华大学出版社，1987：113.

产生新的有机体，这些同类有机体构成了一个超个体组织，每个有机体都是超个体组织的成员。从空间方面来看，同一物种的有机体构成了一个有机体联盟，比如动物群体。在这些群体联盟中存在着整体共生的现象，整体决定了个体的活动，产生了令人赞叹的整体的"目的性"，远胜过任何一个个体的可能预见，如在蜂巢中，蜜蜂的交配飞行、成群飞行、新皇后的产生都取决于整体的决定。不仅同种有机体相互联合共生，而且不同种的有机体也联合共生且形成了更高级的有序系统，其共生形式具有多样性，比如"营养和呼吸的共生现象、发光细菌的共生现象，等等。在某些情况下，(还存在)一个新的有机体来源于两个不同有机体的共生现象，例如地衣是水藻和真菌的共生现象"①。而生物群落的共生除了包括同一区域动物、植物外，还包括动植物栖居的湖泊等环境，这些生物群落由相互作用的组分构成，在生存斗争中形成了共生性关系，"彼此相互依存、自我调节，对扰动的适应，趋近于平衡态"②。贝塔朗菲谈到了未开发的自然界虽然在小区域存在着生存斗争，但在整体上生物群落保持着平衡状态且没有物种灭绝，但如果人类干预了生态平衡，比如人为造成物种的单一化、引进没有天敌的外来物种等，便会导致生态平衡的严重扰动，原有的状态就会改变。

贝塔朗菲创立了一般系统论，从单纯对生物的认识延伸到对整个地球生命及其环境的共生认识，其系统整体性、动态演化性、共生性思想已经具有现代生态哲学的思想，从生物科学的角度奠定了生态哲学的基础。

三、耗散结构理论与生态哲学

普利高津的耗散结构理论在总结近代以来三百年自然科学历史的基础上，认为自然界并非像牛顿力学所描述的是简单性、确定性的图景，我们对自然的看法正经历一个根本性的变革，"即转向多重性、暂时性和复杂性"③。相应地，他提出把对自然界认识的不同学科如物理学与生物学、动力学与热力学、自然科学与人文科学等结合起来，从而在一个更高的基础上建立人与自然的新联盟，形成新的自然观。生态哲学把人、自然、社会看作一个有机统一的整体，要保持这一整体的最佳生态状况需要协调好其间的各种复杂关系，而这需要相应的多学科的复杂性知识作为支撑。热力学第二定律认为物理化学系统是熵增系统，它把世界描绘成从有序到无序的演变；而达尔文的进化论揭示了生物是从低级到高级、从简单到复杂的演化过程，这是一个从无序到有序的演变过程。至此，我们看到自然科学对整个自然界的认识存在着矛盾的现象，一方面，无人的自然界走向退化趋势，而另一方面，有生命的自然界走向进化趋势，整个自然界是不统一的。普利高津的耗散结构理论打破了这种对世界的孤立性认识，他的"非平衡是有序之源""涨落导致有序"思想揭示了系统本身从无序到有序的演化现象，这为认识生态系统的演化过程奠定了重要的理论基础。

---

① 贝塔朗菲. 一般系统论：基础、发展和应用[M]. 林康义，魏宏森，译. 北京：清华大学出版社，1987：55.

② 同①56.

③ 普利高津，斯唐热. 从混沌到有序[M]. 曾庆宏，沈小峰，译. 上海：上海译文出版社，1987：26.

(一)开放系统为事物有序结构的形成提供了必要条件

普利高津从自然科学的角度分析了近代以来人类对自然界的认识,牛顿力学揭示了“一个静止的宇宙,即一个存在着的、没有演化的宇宙”①,经典力学是研究时间可逆系统的科学,时间在事物的演化中毫无意义。克劳修斯的热力学第二定律引入了时间方向,但与外界没有物质交换和能量交流的孤立系统却呈现熵增趋势,直至最终达到熵极大值的热平衡状态,因此,“热力学第二定律表达了这样一个事实,即不可逆过程导致一种时间的单向性。正的时间方向对应于熵增加”②。熵是分子无序性的量度,熵的增加表示系统无序性增加。传统科学认为不可逆过程的熵增现象十分令人讨厌,比如它是获得热机最大效率的一个障碍,但普利高津看到了其在物质世界所起的建设性作用。在物理系统中,一个装有液体的容器在未加热或加热数值还处于临界值之下时,容器内液体在水平方向的均匀性表现为它的各个部分互不相干,但一旦加热数值达到临界值,系统内部产生了关联性作用,系统从环境输入一定的能量就可以从热无序转变为热有序,原来分布无序的热分子似乎被组织起来,产生了新的分子的有序结构。在化学系统中,化学 BZ 反应(贝洛索夫-扎博廷斯基,Belousov-Zhabotinski)的反应物毫无特殊之处,但将硫酸铈 $Ce_2(SO_4)_3$、丙二酸 $CH_2(COOH)_2$、溴酸钾($KBrO_3$)融入硫酸内,却展现了出人意料的性态构型,如充分搅拌状态下的生物钟,以蓝色、红色、蓝色、红色等的振幅和周期有节奏地改变。而这种在开放系统下通过与外部的相互作用而形成的有序结构在生物学和社会领域更是十分显著,“一个生物作为一个整体来接受连续的能量流(例如被植物用于光合作用的阳光)和物质流(如营养品),然后又转换为各种废物排泄到环境中去”③,生物也正是在与环境的不断交换中,其发育成熟经历了从单一细胞、受精卵到复杂有机体的有序演化过程,“大自然为我们提供了无数这类过程的实例”④。也正是与自身之外的其他物质通过相互作用或在原有系统引入新的物质、能量从而导致系统变化,使得系统从平衡状态进入非平衡状态,避免系统的僵化、死亡,为系统进化及其有序结构的形成提供先决条件。

(二)非平衡是有序之源揭示了自然界平衡—非平衡的动态演化

普利高津探索了人类早期对自然“守恒系统”的认识,泰勒斯把纷繁复杂的大自然归结为“水”,水构成一切的基质,一切都在变化,但水保持永恒不变。如果说早期对自然守恒不变的认识来自猜测、直观性认识,那么到近代牛顿、莱布尼茨时代,对自然的守恒认识就是从对物体运动的定量解释而获得的定律所得出的结论。牛顿的第二定律(加速度和力)和第三定律(作用与反作用)揭示了总能量、总平移动量、总角动量不随时间变化,也就是说在运动方程中没有必要把正向运动和反向运动加以区分,“经典力学似乎是守恒的和时间可逆系统的科学”⑤。然而从 19 世纪开始,傅里叶和克劳修斯揭示了不可逆过程的耗散现象,但这种现象又总和系

---

① 普利高津.从存在到演化[M].曾庆宏,等译.上海:上海科学技术出版社,1986:14.

② 同①15.

③ 普利高津.探索复杂性[M].罗久里,陈奎宁,译.成都:四川教育出版社,1986:29.

④ 同③.

⑤ 同③47.

统的退化、有用能量的消耗相联系，同经典力学的守恒性相反，耗散系统对时间反转而言方程不再不发生变化。这样的耗散系统具有两大特征：一方面是结构和有序，另一方面是耗散和消费。这两个特征初看起来是一种悖论，但却存在着密切的联系，在经典热力学中，热的传输被认为是一个浪费的现象，但在系统外在的强约束和内在的非线性相互作用条件下热的传输变成了一个有序的源泉。强约束是来自系统外在环境中的他组织力，随着这种环境约束力量的增大，原有的平衡态系统产生对称破缺，系统内在的非线性因素逐步被释放出来，最终自行组织内部微观组分形成有序结构。在此，没有外部强大的约束不足以把系统推离平衡态和拉近平衡态，没有内部足够强的非线性相互作用难以自行组织有序结构。耗散结构理论所揭示的系统有序结构形成的机制与当代生态哲学思想不谋而合，也形成了对自然认识的新世界观，即"自然的过程包含着随机性和不可逆性的基本要素，这就导致了一种新的物质观，在其中，物质不再是机械论世界观中所描述的那种被动的实体，而是与自发的活性相连的。这个转变是如此深远，所以我们在序言中指出，我们真的能够说到人与自然的新对话"①。"自发的活性"体现了自然界所具有的生命力、活力，自然系统中的各种要素在内外各种力量的相互作用下自发地组织起来趋向有序结构，正如普利高津所说："在所有层次上，无论是宏观物理学的层次，涨落的层次，或是微观的层次，非平衡是有序之源，非平衡使'有序从混沌中产生'。"②

（三）涨落导致有序确定了系统演化的目的

涨落是指系统内外对系统的行为特性具有影响，但又没有规则无法预料的波动性因素。这些波动性因素通常就是对系统平均值偏离的实际数值，从偏离平均数值的大小来看可分为小涨落、大涨落、巨涨落。平衡态系统各组分基本上是以独立的实体而动作，互不理睬，普利高津把它们称为"睡子"或"梦游者"，虽然微观上存在着小的涨落，但在宏观上系统自发产生的涨落被压制而趋于变小，呈现"死水一潭"现象。但在非平衡态系统，微小的涨落极有可能引起系统的巨大动荡，系统内各个组分被唤醒，相互干涉，相隔宏观距离的粒子之间发生长程关联，一个微小的因素都极有可能导致其涨幅产生戏剧性结果，从而呈现新的复杂情形，此时系统处于从平衡态向非平衡态的过渡阶段，原来微小的涨落被激发而变得异常巨大，系统呈现分叉态势，需要在不同的状态之间做出选择。普利高津以白蚁窝为例阐述了在分叉点上白蚁的选择行动，最初，白蚁以随机的方式搬运和卸放土块，并用激素浸湿土块吸引其他白蚁，此时稍大浓度的土块是涨落因子，随着吸引的白蚁数目增多，卸放土块的概率增大，反过来激素浓度也进一步提高，"这样，一些'柱子'形成了，彼此相隔一定距离，这距离与激素散布的范围有关"③，这里的"柱子"就是系统所形成的新的有序结构。普利高津认为系统形成这样的有序结构需要一个"成核机制"，即"根据初始涨落区域的尺寸是低于还是高于某个临界值，该涨落或是衰退下去，或是进一步扩展到整个系统"，系统的临界值"取决于系统的'一体化能力'和放大涨落的化学机制之间的竞争"④。比如在对肿瘤的发生实验研究中，个别的肿瘤细胞被看作是一个

---

① 普利高津．从混沌到有序：人与自然的新对话[M]．曾庆宏，沈小峰，译．上海：上海译文出版社，2005：11．

② 同①284．

③ 同①187．

④ 同①188．

“涨落”，这个涨落可以通过复制而不受控制地增长，当它面对有毒细胞群体时，这些肿瘤细胞可能被消灭，也可能被放大，这里就存在着对肿瘤细胞的复制和破坏两大对抗，根据复制和破坏的特征参量就可以预测肿瘤的发展趋势，但实际状况却很复杂，“似乎有毒细胞会将死亡的和活着的肿瘤细胞混淆起来，结果使得癌细胞的消灭越来越困难”①。自然界中充满着这样的复杂系统，如生态系统、人类组织等，系统越复杂，威胁系统稳定性的涨落类型就越多，在这样的复杂系统中物种和个体以多种不同的方式相互作用着，系统内部存在着通信的稳定性和涨落的不稳定性之间的竞争，竞争的结果决定着稳定性的阈。生态系统中存在着生物改变生境、形态、生存方式千方百计“适者生存”的现象，社会系统中存在着某项新技术、新方法、新产品打破了原有的社会、技术或经济的平衡状态，这些系统创造了自己的生存环境，也创造了使自己生存所需要的条件，即“它们的‘小生境’”，普利高津把此现象称为“通过涨落达到有序”②。

四、复杂适应系统理论与生态哲学

复杂适应系统理论主要研究适应性演化系统产生的复杂性，“适应产生复杂性”是其基本理论信念。适应性主体的自主性、与环境的相互适应性以及个别行动者的适应性行为所涌现出的整体秩序性、新奇性有助于我们对生态系统平衡和动态演化的复杂性加深理解，这些思想和观点也构成了生态哲学的重要思想。

（一）适应性主体的自主性

从生物学的角度来看，适应主要指生物体调整自身以适应环境的过程，霍兰扩大了适应的主体和范围，适应被应用于所有的复杂适应系统（CAS）主体，比如生态系统的适应性、免疫系统的适应性、神经系统的适应性、社会经济系统的适应性等，这些系统都是通过不断的学习在动态适应中形成复杂系统。复杂适应系统的组分不同于传统系统组分的最大特点就是它赋予系统组分以主动性、适应性，并将这些组分称为主体（agent）。霍兰在《隐秩序——适应性造就复杂性》一书中对主体做了界定：“我们将 CAS 看成是由用规则描述的、相互作用的主体组成的系统。这些主体随着经验的积累，靠不断变换其规则来适应。在 CAS 中，任何特定的适应性主体所处环境的主要部分，都由其他适应性主体组成，所以，任何主体在适应上所做的努力就是要去适应别的适应性主体。”③从这段话里可以看出，复杂适应系统的主体能够学习和积累经验，根据外部环境的变化调整自己以适应环境中的主体，在主体之间的不断相互适应中生成系统运行的复杂动态模式。这种适应性主体普遍存在于生态系统和人类社会，胚胎作为 CAS，主体是细胞；大脑作为 CAS，主体是神经元；生态系统作为 CAS，主体是物种；工厂作为 CAS，主体是全体工厂人员及各职能部门；学校作为 CAS，学生、教师及各职能部门是主体。可见，能够成为复杂适应系统一需要具有主体，二需要主体间的相互作用，正是在主体间相互

---

① 普利高津. 从混沌到有序：人与自然的新对话[M]. 曾庆宏，沈小峰，译. 上海：上海译文出版社，2005：188.

② 同①178.

③ 霍兰. 隐秩序：适应性造就复杂性[M]. 周晓牧，韩晖，译. 上海：上海科技教育出版社，2000：9.

作用中，各主体既相互学习、相互适应、相互协同，又相互制约、相互竞争，在合作与竞争中聚集，从而逐渐找到稳定的关联方式，形成具有一定结构的聚集体(系统)，小的聚集体可能自发地又聚集成大的聚集体，每个聚集体都有不同的聚集方式，形成不同的CAS结构，最终，在横向水平上存在多个相互作用的聚集体，在纵向层次上存在着不同等级秩序的聚集体，各聚集体的相互作用、相互适应造就了更加复杂的整体。

(二)适应性主体与环境

在CAS理论中，每一个适应性主体的环境都是由其他适应性主体所构成，适应性主体互为环境，相互作用、相互适应，每一个适应性主体都努力适应其他的适应性主体。每一个适应性主体周围的环境就是自己的小生境(niche)，每个小生境都被一个适于在其中生存的主体所占有，这个主体又产生自己的小生境，从而形成了连锁性的、更多的、复杂的生存空间。CAS理论把适应性主体与环境的关系表达为刺激-响应的关系，环境对系统的作用称为刺激，系统对环境的反应称为响应，适应性主体与环境之间存在着多维的刺激-响应通道，有些是主要的，有些是次要的，需要选择性取舍，自然适应性系统物竞天择、适者生存，人工适应性系统的选择涉及政治、经济、社会、生态、文化等多方面的因素，须慎重对待。比如，野兔和山猫各自作为复杂适应性系统，通过相互制约也相互适应的自然进化以维持生态系统的均衡性，但人类如果介入其中就改变了山猫-野兔之间的单纯生态模式，人类或者割裂二者关系，或者在二者之间增加新的物种，或者消灭其中某种物种，等等，最终导致复杂适应系统的复杂化。

(三)适应性造就复杂性

霍兰把CAS的生成过程看作是一个动态的从简单到复杂的演化过程，他用7个基本点，即聚集(aggregation)、标志(tagging)、非线性(nonlinearity)、流(flows)、多样性(diversity)、内部模型(internal model)、积木(building blocks)描述了系统的生成过程，其中许多概念具有丰富的生态哲学思想。比如聚集是CAS系统生成的起点也是其生成CAS的重要机制，CAS的生成首先就是在其生成之前存在着有聚集要求的适应性主体，“CAS研究取决于我们能否识别出，能使简单主体形成具有高度适应性的聚集体的机制”①。通过主体的聚集，生成从无到有的CAS。聚集形式有两种：一种是它组织性聚集，在已有规则和条件下主体聚集，如举办某种活动，相关人群被通知聚集；另一种是自组织聚集，没有组织，没有中心，没有全局目标和命令，也没有组织挑选和评价者，主体主动聚集起来的。CAS通过研究这种自组织性聚集现象，发现这种聚集通常会涌现出复杂的大尺度行为，比如单个蚂蚁的生存能力弱小，一旦环境改变必死无疑，但大量蚂蚁聚集的结果就不同，可以维持较长时间的生存。在聚集过程中有一种机制在起作用，这就是标识，标识就像一面旗帜，它作为一种标的引导着趋向于聚集的主体相互识别，同时也是系统聚集主体、生成边界的机制。比如某些活动中的旗帜、公告中的标题会引导相同志向的成员联结起来。非线性揭示了主体聚集生成系统过程中的非线性相互作用，也正是这种非线性相互作用才有可能出现整体的涌现性，产生不同于每一个主体的整体行为和

---

① 霍兰.隐秩序：适应性造就复杂性[M].周晓牧，韩晖，译.上海：上海科技教育出版社，2000：13.

功能。流在霍兰的学说中并不是液体之流、时间之流，而是体现了CAS的动态运行之流，每一个适应性主体不断地与其他适应性主体相适应，在流动中形成复杂系统，霍兰以热带雨林为例阐述了再循环效应(recycing effect)这一流体在生态系统中所产生的整体效应。热带雨林中存在着大量物种，但同时经过不断冲刷导致土壤流失，一旦热带雨林消失，农田将难以再生而变得十分贫瘠。但是热带雨林的循环流中并非简单的生态链，“热带雨林永无休止的循环使其资源在被冲进河流之前就被利用了无数次”，只要热带雨林在不断地循环，土地资源的贫瘠很难产生，它通过再循环创造的资源是无可计数的。在同样的热带雨林中，除了多样性的昆虫外，大量的树种也呈现多样性，这种现象并非只有热带雨林存在，人的大脑由无数的神经元组成层级结构，人类社会有无数的行业，所有的CAS系统都呈现多样性。这种多样性并非偶然也非随机，它来自每一个主体的持存都依赖于其他主体所提供的环境，一旦旧的主体消失就会产生新的主体，新的主体又会连锁性形成自己需要适应的主体，每一个主体、每一个物种都会产生与之相互作用的生态环境，多样性、复杂性随之产生。因此，霍兰指出，“只有我们真正认识了这些复杂的、不断变化的相互作用，在生态系统所能承受的限度内开发利用资源，我们所做的维持生态系统平衡的努力才能最好地保护自然。作为人类，我们的人口已经太多了，已经全方位地改变生态的相互作用，然而我们对其长期效益还是一知半解。但是，我们的健康，甚至我们的生存，都将有赖于我们是否能够合理利用这些系统，而不是破坏它们。把热带森林变成耕地，或所谓‘有效地’开放海洋渔业的做法，随着时间的推移，已经呈现出越来越严重的后果”①。可见，只有人和生态系统相互适应才能形成丰富的、复杂的生态图景，“适应性造就复杂性”是具有适应性主体的生态系统的基本原则。

思考题

1. 复杂性理论的复杂性与传统科学的简单性有何区别?

2. 你怎样理解普利高津的“非平衡是有序之源”和“涨落导致有序”两句话在生态系统演化中的作用?

3. 你怎样理解生态系统中的“适应性造就复杂性”?

推荐读物

1. 贝塔朗菲. 生命问题：现代生物学思想评价[M]. 吴晓江，译. 北京：商务印书馆，1999.

2. 普利高津. 从混沌到有序：人与自然的新对话[M]. 曾庆宏，沈小峰，译. 上海：上海译文出版社，2005.

3. 霍兰. 隐秩序：适应性造就复杂性[M]. 周晓牧，韩晖，译. 上海：上海科技教育出版社，2000.

① 霍兰. 隐秩序：适应性造就复杂性[M]. 周晓牧，韩晖，译. 上海：上海科技教育出版社，2000：4.

第七讲

马克思主义生态哲学思想

19 世纪，环境危机还没有成为资本主义的核心问题，但正是单纯追求经济增长的发展模式伴生了大量的环境问题，马克思、恩格斯前瞻性地把工人和土地受到的影响和破坏与环境问题相关联并揭示了资本逻辑的内在本性。20 世纪 70 年代，在西方发展起来的生态马克思主义把马克思主义理论与西方的生态危机相结合，以寻求化解生态危机与经济发展矛盾的方案，从而产生了对资本主义意识形态、社会制度进行批判的理论。

一、马克思、恩格斯对生态环境破坏的描述

在马克思、恩格斯生活的时代，资本主义正处在经济快速发展过程中，一方面，为获得生产资料大量利用自然产品和材料；另一方面，通过生产向大自然毫无顾忌地排放废气、废水和废渣，在生产源头和末尾双重地对自然造成破坏。此时，虽然对大自然的破坏还没有演变为对社会发展和人类生存的严重威胁，社会整体上也没有真正重视环境问题，但马克思和恩格斯却前瞻性地看到了工业化国家生产力迅猛发展所伴随的生活垃圾、工业垃圾以及因此而导致的环境问题。

(一)砍伐树木及其相关性危害

大量砍伐树木的原因在于，一方面，为了得到更多耕地，“美索不达米亚、希腊、小亚细亚以及其他各地的居民，为了想得到耕地，毁灭了森林，但是他们做梦也想不到，这些地方今天竟因此成为不毛之地”[①]；另一方面，工业发展需要使用木材，资本家开采大量的铁矿石需要使用大量的木炭进行熔解，从而导致森林被乱砍滥伐。同时，资本家为了获得生产资料在苏格兰开始的“圈地运动”把耕地变成了牧羊场，随后又把一部分牧羊场变成狩猎场，其目的就是满足贵族出于时髦、欲望和打猎的爱好，也为了鹿的交易获得比牧羊场更多的利润，结果“在苏格兰的‘鹿林’中没有一棵树。人们把羊群从秃山赶走，把鹿群赶上秃山，并称此为‘鹿林’，因此连造林也谈不上”[②]，大量的土地因此变成荒山，农业、林业同时遭到了破坏。

---

① 马克思，恩格斯. 马克斯恩格斯选集：第三卷[M]. 中共中央马克思恩格斯列宁斯大林著作编译局，译. 北京：人民出版社，1995：383.

② 马克思. 资本论：第一卷[M]. 中共中央马克思恩格斯列宁斯大林著作编译局，译. 北京：人民出版社，2004：840.

(二)空气污染状况及其危害

空气污染一方面来自工业烟囱和居民家庭燃煤排放的煤烟废气,特别是工业燃煤释放的废气是造成污染的主要原因。“曼彻斯特周围的城市是一些纯粹的工业城市……到处都弥漫着煤烟”“这里的空气由于成打的工业烟囱冒着黑烟,本来就够污浊沉闷的了”①。另一方面来自空气中散发的各种恶臭混合气味。制革厂周围的空气中弥漫着动物腐烂的臭气②,小河中充满的垃圾和污泥发黑发绿发臭③,大杂院里到处堆着垃圾、废弃物和脏东西,而房屋内部的凌乱和外部相匹配,再加上建筑物把大杂院围起来,没有良好的通风条件,工人的生活条件十分恶劣。特别是在曼彻斯特的东北边,由于每年至少有十到十一个月的西南风或者西风,富人从不在这块区域居住,生活在这儿的穷苦工人整天呼吸着从工厂刮来的大量煤烟④。每天夜里至少有5万人的脏东西,即全部垃圾和粪便要倒到沟里面去。因此,街道无论怎么打扫,总是有大量晒干的脏东西发出可怕的臭气,既难看,又难闻,而且严重地损害居民的健康,“在这种难以想象的肮脏恶臭的环境中,在这种似乎是被故意毒化的空气中,在这种条件下生活的人们,的确不能不降到人类的最低阶段”⑤。

(三)河流污染状况及危害

由于排水系统不完善,也由于工业和居民的生活废弃物大量排入河流,工业区的河流发黑发绿发臭。恩格斯指出,“这里的街道是肮脏的、坑坑洼洼的,到处是垃圾,没有排水沟,也没有污水沟,有的只是臭气熏天的死水洼”⑥。

(四)工业生产条件和环境恶劣及其危害

资本主义工业化早期,工人每天在工厂工作十几个小时,工人的生产条件其实就是工人的生存条件和生活条件。而资本家为了节约成本,致使工人常常暴露在有毒有害的空气污染环境中而无任何防护设备,磨工的粉尘污染、陶器工人的砷铅污染、玻璃制品工人的高温熏蒸、煤矿工人因恶劣通风环境而随时面临的瓦斯爆炸、纺织工人的机器噪声和拥挤状况等,这些都是工人惯常的生产环境。以煤矿为例,很多煤矿只开了一个竖井,空气不能流通,而且一旦堵死,没有逃生出路。在1852到1861的10年间共死亡8466人⑦。马克思认为资本家通过降低工人生产、生活条件设施,压榨工人的生命和健康以获取更多的剩余价值,“资本主义生产方式按

---

① 马克思,恩格斯.马克思恩格斯全集:第二卷[M].中共中央马克思恩格斯列宁斯大林著作编译局,译.北京:人民出版社,1957:342.

② 同①330.

③ 同①331.

④ 同①341.

⑤ 同①342.

⑥ 同①306-307.

⑦ 马克思,恩格斯.马克思恩格斯文集:第七卷[M].中共中央马克思恩格斯列宁斯大林著作编译局,译.北京:人民出版社,2009:108.

照它的矛盾的、对立的性质，还把浪费工人的生命和健康，压低工人的生存条件本身，看作不变资本使用上的节约，从而看作提高利润率的手段”①。这种为了提高利润率而采用的“节约”方式多种多样，但每种方式都无视工人健康，置工人于恶劣的、污染的生产环境之中，从而形成“节约生产成本”与“浪费人身材料”的显明对比。马克思一针见血地指出这种对人身材料的浪费如同对物质资料的浪费一样，一方面危害工人健康，另一方面为了贸易和竞争不断扩大生产而浪费自然资源。他说：“这种节约的范围包括：使工人挤在一个狭窄的有害健康的场所，用资本家的话来说，这叫作节约建筑物；把危险的机器塞进同一些场所而不安装安全设备，对于那些按其性质来说有害健康的生产过程，或对于像采矿业那样有危险的生产过程，不采取任何预防措施等等……总之，资本主义生产尽管非常吝啬，但对人身材料却非常浪费，正如另一方面，由于它的商品通过贸易进行分配的方法和它的竞争方式，它对物质资料也非常浪费一样。”②

（五）农业生产对环境的破坏

资本主义工业化的发展促使人口集中于城市，从而致使人类衣食住行消费的部分不能正常回归土地，造成了人与土地之间物质变换断裂，资本主义农业的进步是掠夺土地技巧的进步，看似提高土地肥力的任何进步实质上都是破坏土地肥力持久源泉的进步。“资本主义生产使它汇集在各大中心城市的人口越来越占优势，这样一来，它一方面聚集着社会的历史动力，另一方面又破坏着人和土地之间的物质变换，也就是使人以衣食形式消费掉的土地的组成部分不能回到土地，从而破坏土地持久肥力的永恒的自然条件。”③而且，由于农业耕作缺乏有效的管理和控制，自发性耕作很容易导致土地荒芜化现象，“耕作如果自发地进行，而不是有意识地加以控制（他④作为资产者当然想不到这一点），接踵而来的就是土地荒芜，像波斯、美索不达米亚等地以及希腊那样。”⑤

二、马克思对环境恶化的批判——从工人和土地入手⑥

关于马克思的思想中有无生态哲学的思想，学界存在着争论。詹姆斯·奥康纳（James O'Connor）认为：“直至今日，马克思主义和生态学，除了被看成是两个相对的或相互拒斥的概念之外，还很少被有机地联系起来。”⑦唐沃德·沃斯特（Donald Worster）认为在马克思和恩格斯身上“无法找到多少对保护任何古老的自然观的关心以及环境保护的任何关注”⑧。相

---

① 马克思，恩格斯．马克思恩格斯文集：第七卷[M]．中共中央马克思恩格斯列宁斯大林著作编译局，译．北京：人民出版社，2009：101.

② 同①.

③ 马克思．资本论：第一卷[M]．中共中央马克思恩格斯列宁斯大林著作编译局，译．北京：人民出版社，2004：579.

④ 他即弗腊斯，《各个时代的气候和植物界，二者的历史》的作者。

⑤ 马克思，恩格斯．马克思恩格斯全集：第32卷[M]．中共中央马克思恩格斯列宁斯大林著作编译局，译．北京：人民出版社，1975：53.

⑥ 王有腔．马克思的自然科学观研究[M]．西安：陕西人民出版社，2013：207－213.

⑦ 奥康纳．自然的理由[M]．唐正东，臧佩洪，译．南京：南京大学出版社，2003：3.

⑧ 沃思特．自然的经济体系[M]．侯文蕙，译．北京：商务印书馆，1999：491.

反，英国生态马克思主义者帕森斯（Howard L. Parsons）认为，“马克思和恩格斯的生态立场来自他们的关于社会与自然相互依赖以及通过劳动人与自然相互转变的著述，还来自他们对技术、前资本主义社会与自然的关系、自然与人的资本主义异化以及共产主义条件下自然与人关系转变的观点。”①“马克思和恩格斯是人类的、政治和社会生态学的先驱。马克思和恩格斯对人和自然的相互依赖尤其敏感：他们的唯物主义使他们敏锐地意识到自然环境作为生产力一部分的重要性，同时，他们的人本主义突出了社会经济对自然的影响。”②其实，马克思在他那个时代前瞻性地发现了环境问题，并把这种环境问题同对工人的影响相联系，从土地的破坏和对工人身心健康的损害入手谴责资本主义的环境问题，“资本主义生产发展了社会生产过程的技术和结合，只是由于它同时破坏了一切财富的源泉——土地和工人”③。在这里，一方面是人身损害；另一方面是与土地相关的自然资源、自然条件的损害。遭受破坏的土地和工人是财富的主要源泉，是实现人与自然变换的两个重要方面，也是构成生产力的主要要素，这就充分说明资本主义生产力的发展也同时导致人与自然关系的断裂。

（一）工人是资本主义生产实验的牺牲品

机器大工业生产最直观的表现就是工人服侍机器，生产过程中工人变成局部机器的一部分，并入整个机器体系。在此，不是工人使用劳动条件，而是劳动条件使用工人，“科学、巨大的自然力、社会的群众性劳动都体现在机器中，并同机器体系一道构成‘主人’的权力”④。当这种“主人”的权力和资本的趋利本性相结合时，工人的物质条件、生存环境都被资本家所掌控。资本家要节约生产资料、减少生产成本以获得更大的利润，然而“这种节约在资本手中却同时变成对工人在劳动时的生活条件系统的掠夺，也就是对空间、空气、阳光以及对保护工人在生产过程中人身安全和健康设备系统的掠夺”⑤。傅里叶把此时的工厂称为“温和的监狱”，马克思认为资本主义“生产过程的革命是靠牺牲工人来进行的”⑥，并形象地把资本家和工人的关系比喻为解剖学家和青蛙的关系，青蛙是无价值的生物体，解剖学家无须任何付出就可以对青蛙进行实验，资本家也像解剖学家对待青蛙一样用工人做实验，“这些实验不仅靠牺牲工人的生活资料来进行，而且还以牺牲工人的全部五官为代价”⑦。人为的高温、空中乱飞的原料碎屑、震耳欲聋的机器噪声、难闻的臭味等构成了工人恶劣的工作环境。许多工人因此患上支气管炎、咽喉炎、皮肤病、肺病等疾病。从表 7－1 中就可以看出当时工人身体健康损害的状况，1852 年每 45 人中有 1 人患肺病，患病比率是 2.2％，而 1861 年每 8 人中有 1 人患肺病，患病比率是12.5％，1861 年患肺病人数是 1852 年的 5.6 倍，在 1852—1861 年十年间患肺病人数呈现迅猛上升趋势。

---

① 佩珀．生态社会主义[M]．刘颖，译．济南：山东大学出版社，2005：92．

② 同①93．

③ 马克思．资本论：第一卷[M]．中共中央马克思恩格斯列宁斯大林著作编译局，译．北京：人民出版社，2004：579．

④ 同③487．

⑤ 同③491．

⑥ 同③526．

⑦ 同③526．

表 7-1 患肺病的比率①

年份	1852	1853	1854	1855	1856	1857	1858	1859	1860	1861
比率	1/45	1/28	1/17	1/18	1/15	1/13	1/15	1/9	1/8	1/8

渗透了科学的机器劳动“极度地损害了神经系统,同时它又压抑肌肉的多方面运动,夺取身体上和精神上的一切自由活动”②,“资本主义生产比其他任何一种生产方式都更加浪费人和活劳动,它不仅浪费人的血和肉,而且浪费人的智慧和神经”③。机器这种自动机对于工人来说就是“专制君主”,工人在生产过程中连最起码的基本生存条件都不能保证,身体、肌肉受到了极大的伤害,更不用说作为人本身的更高级的自由、全面发展。

生态系统既是自然界长期演化的结果,同时也处在不断的演化序列中,正是生态系统内外各种因素的协调、约束才耦合形成了动态平衡的生态整体。人作为生态系统中的一分子,“人直接的是自然存在物”④,但人的能动性、人的意识决定了人不同于动物,“动物只生产自身,而人再生产整个自然界”⑤。生产了整个自然界的人类使得人与自然浑然一体、纯粹天然的生态系统演变成以人为主导的生态系统。虽然,当代从动物解放/权利论到生物中心主义、生态中心主义都要求人与生态系统的其他要素,如动物、植物、大地、石头等都是平等的,但事实上这一点仅仅停留在理念层面,并不具有实践操作性。实际生活中人还是成为整个生态链条中的一个重要环节,我们很难想象生态链条中如果人被伤害或者产生人的缺失的生态系统的状况。果真如此,那么,这样的生态系统还能是我们所愿意看到的生态系统吗?因而,从生态系统演化角度来看,人融于自然又超越了自然,人本身的生态位就决定了人不但要满足自己的生理愿望,人也要求有更高级、更全面的发展。但是,在资本主义社会,替代了工人的机器使得“劳动越机巧”,却产生了“工人越愚笨,越成为自然界的奴隶”的现实状况,也“由此产生了近代工业史上一种值得注意的现象,即机器消灭了工作日的一切道德界限和自然界限”⑥。工人恶劣的生存条件、超过身体承受强度的工作时间、丧失了人的尊严的生活状况,让我们看到了“科学通过机器的构造驱使那些没有生命的机器肢体有目的地作为自动机来运转,这种科学并不存在于工人的意识中,而是作为异己的力量,作为机器本身的力量,通过机器对工人发生作用”⑦。依附于机器的科学同机器、资本一起把工人变成了自己的对立面,使得工人成为资本家生产实验的牺牲品。实质上剥夺了工人作为人所应有的一切权利,把工人降低到了与没有意识、没有主动性的自然绝对等同的地位。这同样是对应该具有异质化、多样化、差异性生态系统的悖反,是一种更为严重的生态系统的破坏行为。

而在农村,随着资本主义生产的发展,资本家对生产原料的需求随之增加,特别是在英国,毛纺织业的急剧增长导致羊毛的需求量迅速上升,因而,把耕地变为牧羊场就成了当时的口

① 马克思.资本论:第一卷[M].中共中央马克思恩格斯列宁斯大林著作编译局,译.北京:人民出版社,2004:536.

② 同①487.

③ 马克思,恩格斯.马克斯恩格斯全集:第32卷[M].中共中央马克思恩格斯列宁斯大林著作编译局,译.北京:人民出版社,1998:495.

④ 马克思.1844年经济学哲学手稿[M].北京:人民出版社,2000:105.

⑤ 同①58.

⑥ 同①469.

⑦ 马克思,恩格斯.马克思恩格斯全集:第31卷[M].中共中央马克思恩格斯列宁斯大林著作编译局,译.北京:人民出版社,1995:91.

号。从15世纪开始到19世纪初这300年的时间中,英国的"圈地运动"产生了大规模盗窃土地的现象,"先是劳动者被赶出土地,然后羊进去了"①,"由于圈地而形成的新领地大部分都变成牧场,结果在很多领地中,现在耕地还不到50英亩,而过去曾经耕种过1500英亩……过去的住宅、谷仓、马厩等变成的废墟是以往居民留下的唯一痕迹"②。农民被剥夺了赖以为生的土地、生活资料、劳动工具而"被羊所吃"。为环境所迫,这些突然被抛出惯常生活轨道的人大批地变成了乞丐、盗贼、流浪者,而这些被迫流浪的人又受到统治阶级血腥立法的惩罚,迫使他们成为资本主义工厂的雇佣工人,同原有的产业工人一起成为资本家生产实验的牺牲品。马克思在《国际工人协会成立宣言》中的一段话准确地反映了资本统治下的劳动群众的生存状况和社会状况。他说:"不论是机器的改进,科学在生产上的应用,交通工具的改良,新的殖民地的开辟,向外移民,扩大市场,自由贸易,或者是所有这一切加在一起,都不能消除劳动群众的贫困;在现代这种邪恶的基础上,劳动生产力的任何发展,都不可避免地要加深社会对比和加强社会对抗。"③

(二)资本家对自然资源利用所产生的负面效应

资本增值的逻辑就是追求利润的最大化。为此目的,它必然"尽可能地成倍地增加劳动的使用价值和生产部门,以致资本的生产会不断地和必然地造成劳动生产力强度的提高,另一方面造成劳动部门的无限多样化,也就是说,会使生产具有包罗万象的形式和丰富多彩的内容,使自然的所有各方面都受生产的支配"④,况且由于"劳动生产率是同自然条件相联系的"⑤,这样一来,在资本和科学技术的结合下,资本主义发展的需要必然加大对自然资源的需求,从而在一切方面探索、利用、征服、控制自然。马克思把这些自然条件分为两类,即生活资料的自然富源和劳动资料的自然富源。这些自然富源,如肥沃的土壤、渔产丰富的水、森林、金属、煤炭等,其实在资本主义生产中都属于生产资料。生产力发展水平比较低下时,人类主要利用地球表层的、空间较小范围内的自然资源,但随着生产力水平的提高,地球深层次的、空间较大范围内的资源就被人们开发和利用。资本主义对自然资源的利用一方面来自本土,另一方面随着殖民化的进程来自国外。而在此应用过程中,"社会地控制自然力,从而节约地利用自然力,用人力兴建大规模的工程占有或驯服自然力——这种必要性在产业史上起着最有决定性的作用"⑥。其实,马克思这里的自然力主要就是他经常谈到的单纯自然力,即风、水、煤炭等自然中蕴含的潜在的生产力,很显然,资本家在自然力资源的利用中主要还是借助于科学技术,通过建造大规模的工程来征服自然力。当然,这种工程的积极作用会满足人们建造这个工程的最初愿望,比如灌溉、发电、航运等,但是,工程作为自然界非自然的外来因素,当它被置于自然

---

① 马克思.资本论:第一卷[M].中共中央马克思恩格斯列宁斯大林著作编译局,译.北京:人民出版社,2004:495.

② 同①833.

③ 马克思,恩格斯.马克思恩格斯选集:第二卷[M].中共中央马克思恩格斯列宁斯大林著作编译局,译.北京:人民出版社,1995:603.

④ 马克思,恩格斯.马克思恩格斯全集:第46卷下[M].中共中央马克思恩格斯列宁斯大林著作编译局,译.北京:人民出版社,1980:292.

⑤ 马克思,恩格斯.资本论:第一卷[M].中共中央马克思恩格斯列宁斯大林著作编译局,译.北京:人民出版社,2004:586.

⑥ 同⑤587-588.

这一大系统中时，常常改变自然系统原有面貌，动植物的迁移、地质环境的改变等都是很常见的情况。恩格斯对此现象说过："只有人才办得到给自然界打上自己的印记，因为他们不仅迁移动植物，而且也改变了他们的居住地的面貌、气候，甚至还改变了动植物本身，以致它们活动的结果只能和地球的普遍灭亡一起消失。"①这也就是说，人类不可能不改变自然，但人类在改变自然的过程中主观和客观上都可能破坏自然原有的生态系统。在这一点上，马克思主要以土地肥力的破坏为例阐述了科技发展所带来的负效应。他说："资本主义农业的任何进步，都不仅是掠夺劳动者的技巧的进步，而且是掠夺土地的技巧的进步，在一定时期内提高土地肥力的任何进步，同时也是破坏肥力持久源泉的进步。"②他进一步分析了土地肥力减弱的原因主要在于现代化学的应用不断改变着土质，"土壤日益贫瘠而且又得不到人造的、植物性的和动物性的肥料等来补充它所必需的成分"③。而更深层次的原因在于社会关系，在于资本家对利润追逐的贪婪本性。他说："肥力并不像所想的那样是一种天然素质，它和当前的社会关系有着密切的联系。一块土地，用来种粮食可能很肥沃，但是市场价格可以驱使耕作者把它改成人工牧场因而变得不肥沃。"④对此，恩格斯就强调了人类一定要记住："我们统治自然界，绝不像征服者统治异族人那样，绝不是像站在自然界之外的人似的——相反，我们连同我们的肉、血和头脑都属于自然界和存在于自然界之中。"⑤

因而，当人类建造新的工程于自然界之中时，当人类应用新的科学技术于工农业生产时，当"人通过自己的活动按照对自己有用的方式来改变自然物质的形态"⑥时，其实都要认识到，这些对自然来说都是外来的，它们必然和自然系统原有的要素相互影响并形成复杂性的关系。如果各种因素能够达到相互匹配、相互适应、相互协同这样整体较好的效应，那当然是我们改造自然时所希冀看到的最佳结果。然而，人类超越自然限度的破坏却最终可能导致人类与自然的严重割裂，极有可能阻碍人类的可持续发展。

三、马克思对自然的认识⑦

马克思关于自然的认识在不同时期的文本中其表述略有不同，如自然界、自然存在物、自然物、自然物质、自然产品、自然材料、自然事物、自然对象、自然条件、物质等。马克思虽然也谈没有人类劳动物化其中的自然，并把其称为"单纯的自然物质"⑧，但他关于自然的认识却在

① 马克思，恩格斯．马克思恩格斯选集：第四卷[M]．中共中央马克思恩格斯列宁斯大林著作编译局，译．北京：人民出版社，1995：274.

② 马克思．资本论：第一卷[M]．中共中央马克思恩格斯列宁斯大林著作编译局，译．北京：人民出版社，2004：579-580.

③ 马克思，恩格斯．马克思恩格斯全集：第35卷[M]．中共中央马克思恩格斯列宁斯大林著作编译局，译．北京：人民出版社，1972：267.

④ 马克思，恩格斯．马克思恩格斯选集：第一卷[M]．中共中央马克思恩格斯列宁斯大林著作编译局，译．北京：人民出版社，1995：185.

⑤ 同①384.

⑥ 同①88.

⑦ 王有腔．马克思的自然科学观研究[M]．西安：陕西人民出版社，2013：88-102.

⑧ 马克思，恩格斯．马克思恩格斯全集：第46卷下[M]．中共中央马克思恩格斯列宁斯大林著作编译局，译．北京：人民出版社，1972：337.

更广泛的、与人相关的意义上理解。

(一)自然的特征

1. 自然界是感性的、实践的自然界

马克思在指出“感性(见费尔巴哈)必须是一切科学的基础”①时,明确标明这种感性是费尔巴哈的感性,这很容易让我们认为马克思所谈到的感性就是费尔巴哈式的、脱离了实践的、对自然界的直观认识。从马克思早期关于感性认识的整体语境来看,马克思认同费尔巴哈感性的自然界是具体的、活生生的自然界,他反对对自然界做抽象的理解,因为一旦抽象地认识自然界,从逻辑推演来看,必然涉及这样一个问题:“谁生出了第一个人和整个自然界?”②这等于把自然界和人抽象化、机械化,而要从自然界以外寻求答案,马克思认为“这就没有任何意义了”③。但马克思思想的核心是引入了实践活动,他从自然界和人相统一的实践活动过程来认识自然界、人的感性。他明确地把感性界定为“感性意识和感性需要”。在西方近代哲学史上,感性与意识分属不同的哲学范畴,被视为两个相互对立的概念,弗兰西斯·培根倡导从感性经验入手达到对自然的认识,“按照他的学说,感觉是完全可靠的,是一切知识的泉源”④,马克思认为在培根这里“物质带着诗意的感性光辉对人的全身心发出微笑”⑤,感性还是与人的意识有关联的。但随后在霍布斯的唯物主义学说中,“感性失去了它的鲜明色彩而变成了几何学家的抽象的感性”,“(旧)唯物主义变得敌视人了”⑥。另一方面,笛卡儿对感觉持怀疑态度,认为感觉具有不确定性,只能得到个别的、片面的知识,是一种令人困惑、扭曲的知识形式,只有理性内在思维(意识)才能把感觉经验加工成真正的知识。著名的“我思故我在”就充分说明了“正是根据我想怀疑其他事物的真实性这一点,可以十分明显、十分确定地推出我是”⑦,因而我不能怀疑我在思想、我在意识,我的思想、意识能够把握确定性的知识。而马克思用感性意识来表达感性,其实质在于他找到了感性和意识统一的基础——实践。同样地,马克思也看到了人的感性需要就是具体的人的需要、具体实践活动中的需要,在实践活动中,自然界是人感觉的自然界而非纯粹天然的自然界,而人的感觉“都是由于它的对象的存在,由于人化的自然界,才产生出来的”⑧。因而,在马克思的语境中,自然、感性、感性意识、感性需要、实践活动、对象性活动几乎是同一个术语,科学从自然界出发其实质就是在实践基础上从人的感性出发。马克思通过把感性界定为“感性意识和感性需要”两种形式,认为人在自然界中确证自己人的意识、人的存在,满足人的需要,实现人的本质力量,因而自然界“对人来说直接是人的感性”⑨。

---

① 马克思.1844年经济学哲学手稿[M].北京:人民出版社,2000:89.

② 同①91.

③ 同①91.

④ 马克思,恩格斯.马克思恩格斯全集:第二卷[M].中共中央马克思恩格斯列宁斯大林著作编译局,译.北京:人民出版社,1957:163.

⑤ 同④.

⑥ 同④164.

⑦ 笛卡儿.谈谈方法[M].王太庆,译.北京:商务印书馆,2005:27.

⑧ 同①90.

⑨ 同①90.

2. 自然界是向人生成的自然界

马克思认为“在人类历史中，即在人类社会的形成过程中生成的自然界，是人的现实的自然界。因此，通过工业——尽管以异化的形式——形成的自然界，是真正的、人本学的自然界”[①]。在此，他认识到自然本身的演化与人类的实践活动、与自然科学密切相关，探寻了一条自然—工业实践—自然科学—人化自然的演化路径。在这条演化路径中，工业实践通过应用自然科学最新成果不断推进自然界的人化进程，而自然界的人化改变既展示着人的本质力量，同时也使人类更近一步融入自然之中，使得“历史本身是自然史的即自然界生成为人这一过程的一个现实部分”[②]。这样一来，不但自然界是自然科学的对象，而且人也成为自然科学的直接对象，人和自然在自然科学的基础、自然科学的对象方面相融合，一门大科学“关于人的自然科学”[③]也就成为马克思科学思想的核心。

3. 自然通过自身而存在

马克思所说的“自然界的和人的通过自身的存在”[④]往往不被很多人所理解，因为如果我们把自然看作一个抽象的无限演化过程，而忽视每一个具体的自然和人，那么，往上追溯，必然会产生如此问题：“谁生出了第一个人和整个自然界？”[⑤]此时自然就被置于通过“异己存在物”（马克思语）而非自身存在的位置，自然本身的实在性、独立性、本源性就无从谈起。其实，在这里我们还是要清楚地认识到马克思笔下的自然并非抽象的自然，针对把自然和人抽象化的认识，马克思尖锐地批评并质问：“你设定它们是不存在的，你却希望我向你证明它们是存在的。”[⑥]显然，抽象的自然、抽象的人是不存在的，自然和人是具体的、实在的，是不需要依附于其他因素而存在的。而且这两个独立存在的因素又并非孤立存在，两者在人类的实践活动中通过“人对人来说作为自然界的存在以及自然界对人来说作为人的存在”[⑦]这种对象性关系确证自身的存在。从而，消解了自然存在的抽象性、形而上学本质，让我们看到了在实践中自身生成的人及自然。

（二）马克思关于自然认识的多维图景

马克思承认自然界的基础性、先在性地位，但他并不仅仅单纯谈论自然界本身，他从自然界的先在性开始，把自然本身的变化和人类的实践活动、科学技术及其发展相联系，认为自然界虽然先于人类而存在，但在人类漫长的演化历史中，在科学、工业的推动下，自然界显示了人的本质力量，从而勾勒出一个有人参与的多维自然图景，即先在自然、人自身的自然、人化自然的有机自然整体。

1. 先在自然

先在自然主要指独立于人之外，有其自身运行规律而早于人类存在或人类目前实践活动

---

① 马克思. 1844年经济学哲学手稿[M]. 北京：人民出版社，2000：89.
② 同①90.
③ 同①90.
④ 同①90.
⑤ 同①90.
⑥ 同①92.
⑦ 同①92.

尚未涉足的自然界。马克思作为一个唯物主义哲学家，他首先承认了自然界的先在性，认为“外部自然界的优先地位仍然会保持着”①。从时间顺位来看，自然界优先于人类产生，而且马克思在承认自然的优先地位时并不像黑格尔虽然承认自然的优先地位，但又在自然之前赋予神秘的理念，如“自然在时间上是最先的东西，但绝对先在的东西却是理念；这种绝对先在的东西是终极的东西，是真正的开端，起点就是终点”②。如前所分析的，马克思所阐述的自然是独立存在的、不依赖于其他存在物或神秘力量的自然。相反地，从自然界对人及其万物的作用来看，自然的先在性却充分体现在自然本身所具有的生成性和创造性，万物及人类从自然中生成，来自自然。马克思认为“没有自然界，没有感性的外部世界，工人什么也不能创造”③。自然界及万物在人类的生存和发展中具有先在的、必不可少的基础性作用。从马克思关于人类历史的认识中也可以看到他对于自然先在性的重视，他在《德意志意识形态》中指出：“全部人类历史的第一个前提无疑是有生命的个人的存在。因此第一个需要确认的事实就是这些个人的肉体组织以及由此产生的个人对其他自然的关系。……任何历史记载都应当从这些自然基础以及它们在历史进程中由于人们的活动而发生的变更出发。”④这里的自然基础主要指地质条件、山岳水文地理条件、气候条件以及其他条件。人类历史离不开有生命的人，而有人的历史记载应该从自然基础开始。

在马克思的学说中，先在自然其实表现为植物、动物、石头、空气、光等这些具体的自然事物，而人与之直接联系的也是这些具体的自然事物。马克思在《资本论》中把人周围的自然事物分为两大类：其一是生活资料的自然富源，包括土壤的肥力、渔产丰富的水等；其二是劳动资料的自然富源，包括瀑布、河流、森林、金属、煤炭等。马克思也同时谈到在人类文化早期第一类富源具有决定意义，而在人类文化发展较高阶段，第二类自然富源具有决定意义⑤。其实，从马克思的论述中不难看出，第一类自然富源之所以在当时具有重要意义，是因为人类早期科学技术水平低下，很难通过对自然界的认识、改造而掌控自然界，从自然界获得自己所需要的东西只能依赖“上天”，过着被动式的“靠山吃山，靠水吃水”的持存性生活。然而，随着工业革命的产生，随着科学技术水平的提高，人类为了满足自己的需要主动地进行一系列生产活动，如利用瀑布发电，在河流中航行运输，对金属进行冶炼，深层次地挖掘煤炭等，此时，“大工业把巨大的自然力和自然科学并入生产过程”⑥。也正是在人及人类实践的参与下，借助于自然科学的巨大作用，自然事物天然的先在性被赋予了新的意义。遵循着先在自然-实践-自然科学-实践-人化自然的循环路径，先在自然逐渐向人生成，演变为人化自然。

2. 人自身的自然

马克思关于人的认识也始终贯穿着人的生成性、进化性思想。人自身从人类的起源、生成以及人自身的生理属性来看隶属于自然，但人又不仅仅局限于自然。人反观自然并发现自然本身所蕴涵的规律，在认识自然、改造自然、协调自然中实现人的生成、进化。

---

① 马克思，恩格斯．马克思恩格斯选集：第一卷[M]．中共中央马克思恩格斯列宁斯大林著作编译局，译．北京：人民出版社，1995：77.

② 施密特．马克思的自然概念[M]．欧力同，译．北京：商务印书馆，1988：10.

③ 马克思．1844年经济学哲学手稿[M]．北京：人民出版社，2000：53.

④ 同①67.

⑤ 马克思．资本论[M]．中共中央马克思恩格斯列宁斯大林著作编译局，译．北京：人民出版社，2004：586.

⑥ 同⑤444.

在人类早期，人类生存于荒野之中，相较于大自然人类就像散落其间的零星碎片，其所占据的生态位几乎和其他生命物种没有任何区别。人类被大自然所遮蔽，也很难在性质上改变自身及自然，仅仅如同任何一种动物一样是自然有机整体中的普通组分，此时的人类就像马克思所说的对自然界具有一种“纯粹动物式的意识”，“人直接的是自然存在物”，人类与所有的动物一样遵从纯粹生物运行规律。随后，在漫长的进化历程中，人类和动物却走上了两条完全不同的进化路径，人类学家称之为“非专门化”和“专门化”的区别。哲学人类学家蓝德曼认为，“不仅猿猴，甚至一般的动物，在一般的构造方面也比人更加专门化。动物的器官适应于特殊的生存环境、各种物种的需要，仿佛一把钥匙适用于一把锁。其感觉器官也是如此。这种专门化的结果和范围也是动物的本能，它规定了它在各种环境中的行为。然而，人的器官并不指向某一单一活动，而是原始的非专门化（人类的营养特征正是如此，人的牙齿既非食草的，也非食肉的），因此，人在本能方面是贫乏的，自然并没有规定人该做什么或不该做什么”①。动物的专门化限定了动物的生存空间，只能纯粹被动式地适应和依赖环境。与动物的某种专门化器官相比较，人类在某些方面没有动物那样完善的体质构造，如人类的攀爬能力不如猿猴、奔跑速度不如羚羊、牙齿咀嚼不如野兽……正如蓝德曼所说的，“自然没有把人制造完整便把人放在世界上了。自然没有最终决定人，而是让人在一定程度上尚未决定”②。的确，人类非专门化看似人的生存缺陷，这却迫使人类走上了一条依赖自我进化——脑进化的发展方向。这条路径虽然艰难、充满凶险，但人类进化而成的高度发达的大脑一扫动物式的纯粹被动性。人自身的自然既来自自然又从自然中分化和提升出来，拥有了改造自然、控制自然的能动性。

然而，当人类超越了荒野，走出荒野之后，人自身的自然却日益远离荒野自然，日益被现代科技文化所浸润、被人工自然所包围。人类自身的自然性似乎被彻底涤荡，人类和自然处于二元对立的态势。近代以来的西方科学和哲学“不承认自然界、不承认被物理科学所研究的世界是一个有机体，并且断言它既没有理智也没有生命，因而它就没有能力理性地操纵自身运动，更不可能自我运动。它所展现的以及物理学家所研究的运动是外界施与的。它们的秩序所遵循的‘自然律’也是外界强加的。自然界不再是一个有机体，而是一架机器：一架按其字面本来意义上的机器，一个被在它之外的理智设计好放在一起，并被驱动着朝一个明确目标去的物体各部分的排列”③。张岱年也认为西方哲学在研究中的根本态度是主客二分的，“西洋人研究宇宙，是将宇宙视为外在的而研究之”④。的确，在西方哲学史上，笛卡儿认为，“人与动物和其他存在的区别在于人具有理性和语言能力；动物由于缺乏这些品质，它们充其量只能被看作是自动机器；人对动物和自然没有义务，除非这种处理影响到人类自身”⑤，从而提出“借助实践哲学使自己成为自然的主人和统治者”的主张。康德指出，“理性一手拿着原理，另一手拿着它依据这些原理而设计的实验，它为了向自然界请教，而必须接近自然。可是，理性在这样做时，不是以学生的身份，只静听老师所愿说的东西，而是以受任法官的身份，迫使证人答复它自己

---

① 蓝德曼. 哲学人类学[M]. 彭富春，译. 北京：工人出版社，1988：210.

② 同①246.

③ 柯林伍德. 自然的观念[M]. 吴国盛，柯映红，译. 北京：华夏出版社，1999：6.

④ 张岱年. 中国哲学大纲[M]. 北京：中国社会科学出版社，1982：7.

⑤ DESCARTES. Animals Are Machines[M]//ARMSTRONG，BOTZLER. Environmental Ethics：Divergence. New York：McGraw-Hill inc，1993：281－285.

所构成的问题”[①]，也因此认为“人是自然界的最高立法者”。培根喊出了“知识就是力量”的响亮口号，要求人们“对待自然要像审讯女巫一样，在实践中用技术发明去折磨它，严刑拷打它，审讯它，以便发现它的阴谋和秘密”[②]。而洛克认为，“对自然界的否定就是通往幸福之路”。这一切的思想和观点，无不表明近代以来的西方主流哲学把人以外的自然置于人的对立面，自然成为人类可以任意掠夺、奴役的对象。然而，马克思对于人自身与自然的关系却不同于上述思想，有着十分明晰的、深刻的认识。他说：“人作为自然存在物，而且作为有生命的自然存在物，一方面具有自然力、生命力，是能动的自然存在物；……另一方面，人作为自然的、肉体的、感性的、对象性的存在物，同动植物一样，是受动的、受制约的和受限制的存在物。”[③]在这段话中，我们能够明显地感觉到马克思从人隶属于自然整体的角度来阐释人，人是自然界中的一分子，但人自身的自然和其身外自然毕竟不同。人作为有意识的自然存在物为了满足自己的需要，他依靠他的能动性，“为了在对自身生活有用的形式上占有自然物质，人就使他身上的自然力——臂和腿、头和手运动起来。当他通过这种运动作用于他身外的自然并改变自然时，也就同时改变他自身的自然”[④]。人类在自己的存在中、在自然界中、在对象中、在对自然知识的利用中确证自己，显示自己作为人的本质力量及其独特性。但马克思并没有单纯强调人的能动性，他也看到了人的受动性，“一个存在物如果在自身之外没有自己的自然界，就不是自然存在物，就不能参加自然界的生活”[⑤]。人类难以离开自然界和自身之外的对象。马克思在《1857—1858年经济学手稿》中指出：“人的依赖性关系（起初完全是自然发生的）是最初的社会形态，在这种社会形态下，人的生产能力只是在狭窄的范围内和孤立的地点上发展着。以物的依赖性为基础的人的独立性，是第二大形态，在这种社会形态下，才形成普遍的社会物质交往，全面的关系，多方面的需求以及全面的能力体系。建立在个人全面发展和他们共同的社会生产能力成为他们的社会财富这一基础上的自由个性，是第三个阶段。”[⑥]在这里，马克思根据人本身的发展状况把人类历史划分为人的依赖性社会、物的依赖性社会、个人全面发展的社会。社会的发展必然伴随着人自身的发展，从历史的纵向序列演化来看，人类必然要从茹毛饮血的自然原始阶段达到自由全面发展阶段。但不管人类文明程度如何发达，我们始终摆脱不了对物的依赖，自然条件及自然资源等自然存在物构成了人类发展的坚实基础。当我们今天远离自然，当我们以为可以仅仅依靠高科技、依靠金融资本的操作就能够实现财富的升值时，我们人类应该始终记住，人类来自自然、依赖自然是一个不变的事实。人自身的自然面对自然经历了一个从自然中提升，又难以摆脱自然、与自然水乳交融的生成历程。

3. 人化自然

与此同时，人类在成长的过程中也把自然带进了人的历史之中，自然失去了自身的自在生存状态，越来越成为人化自然。自从有了人类，人们探求自然、认识自然，并依据自身的需要对自然做合乎自身目的的改造，自然处处打上人类印记。戴维·佩珀指出：“马克思认为，自然是

---

① 康德. 纯粹理性批判[M]. 武汉：华中师范大学出版社，1991：15.

② 吴国盛. 自然哲学：第2辑[M]. 北京：中国社会科学出版社，1996：501－502.

③ 马克思. 1844年经济学哲学手稿[M]. 北京：人民出版社，2000：105.

④ 马克思. 资本论：第一卷[M]. 中共中央马克思恩格斯列宁斯大林著作编译局，译. 北京：人民出版社，2004：208.

⑤ 同③106.

⑥ 马克思，恩格斯. 马克斯恩格斯全集：第六卷[M]. 中共中央马克思恩格斯列宁斯大林著作编译局，译. 北京：人民出版社，1979：104.

一个社会的概念，尽管存在一个‘客观’的自然，但它现在已被它自身一个方面——人类社会所重塑和重释。”①在这种自然人化的过程中，并非人和自然之间的关系始终统一、和谐，相反地，人类和自然之间的关系、地位随着历史条件的变化也在不断地发生改变，在实践中形成了畜群自然—割裂自然—和谐自然的生成、演化图景。

因而，作为人自身的自然的人的本质、人的生成以及自然的生成很难单纯地从人类自身及其自然自身的演化中认识，应该从人和自然之间呈现的对象性关系、物质变换关系及其过程中把握。马克思说：“劳动首先是人和自然之间的过程，是人以自身的活动来引起、调整和控制人和自然之间的物质变换过程。”②在这里，从结果来看，人类通过劳动把自然物变换为人类所需的人工产品，人类视自然为展示自己的舞台，实现着人类和自然的双重演化生成；而从过程来看，这种双重演化并非一蹴而就，人和自然的关系发生着复杂的变化。在人类早期，人类在自然界的地位如同自然的奴仆，很难在性质上改变自身及其自然，正如马克思所说的，“自然界起初是作为一种完全异己的、有无限威力的和不可制服的力量与人们对立的，人们同自然界的关系完全像动物同自然界的关系一样，人们就像牲畜一样慑服于自然界，因而这是对自然界一种纯粹动物式的意识（自然宗教）”③。此时的人类如同畜群一样被淹没于自然界荒野之中，仅仅表现为对自然的崇拜，“并没有从自然总体中摆脱出来而成为人的历史的产物”④。后来，人类在进化中终于走出荒野，进入自身发展的历史之中，特别是到了近代，工业革命促进了生产力的发展，也掀起了一次又一次科技革命的浪潮，人类此时犹如插上了翅膀的雄鹰，可以在自然的田野上翱翔，此时的自然用马克思的话来说，“不过是人的对象，不过是有用物，它不再被认为是自为的力量，而对自然界的独立规律的理论认识本身不过表现为狡猾，其目的是使自然界（不管是作为消费品还是作为生产资料）服从于人的需要”⑤。表面上看来，人类此时似乎已经完全超越了自然，视自然为可以任意宰割的对象。但是，人类却忘记了自己作为人本身的自然特性、人类受动性的特点，在对自然肆意索取、掠夺的过程中，人类自己生存的根基也摇摇欲坠。那么，人类生存和发展基点又将会在何处？人自身的自然难道能够脱离自然而实现自己的真正自由解放吗？恩格斯曾经说过，“如果说人靠科学和创造天才征服了自然力，那么自然力也对人进行报复，按他利用自然力的程度使他服从一种真正的专制，而不管社会组织怎样”⑥。20世纪以来的环境危机也同样证明了人类无论多么发达，都难以抛弃自然，要和自然和谐相处，否则，人类从自然处所能得到的就是自然或近或远的报复。如果此种情况大规模发生，人类在对自然的认识、改造中不但没有从自然束缚中解脱、进步，可能反而会退回到被自然奴役的远古时代。这是因为，不加控制的、被滥用的现代科学技术对自然的毁灭程度往往是难以预料的，甚至有些影响是不可逆的，人类将永远无法修复。马克思认为，“个人的全面性不是

---

① 佩珀.生态社会主义：从深生态学到社会正义[M].刘颖，译.济南：山东大学出版社，2005：164.

② 马克思.资本论：第一卷[M].中共中央马克思恩格斯列宁斯大林著作编译局，译.北京：人民出版社，2004：207-208.

③ 马克思，恩格斯.马克思恩格斯选集：第一卷[M].中共中央吗马克思恩格斯列宁斯大林著作编译局，译.北京：人民出版社，1995：81.

④ 施密特.马克思的自然概念[M].欧力同，译.北京：商务印书馆，1988：190.

⑤ 马克思，恩格斯.马克思恩格斯全集：第30卷[M].中共中央马克思恩格斯列宁斯大林著作编译局，译.北京：人民出版社，1995：390.

⑥ 马克思，恩格斯.马克思恩格斯选集：第三卷[M].中共中央马克思恩格斯列宁斯大林著作编译局，译.北京：人民出版社，1995：225.

想象的或设想的全面性，而是他的现实关系和观念的全面性。由此而来的是把他自己的历史作为过程来理解，把对自然界的认识(这也表现为支配自然界的实际力量)当作对自己的现实躯体的认识”①。人自身自然的生成、发展及至全面性的解放、自由需要在人和自然的关系中认识、实现。人本身发展的历史也是自然界对人来说的生成过程，认识自然界的生成演化过程其实质在于认识人类自身的生成演化过程。如果仅仅看到了人类对自然的改造、控制，而忽视自然对人的反作用，那么“随着人类愈益控制自然，个人却似乎愈益成为别人的奴隶或自身的卑劣行为的奴隶”②。因而，我们应清醒地认识到：经历了人自身自然—劳动实践—科学技术—自然的双向作用、双重演化，人自身的自然不是远离了自然，反而更近一步融入自然之中。“自然界，就它自身不是人的身体而言，是人的无机的身体。”③自然界是人身体不可缺失的部分，自然的存在、演化与人类的存在、演化具有同一性，人类与自然同在。

其实，先在自然、人自身的自然、人化自然实质上很难被明确地割裂开来加以认识，三者构成了一个有机整体的自然图景。马克思说过，“人双重地存在着：从主体上说作为他自身而存在着，从客体上说又存在于自己生存的这些自然无机条件之中”④。可以看出，先在自然为人类提供生存和发展的物质基础，人类在先在自然中展示自己的本质力量，自然也在此过程中从先在自然演变为人化自然，从而实现人与自然的双重演化，如图7-1所示。

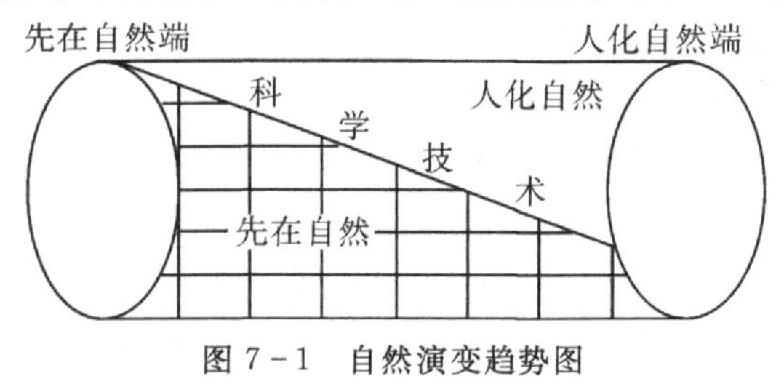

图7-1　自然演变趋势图

而在这种多重演化中，生成性始终是最鲜明的特征。人类从蛮荒的自然中生成并提升，从而面对自然“可上九天揽月，可下五洋捉鳖”；与此同时，人类“把他自己的历史作为过程来理解，把对自然界的认识(这也作为支配自然界的实践力量而存在着)当作对他自己的现实躯体的认识”⑤。在这种人和自然共同演化的过程中，“在人类历史中即在人类社会形成过程中生成的自然界”⑥，也因而生成为“人的现实的自然界”⑦。生成性让人类成为自然界的人，让自然成为人的自然，人和自然在相互影响、相互制约、相互协同的历史进程中构建起一幅人和自然演变的图景。当然，串联起这幅纵向演化和横向联系自然图景的应该是自然科学和技术这一核心线索。没有钻木取火、制造弓箭这些早期的科学技术，人类将如同其他动物一样，被大

① 马克思，恩格斯.马克思恩格斯选集：第三卷[M].中共中央马克思恩格斯列宁斯大林著作编译局，译.北京：人民出版社，1995：541.

② 马克思，恩格斯.马克思恩格斯选集：第一卷[M].中共中央马克思恩格斯列宁斯大林著作编译局，译.北京：人民出版社，1995：775.

③ 马克思.1844年经济学哲学手稿[M].北京：人民出版社，2000：56.

④ 马克思，恩格斯.马克思恩格斯全集：第30卷[M].中共中央马克思恩格斯列宁斯大林著作编译局，译.北京：人民出版社，1995：484.

⑤ 同④541.

⑥ 同③89.

⑦ 同③89.

自然所埋没;没有对外太空探索和征服的航天技术,人类视野将难以超越地球。人类正是通过对自然对象的科学探索和揭示,从而认识到自身在自然中,在根源上和自然有着割舍不断的联系;也看到了自身超越自然的可能性并使之付诸实践。也正是在对自然力的利用中,人类经历了对自然的臣服、索取、破坏直至反思、补偿,重新构建依托新型科学技术的人和自然和谐的画卷。这一点我们可以从马克思对自然力的阐述中加以认识。

四、马克思的自然生产力思想[①]

自然力是自然界物质自身所蕴藏的力量,人类对其利用的范围、种类、程度与人类自身的发展状况密切相关。一般说来,18 世纪前,人类使用的能源主要是风力、水力、畜力等自然力,此时,人类从事的大部分活动几乎都是在自然神秘力量的统摄之下以自然规律的运行趋势顺势利用自然力,很难主动性地依据自身需要对自然改造和利用。煤炭、石油等自然力的应用开始于 18 世纪的机器大工业生产时代。然而,这些能源在“翻转世界”,促进生产力发展的同时,也日益呈现出对环境的污染破坏等不良后果,甚至危及人类进一步的生存发展。现今,当人类已经进入生态文明时代,我们需要怎样的生产力来支撑我们的持续性发展呢?

(一)马克思的自然力思想

马克思早期的著作中很少使用自然力这一术语。在《1844 年经济学哲学手稿》中,马克思惯常使用的概念是自然,他看到了自然“首先作为人的直接的生活资料,其次作为人的生命活动的对象(材料)和工具——变成人的无机身体”[②]。这种对人类物质生活和精神生活具有不可缺少性,但自然本身所蕴含的力量即自然力以及自然力本身如何发挥作用并没有被马克思明确表述和阐述。相反地,他更注重于从人类对自然积极干预的角度认识自然,认为真正的自然是在人类社会中生成的自然界,是人化的自然。其实,马克思此时由于受到费尔巴哈人本主义思想的影响,他更关注人类对自然的影响、人类在自然界中的地位、人类如何通过自然确证自己的人的本质,自然是人本学意义上的自然。那种“被抽象地理解的,自为的,被确定为与人分隔开来的自然界”在他看来“对人来说也是无”[③]。可以看出,自然力以及自然力对人类的影响没有成为马克思早期关注的重点而与马克思的思想演变相关联。

自然力概念较多出现于马克思《1861—1863 年经济学手稿》《资本论》等政治经济学方面的著作中,特别在《1861—1863 年经济学手稿》中,有一部分专门论述“机器·自然力和科学的应用”。此时,马克思已经批判地继承了费尔巴哈的思想,从一个“解释世界”的人本主义学者转变为“改变世界”的实践唯物主义学者。他更关注社会的实际运行和发展状况,而对社会具有重要作用的各种生产力就成为马克思研究的重点。纵观马克思不同时期的经济学著作,关于自然力的思想主要包含三个方面。其一,人自身的自然力。马克思认为,“人自身作为一种

---

① 王有腔.马克思自然生产力思想的低碳意蕴[J].理论与改革,2011(2):9-11.

② 马克思.1844 年经济学哲学手稿[M].北京:人民出版社,2000:56.

③ 同②116.

自然力与自然物质相对立，为了在对自身生活有用的形式上占有自然物质，人就使他身上的自然力——臂和腿、头和手运动起来”①。在此，马克思看到了人首先是自然存在物，人体各种器官累积、蕴涵着自然长期演化的潜力。这种自然力的发挥既改变着自身以外的自然，同时也使自身的自然在发生改变，而在这种双重的演化过程中，实现自然和人类的进化。其二，单纯的自然力。其主要包括自然界的水、风、蒸汽等各种外界自然条件。马克思把人自身之外的自然划分为生活资料的自然富源和劳动资料的自然富源。这种自然富源的划分依据主要基于当时人类自身的不同需求，同时马克思也提到了对这种自然力的利用与人类的发展程度及其能力密切相关。马克思在其著作中所提及的自然力大多数属于此种类型，我们在此所讨论的自然力也主要属于此种类型。其三，社会劳动的自然力。其主要包括劳动过程中的协同劳动和分工，即协作和分工。马克思分析了协作和分工可以扩大劳动的作用范围和缩小劳动的空间范围，从而节约非生产费用。不仅“提高了个人生产力，而且是创造了一种生产力，这种生产力本身必然是集体力”②。虽然“生产过程中劳动的分工和结合，是不费资本家分文的机构”③，但当工人在机器工厂被组织起来从事劳动时，这些不费分文的自然结合力其实就转化成社会生产力。马克思看到了人、自然本身所蕴涵的自然力以及人和人在劳动过程中的分工、协作所形成的自然力。而这些自然力又是如何并入生产过程从而转化成现实生产力的呢？

（二）马克思的自然生产力思想

自然力在并入生产过程中具有正向自然力和负向自然力作用，而负向自然力就是自然破坏力，如地震、洪水、泥石流等力量不但不能转化为生产力，反而成为生产力发展的障碍。从人与自然相互关系的角度来讲，人类的进化历程就是一幅从受制于自然力到逐渐利用自然力的过程。与此同时，随着人类对自然规律的不断认识和揭示，自然破坏力在很大程度上能够被预见并加以控制，其破坏作用所占比例逐渐降低，而自然生产力所占比例逐渐上升。

1. 从盲目自然力向可控自然力的转变

自然界本身是一个大系统，各种自然力就是自然大系统中的要素，虽然每一种自然力的运行具有其盲目性，但是在自然大系统中各种自然力的相互影响、相互约束、相互协同却使得自然大系统在整体上的运行有规律可循。人类正是在通过对各种自然力的不断认识、征服，把盲目的自然力变成为己所用的可控的自然力中而进化。正如马克思所分析的，“社会化的人、联合起来的生产者，将合理地调节他们和自然之间的物质变换，把它置于他们的共同控制之下，而不让它作为盲目的力量来统治自己；靠消耗最小的力量，在最无愧于和最适合于他们的人类本性的条件下来进行这种物质变换”④。当然，这种人和自然之间的物质变换与历史时代相关，不同历史时代的人类对这种自然力的把控呈现出不同的状况。马克思在谈到劳动生产率与自然条件的关系时认为，人类文化初期，肥沃的土壤、渔产丰富的水这些自然富源具有“决定性意义”，这种单纯地依靠“上天”生存的状况是农业社会人类赖以发展的惯常模式，此时，“人

---

① 马克思.资本论：第一卷[M].中共中央马克思恩格斯列宁斯大林著作编译局，译.北京：人民出版社，2004：208.

② 同①378.

③ 马克思.机器·自然力和科学的应用[M].北京：人民出版社，1978：190.

④ 马克思.资本论：第三卷下[M].中共中央马克思恩格斯列宁斯大林著作编译局，译.北京：人民出版社，1975：926－927.

类劳动只不过是它所不能控制的自然过程的助手”①。而在人类文化发展的较高阶段，金属、煤炭、航行的河流、森林等这些自然富源具有“决定性意义”，工业的发展、自然科学的应用使人类发现了自然所蕴藏的巨大力量。人类从被动依赖型的农业社会进入了主动索取型的工业社会，物质生产越来越变成对各种自然力的“科学统治”，此时，“各种不费分文的自然力，也可以作为要素，以或大或小的效能并入生产过程”②。

2. 转化路径：自然力—工业生产实践（自然科学、机器）—现实生产力

自然力没有并入生产过程之前，只是纯粹的客观物质，一种潜在的生产力。用马克思的话来说就是“一边是人及其劳动，另一边是自然及其物质”③。而要把这分处两边的因素并入生产过程且变成现实的生产力，马克思基于人类的实践活动探求了一条从自然力向现实生产力的转化路径，即自然力—工业生产实践（自然科学、机器）—现实生产力。

（1）机器大工业生产需要自然力并提供了利用自然力的可能性

纵观人类社会发展史，在资本主义之前的社会，人类很难达到对自然力的主动、积极性利用。即使自然力在发挥作用，那也只是一种盲目状态下的原始力量。本质上人类很难摆脱自然力的制约，然而，随着资本主义工业化进程的不断推进，随着自然科学的发展，随着“占有资本——尤其是机器体系形式上的资本——资本家才能攫取这些无偿生产力：未开发的自然资源和自然力”④。虽然这些自然力本身没有价值，但是它进入劳动过程却可以降低商品的价值，创造更多的利润。那么，有能力发掘自然本身所蕴涵的力量并对之操控使之转化为生产力就成为不可遏制的必然趋势。机器大工业生产及科学技术打通了人类大规模利用和驾驭自然力的途径，从而实现了“大生产—应用机器的大规模协作—第一次使自然力，即风、水、蒸汽、电大规模地从属于直接的生产过程，使自然力变成社会劳动的因素”⑤。

（2）各种自然力以及与其他因素的有机结合产生现实生产力

马克思认为，“只有在大规模地应用机器，从而工人相应地集结，以及这些受支配的工人相应地实行协作的地方，才有可能大规模地利用自然力”，“自然因素的应用——在一定程度上自然因素被列入资本的组成部分——是同科学作为生产过程的独立因素的发展相一致的”⑥。可以看出，把自然力变成现实生产力需要自然力、机器、工人分工协作以及科学等要素的有机结合。我们在前面分析了马克思自然力思想的三层含义，但这三个方面的自然力的真正结合且产生巨大的社会生产力却始于资本主义机器大工业生产。马克思虽然认为由协作和分工产生的社会劳动的自然力以及用于生产过程的蒸汽、水等单纯的自然力是不费资本分文的，但是“人要在生产上消费自然力，就需要一种‘人的手的创造物’。”⑦“人的手的创造物”就是机器，正是工业生产中机器的推广和应用，需要工人之间严密的分工和协作，劳动者通过有计划的同别人共同工作，从而“摆脱了他的个人局限，并发挥出他的种属能力”⑧。再加之机器生产对

---

① 马克思．机器·自然力和科学的应用[M]．北京：人民出版社，1978：205.

② 马克思．资本论：第二卷[M]．中共中央马克思恩格斯列宁斯大林著作编译局，译．北京：人民出版社，1975：394.

③ 马克思．资本论：第一卷[M]．中共中央马克思恩格斯列宁斯大林著作编译局，译．北京：人民出版社，2004：215.

④ 同①190.

⑤ 同①205.

⑥ 同①206.

⑦ 同③444.

⑧ 同③382.

煤、石油、水、蒸汽的利用提供了科学和技术支持,使长期蕴藏的自然力能够被发掘和利用,因而才有了"大工业把巨大的自然力和自然科学并入生产过程,必然大大提高劳动生产率"①这一时代现象。马克思在对自然的认识中揭示了人和自然相互影响形成了人向自然的生成和自然向人的生成的双重演化,并进而看到了人类在其发展过程中不断拓宽自然力应用的广度、深度,虽然在马克思时代这种对自然的利用还未像当代一样显示出生态危机,但马克思已经前瞻性地批判了人类对生态环境的破坏。随后的生态马克思主义学者在借鉴马克思理论的基础上,结合当前生态环境状况推进了马克思主义对当前生态危机的认识和批判。

五、生态马克思主义

生态马克思主义(the ecological Marxism)是西方马克思主义发展中的一个新兴流派,它的产生主要缘起于20世纪70年代资本主义环境危机的加剧、现代生态学的兴起以及社会对环境问题的重视,一些西方学者力图把马克思主义与现代生态学相结合以寻求解决西方环境危机与经济发展这一矛盾的方案。1979年,美国西方马克思主义学者本·阿格尔(Ben Agger)在《西方马克思主义概论》中首次提到生态马克思主义概念。生态马克思主义从20世纪70年代诞生至今主要经历了三个发展阶段。20世纪90年代之前是生态马克思主义诞生和初步发展阶段,其代表人物主要是莱斯(William Leiss)和阿格尔,他们认为马克思主义理论中缺少应对资本主义生态环境危机的方案,需要对马克思主义理论进行修正和补充,从而提出以当代生态危机理论取代马克思早期的经济危机理论。20世纪90年代是生态马克思主义进一步发展阶段,其代表人物主要有德国的瑞尼尔·格伦德曼、英国的戴维·佩珀等人,格伦德曼主要批判了资本主义技术理性滥用对生态的破坏作用,主张重新构建马克思的历史唯物主义;佩珀认为资本主义社会的生态危机与社会制度不合理密切相关,从而提出革除不合理社会制度的方法。进入21世纪以来,生态马克思主义得到了蓬勃发展,其主要代表人物有美国的詹姆斯·奥康纳、约翰·贝米拉·福斯特等人,他们看到了马克思、恩格斯理论中有关环境问题的阐述,重新发掘了马克思主义理论在全球化生态危机中所展现的新意义,主要产生了奥康纳的双重危机理论、克沃尔的生态社会主义理论、福斯特的关于马克思的生态学理论。生态马克思主义在其发展中都试图把当代生态学理论与马克思主义相结合,为资本主义的生态危机巡诊把脉,通过生态批判进而进行社会批判,从而提出解决环境问题的应对方案。

(一)莱斯的生态学马克思主义思想

莱斯是生态马克思主义的代表人物,其作品《自然的控制》(1972)、《满足的极限》(1976年)被阿格尔称为生态马克思主义的代表作,也标志着生态马克思主义学派的形成。

西方马克思主义对环境问题的关注开始于法兰克福学派,他们认为生态危机与资本主义制度密切相关,资本主义通过科学技术在加强对自然控制的同时也加强了对人的统治,把对资本主义社会生态环境灾难的批判从技术批判转向对社会制度的反思和批判,揭示了资本主义

---

① 马克思.资本论:第一卷[M].中共中央马克思恩格斯列宁斯大林著作编译局,译.北京:人民出版社,2004:444.

生态危机的根源在于资本主义社会对自然和人类的双重控制。莱斯是法兰克福学派代表人物之一马尔库塞的学生，他的生态马克思主义思想与法兰克福学派思想一脉相承，其对生态环境问题的关注也起始于科学技术与生态环境危机之间的联系，他认为科学技术不是资本主义生态危机的根源，科学技术仅仅是人类控制自然的工具，控制自然的观念是生态危机的深层根源，而且这种观念已经上升为一种意识形态，只有深入探究和揭示控制自然观念的内在矛盾，追溯其历史根源和演变，才能真正找到解决资本主义生态危机的根本出路。

1. 人类控制自然的观念是生态危机的深层根源

(1)莱斯分析了西方文化传统中控制自然的观念

莱斯认为控制自然的观念来自西方文化传统。在希腊神话中，代达罗斯利用他的工匠技艺制造了无数灵巧的机械和玩偶来取悦王宫贵族，并以之与其敌手周旋摆脱迫害，显示了自己独特的创造能力。在早期人类使用各种工具对自然的改造中虽然发现了自身超越于自然的力量，但这些工具的发明和创造总带有神秘和神性的色彩，人们相信自然中蕴含着一种"精神"，控制自然与恐惧自然的现象并存，也因此出现了改变自然为人所用之前的典礼仪式以安慰"精神"，本质上人类在寻求和自然的结合。中世纪，犹太教、基督教认为只有人才具有精神，精神与自然是分离的且从外部统治它，人类是上帝在世间的代言人，和上帝一样具有对自然的统治权，地球上的一切事物完全是为了服务于人而设计和创造的，"通过消灭异教徒的泛灵论，基督教徒便可以以一种不关心自然对象的心情去开发自然"①，这种人和自然分离的宗教意识逐渐沉淀于西方传统文化中并形成了"控制自然"的西方文化理念。17 世纪产生的文艺复兴是现代控制自然观念的重要根源，这种观念体现在当时的炼金术、占星术、宇宙学中，炼金术士们强迫自然力为人类服务的精神是科学时代的曙光，它也成为后来利用科学技术发展物质基础和征服自然这一观念形成的基础。而培根把控制自然观念与炼金术士的狂妄幻想分割开来，他认为宗教和科学在控制自然方面进行着共同的努力，"人由于堕落而同时失去了其清白和对创造物的统治，不过所失去的这两方面在此生中都可能部分地恢复，前者靠宗教和信仰，后者靠技艺和科学"②。在此，培根认为通过科学和技术控制自然与宗教信仰一起协同人类对上帝最初计划的认识和完成，人类应该消除对技艺魔法性的恐惧，道德知识和自然知识分属两个不同的领域，这从现代关于价值与事实的区分中可以反映出来，道德这一关涉价值的问题成为科学知识之外的一个领域，科学知识不具有善与恶的含义，它不会动摇我们对上帝的信仰。培根认为，"人类的技艺和知识是人们用以强迫自然服从其命令的武器"③；莱斯认为人们在追随培根"控制自然"的观念时却忽视了其对科学技术以隐喻性所揭示的不合理利用所导致的不良后果的重视，如代达罗斯的儿子因为没有很好把握其父亲不要飞得过高和过低的忠告而在逃亡途中丧生。同时，培根用科学技术控制自然的观念是在整体承认宗教的框架结构中实施的，宗教为科学技术的应用提供了道德上的担保和约束，科学技术在本质上不会形成无控制的局面。但是，17 世纪后控制自然的观念明确获得了其现代形式，"这条培根指出的崎岖小径很快变成了一条康庄大道。这个因科学发现带来的期望而变得十分迷人的时代终于找到了引导其发展

---

① 莱斯. 自然的控制[M]. 徐崇温，译. 重庆：重庆出版社，1993：26.

② 同①44.

③ 同①53.

的观念:通过技艺和科学的进步实现对地球的统治"[①]。此时,已经彻底去除了培根控制自然观点的宗教背景,整个社会达到了离开科学技术没有任何控制自然的方法的现状,这种通过科学和技术统治自然的观念成为一种不证自明的真理,笛卡儿在《方法谈》中认为依靠实践哲学可以"使我们成为自然的所有者和主人"[②],圣西门认为开发外部自然可以从根本上改变人类历史的进程,此时控制自然的观念成为社会普遍共识。

(2)莱斯分析了马克思控制自然的观念

莱斯认为西方传统文化中对科学技术作用的看法都是天真的,马克思和恩格斯对资本主义和工业化结构的研究更为深刻。他认为自然概念是马克思思想中最重要的范畴之一,"经过劳动形成的人与自然的相互作用对于马克思来说是认识历史的关键"[③],马克思概括地提出了人与自然的辩证法,人在劳动中既改变着自然界,也改变着自身。但马克思认为这种改变是在资本主义雇佣劳动的方式下进行的,从而把人与自然的不同形式的关系与社会变化的理论结合起来。在现实中,从控制自然中获得物质利益的分配总是不公平的,马克思认为自由地实现在于"社会化的人,相互联合的生产者合理地安排他们与自然之间的物质交换,使它处于他们的共同控制之下,而不允许它的盲目的力量来左右他们"[④]。恩格斯认为在社会主义条件下,人们将成为"自然的真正主人,因为并据此,他们成了自己社会化过程的主人"[⑤]。莱斯认为这是马克思、恩格斯对于控制自然观念的复杂问题的最深刻见解,但莱斯也认为后来的历史发展并未如马克思、恩格斯所预言的发生重大转变,他们"无法预见科学和技术的发展已经成为社会主义和资本主义国家之间残酷斗争的重要工具,或者说社会主义内部的'社会化过程'会因来自资本主义社会的强大军队和意识形态压力的影响而扭曲"[⑥]。莱斯认为无产阶级的阶级意识并没有随着控制自然的意识共同发展,技术和阶级意识状况的变化要求必须重新对马克思的理论进行修正和补充,而最重要的一个方面就是重新评价控制自然。

(3)莱斯关于控制人类与自然关系的观点

莱斯在对西方传统文化控制自然观念和马克思有关自然观点分析的基础上提出了自己关于控制自然的观点。

首先,莱斯批判了科学技术是生态危机根源的观点,并揭示了控制自然的内在矛盾性。莱斯认为科学技术并非生态危机的根源,那种"认为科学和技术是可诅咒的偶像,我们对这些假神的顶礼膜拜是我们的灾害的根源"[⑦]的思想其实是错把征兆当作根源,生态危机的真正根源是人类对自然实施控制的"意识形态",科学技术仅仅是控制自然的有力工具。在此,莱斯对马克斯·舍勒(Max Scheler)把科学的本质定义为关于控制的知识进行了批判,舍勒认为科学知识排除了价值判断和价值决定,其对象本身必然是价值中立的,这是把现代科学理解为控制学的关键,"它贬低所有那些对人支配物没有帮助的东西(感觉性质、终极原因、美学价值)"[⑧],现

---

① 莱斯.自然的控制[M].徐崇温,译.重庆:重庆出版社,1993:71.
② 同①72.
③ 同①73.
④ 同①75-76.
⑤ 同①76.
⑥ 同①76.
⑦ 同①4.
⑧ 同①98-99.

代科学的目的就是构造理论的和实践的计划，使人能够榨取自然资源以满足自己的任何欲求，这项计划的成功也就表明了人对自然的控制，“通过这种设备人可以引导和驯服自然达到它所追求的任何目的，不管这些目的有用还是无用”①。莱斯对此反问：“如果实行这项计划产生了明显的不良后果，诸如生态的和生物的破坏以及核毁灭的威胁，那这些也看作是控制的含义吗？或者我们应该只明显地承认它的有益的后果？”②莱斯认为科学技术在表面上看似乎达到了对自然的控制，但现实中合乎需要和不合乎需要的共同存在又让控制自然的性质变得模糊不清，因而舍勒控制自然的观点具有不自洽性。

其次，莱斯提出了控制自然和控制人密不可分的思想。莱斯认为控制自然和控制人密不可分，对自然控制越多，对人的控制也越多，这与通常认为的随着对自然控制越多人就越能获得更多解放的观点不同。既然导致资本主义生态危机的原因是控制自然的意识形态，那么在发展控制自然的科学技术过程中也同时加强了对人的控制，“征服自然被看作是人对自然权力的扩张，科学和技术是作为这种趋势的工具，目的是满足物质需要。这样实行的结果，对自然的控制不可避免地转变为对人的控制以及社会冲突的加剧”③。这种对人的控制以及社会冲突的加剧主要表现为对稀缺资源的争夺和自然资源分配不平等而引起的人对人、地区对地区、国家对国家的竞争、争斗和战争，“地球似乎成了人类进行巨大的自我竞技的舞台，人们为了实现对自然的有力控制而投入了激烈的纷争，这似乎确证了黑格尔‘历史是一个杀人场’这句格言的真理性”④。人类对自然的有效控制越是借助于科学技术，就越依赖于科学技术背后的理性，而要张扬理性就要实施对“内部自然的控制”，即对人的意识的控制，对内部自然的控制与对外部自然的控制具有成正比例的逻辑关系，对自然的外部控制意味着极大程度地改变和破坏自然环境，对自然的内部控制意味着用暴力或非暴力方法操纵人的意识。由于自然承受人的控制是有限的，一旦人对自然的控制超过了自然能够承受的限度，自然的反抗就成为一种必然，它表现为一系列的生态灾难，控制自然反而最终变成了自然对人的控制。人类发展科学技术需要理性的力量，但人类在应用科学技术过程中却常常表现出非理性现象，理性的科学技术并未带给人类一个和谐美丽的世界，在控制自然的理念下人类重新被拖入了被控制的陷阱。莱斯认为现代人类应该放弃控制自然的观念，通过伦理和科技的双重进步来制约人的欲望，把人的欲望的非理性因素和破坏性因素置于控制之下，改变对科学技术盲目崇拜的理念，合理地使用科学技术，发展生态技术，把控制自然的观念转变为尊重自然的观念。

2. 莱斯的虚假需求与异化消费理论

莱斯借用马尔库塞的“虚假需求”理论分析了资本主义社会普遍存在的异化消费现象，揭示了异化消费对人的控制与对生态环境破坏的双重影响，试图在理顺人的需求、需求的满足和商品之间关系的基础上实现人与自然、人与人的和谐。

马尔库塞在《单向度的人》中认为，“为了特定的社会利益而从外部强加在个人身上的那些需求，使艰辛、侵略、痛苦和非正义永恒化的需求，是‘虚假的’需求”⑤。马尔库塞认为现行的大多数需要都是虚假的需要，诸如娱乐、被广告引导的消费等虽然能满足某种需要，使人高兴，

---

① 莱斯.自然的控制[M].徐崇温，译.重庆：重庆出版社，1993：103.
② 同①106.
③ 同①169.
④ 同①140.
⑤ 马尔库塞.单向度的人[M].刘继，译.上海：上海译文出版社，2006：6.

但这种需要来自自己无法控制的外力,其消费和需要的满足受外界支配,这种虚假需求的满足是一种病态的满足。莱斯继承了马尔库塞的这一观点并进一步指出,本来人们消费的商品既具有满足人需求的物质性也具有表达消费者心理感受的符号象征性,但是异化消费却使物质性和符号象征性分离,消费不再是用来满足人的客观真实需求的手段而是体现其社会地位、实现自我价值的方式。然而现实常常表现为消费越多不满足感也越多,甚至疯狂的消费使人越加痛苦,客观上导致生态危机加剧。一方面,不断增加的消费加剧了地球资源的匮乏状况,而大量消费的废弃物难以处理进一步损害了生态环境,"使得人类和人类赖以生存的自然环境之间的关系变得紧张"①;另一方面,消费越多,对商品消费的期望也越多,随之而来的不满足感也在增强,现实与期望的落差催生了人的焦虑和挫折感,疯狂的消费根本不可能带来真正的快乐和愉悦。相反,社会为了维持部分高消费者的需求,必然采取许多危害环境的措施,如不断地创新科技但对其未来应用的不确定性和生态风险缺乏清晰认识,从而导致技术的非理性应用,把污染性生产转嫁到缺乏严格环境管理的欠发达地区等,从而加剧了当代人和后代人、富人和穷人之间的不平等状况,建立在虚假需求和异化消费基础上的社会本质上是对自然和人的双重控制,它也很难带给人类真正的幸福,应该以更合理的社会取而代之。为此,莱斯提出了理想的"守成社会"(conserver society),即控制自然观念的主旨是伦理、道德的发展,而非科学技术的革新,通过控制人的本能欲望和非理性因素,通过对人与自然关系的控制,通过改变消费主义价值观,建立人与自然和谐以及人与人和谐的新的理想和价值观的"守成社会"。

莱斯作为早期生态学马克思主义的代表人物,其理论最大的特点是通过文化批判来解决现实的生态问题。他批判了把生态危机归咎于科学技术的思想,认为长期以来人类控制自然的观念是生态危机的真正根源,应该重新理解控制自然的观念,从人与自然的关系中认识控制自然和控制人密不可分,解决环境问题的关键在于改变人的观念,从控制自然向尊重自然转变。莱斯的思想对深入探究生态问题具有启发性,而把生态问题与人、社会相关联分析也值得肯定,他的思想对后期生态马克思主义的发展具有深远影响。但也应该看到,他关于控制自然实质上就是对人与自然关系的控制涉及对社会制度的改造,最终还是归结为伦理和道德观念,具有抽象性,远没有超越马克思对资本主义制度的批判。马克思在《政治经济学批判》中深刻地揭示了资本主义社会不但创造了一个普遍的劳动体系,即剩余劳动,创造价值的劳动,而且也创造了一个普遍利用自然属性和人的属性的体系,只有资本主义社会才使自然界(不管是作为消费品,还是作为生产资料)服从于人的需要②,也正是资本主义社会在把社会生产过程和技术相互结合的过程中既发展了生产,也造成了对一切财富的来源——土地和工人的破坏③。

(二)佩珀的生态学马克思主义思想

佩珀是20世纪90年代生态学马克思主义的重要代表人物,其在此方面的主要代表作是《生态社会主义:从深生态学到社会正义》(1993年)、《现代环境主义导论》(1996年)。佩珀的

① LEISS. The Limits to Satisfaction[M]. Montreal:McGill-Queen's University Press,1988:50.

② 马克思,恩格斯.马克思恩格斯全集:第46卷上[M].中共中央马克思恩格斯列宁斯大林著作编译局,译.北京:人民出版社,1974:392-393.

③ 马克思.资本论:第一卷[M].中共中央马克思恩格斯列宁斯大林著作编译局,译.北京:人民出版社,2004:580.

生态理论批判了西方绿色理论对马克思历史唯物主义理论的片面理解，认为马克思主义与生态学不是对立的，历史唯物主义中蕴含着丰富的生态学思想。

1. 资本主义制度是生态危机的根源

佩珀从马克思历史唯物主义社会存在决定社会意识的观点出发，认为并不是人们的态度、价值观导致了生态问题的产生，相反地，马克思关于社会物质生活和生产方式对社会变革具有决定性作用的观点可以用来分析资本主义社会的生态危机。资本主义社会的生产是追求利润的最大化，在此原则支配下必然形成对自然资源的无限制掠夺而不考虑自然本身的承受力，最终随着生产的不断扩张虽然促进了生产力的发展，但也同时导致了生态危机，“资本主义内在地倾向于破坏和贬低物质环境所提供的资源和服务，而这种环境也是它最终所依赖的。从全球的角度看，自由放任的资本主义政治产生诸如全球变暖、生物多样性减少、水资源短缺和造成严重污染的大量废弃物等不利后果”①。佩珀认为传统马克思主义理论注重生产领域而忽视消费领域，实质上资本家为了扩大生产和积累资本必然采取措施促进人们大量消费，结果一方面消费满足了人们的成就感、弥补了工作中的单调和痛苦，但另一方面消费也演变成控制人的工具，大量病态的需要催生了过度的消费，自然本身为人类买单，最终也造成人与自然的紧张关系。

佩珀认为发达资本主义国家的生态环境优于世界其他国家，但这是其生态帝国主义的必然结果。资本家生产的目的是追逐高额利润，最初仅仅考虑短期价值的获取而很少考虑自然资源的长期影响以及对环境的影响，自然资源被当作公共产品加以生产利用，生产废弃物（废气、废水、废渣）排向公共环境而使成本外化。随着资本主义生产的扩大化以及社会对生态环境质量的严格要求，资本家开始对全球资源进行掠夺，并借助援助的名义把污染型企业或污染垃圾转移到欠发达地区，形成了资本到达哪里环境污染就到达哪里的生态帝国主义现象。这种现象同时也在生态领域导致了生态正义问题，欠发达地区的人们面对自然资源的外流和环境污染现象，其自身的应对能力和抵抗力难以和富裕地区的人们相提并论，富人更易于逃避生态灾难确保自己的安全，而穷人却在承受生态灾难的后果，资本主义在全球化过程中把生态危机扩展到整个世界，把不公正问题从社会领域扩展到生态领域，把国内的不公正延伸到国际的不公正。对此，佩珀认为社会正义问题和环境问题密切相关，在解决时应该把二者有机结合，“最好的绿色战略是那些设计来推翻资本主义、建立社会主义/共产主义的战略”②。既然资本主义制度造成了社会和生态的不正义现象，那么消除生态危机就要推翻资本主义制度，建设生态社会主义。

2. 佩珀的生态社会主义思想

生态社会主义把传统社会主义理论和现代生态学、生态问题相结合，在社会主义视角下对生态环境问题进行研究，以期提出实践解决方案，它是当代社会主义重要流派之一。佩珀的《生态社会主义：从深生态学到社会正义》是当今生态社会主义理论的代表之作，他的立足点是人类中心主义，反对生态中心主义，主张用马克思主义改造生态中心主义。他认为马克思主义在很大程度上是人类中心主义的，它的社会-自然之间辩证的观点和社会变革的历史唯物主义方法对生态中心主义的改造具有重要意义。

---

① 佩珀.生态社会主义：从深生态学到社会正义[M].刘颖，译.济南：山东大学出版社，2005：2.

② 同①337.

佩珀所描述的生态社会主义主要具有如下特征。

生态社会主义坚持人类中心主义原则，批判生态中心主义和技术中心主义。佩珀认为西方大多数政治敏感的人在某种程度上都属于环境主义者，一些属于“浅”绿色的人是技术中心主义者，而一些属于“深”绿色的人是生态中心主义者。这两种观点持有者都反对人类中心主义，佩珀认为技术中心主义者和生态中心主义者这两种观点都破坏了人与自然之间的关系。生态中心主义视人类为生态系统的一部分，它优先考虑非人类自然或至少把非人类自然置于与人同等地位，主张对人口繁衍、资源消费等的限制，所遵循的生物道德是其核心思想。表面上看生态中心主义主张人与自然的平等，实质上是对人的主体地位的抑制，佩珀认为对非人自然的关切和重视不应该超过对人自身的关切和重视，丧失了主体地位的人很难促进人与自然的和谐。而技术中心主义把自然当作与人分离的机械事物，主张用科学技术征服自然，促进社会进步。佩珀认为科学技术本身是中性的，重要的在于科学技术应用的方法，资产阶级控制的科学技术对自然的过度开发和利用导致生态环境破坏越来越严重，人与自然处于二元对立状态。生态中心主义降低了人的主体地位，技术中心主义用技术替代了人的中心地位，这两种理论都没有真正认识到人的作用。佩珀认为人类不可能不是人类中心主义的，人类只能从自己的视角去观察自然和对待自然，马克思是人类中心主义者，我们应该以马克思主义为指导，在人与自然的关系中认识到人处于中心地位但并不是主宰地位，自然并非人类的敌人而是朋友，在“人的尺度”与“物的尺度”相结合的双重尺度上实现人与自然的和谐。

生态社会主义是生态正义的绿色社会。佩珀认为平等、民主、消灭贫穷这些基本的社会主义原则也是基本的环境原则，而在所有的环境问题中最紧迫的问题是生态正义，资本主义在发展过程中一方面把经济发展所造成的资源利用和环境保护成本转嫁给社会和子孙后代，另一方面随着经济全球化把污染物直接或间接地转嫁给发展中国家，从而造成全球性富人和穷人之间的生态正义问题，即使这样的不公正很明显，资本主义仍然在编织着绿色发展的谎言，认为“世界上的每一个人都可以享受像富裕的西方人那样的生活标准”，这是因为“一个人道的、社会公正的和有利于环境的资本主义实际上是可能的”①。佩珀认为这些观念是错误的，只有生态社会主义才能致力于环境保护和社会正义的相互结合。在生态社会主义中，人虽然支配自然，但不统治自然，通过生产资料共同所有制的方式对自然进行集体有意识的管理和控制以消解自然的异化，自然被改变而不是被破坏。资本主义阻碍了生产力无异化和合理的发展，它必须被社会主义发展所替代，社会主义的技术强化了生产者的能力和控制力，是适应自然（包括人类）而不会对它造成破坏。生态社会主义国家按需进行资源开发和分配并相互交换和交流，生产建立在自愿劳动基础上而非工资奴隶制，个人愿望与共同体精神相一致。生态社会主义拓宽了环境范围，把街道暴力、交通事故和污染、失业和贫穷等都纳入了环境管控之内，特别是失业和贫穷，佩珀认为这是人类社会环境方面的不公正现象，必须解决社会中存在的贫困和失业问题，因为贫困既是环境破坏的原因也是结果，生态社会主义实现了社会公正也必然会解决环境问题。佩珀认为建设生态社会主义的主力军是工人运动，他们将重新发现自己在这方面的潜力。而社会变革和历史发展的途径将是唯物主义的——承认经济组织和物质事件对意识和行为影响的重要性，资本主义失败的最大催化剂来自未能满足某些团体的利益、未能创造宽容和包容不满的其余人的物质和非物质环境，到那时，大多数人所希望并坚持创造的一个生

---

① 佩珀.生态社会主义：从深生态学到社会正义[M].刘颖，译.济南：山东大学出版社，2005：2－3.

态健康社会就会到来。

生态社会主义是经济适度增长、满足人的需要的社会。在佩珀之前的莱斯、阿格尔等生态社会主义者都主张实行稳态经济,“稳态”主要关注经济质的改进而非量的增长,本质上要求将经济发展规模和速度稳定下来,实现经济零增长。佩珀认为经济零增长和经济衰退时期资本家为了利益会抵制生态保护,而工人也很难关注经济之外的事情,从各方面来看都谈不上生态环境保护。相反地,经济的适度增长是必要的,合理的经济增长既能满足人们的基本需求同时也能保护生态环境,一方面,这种经济增长并非无原则、无限制的增长,也不是零增长,是为了满足每个人平等的经济利益而计划发展,是在自然环境可承受的范围内的增长;另一方面,通过建立计划和市场相结合的生态经济模式和经济制度既满足人的需要又保护生态环境。对此,佩珀提出把“生产少些,但要好些”作为发展经济的基本原则,主张通过生产资料共同所有制和可控的技术有计划地控制人和自然的关系,实现经济增长和环境保护的有效结合。

生态社会主义的变革途径:红绿联盟。佩珀为生态运动的发展指出了一条现实的变革途径——重构生态社会主义。他认为当前生态运动受到了无政府主义和深层生态学的影响,而无政府主义和深层生态学具有自由主义意识形态趋势、反人类主义倾向以及神秘化和唯心主义趋势,它们“不相信和放弃那些作为马克思主义和社会主义的东西”①。佩珀认为“这种思维应该被扭转,更多地把马克思主义的分析带进生态主义的主流中”②,用马克思主义的观点、方法分析当前的生态运动,促使生态主义向一种连贯的、强有力的和有吸引力的社会主义形式的意识形态发展,走向生态社会主义。而对如何推动无政府主义和生态主义接近生态社会主义,佩珀认为应该加强“红绿联盟”,即“建议绿色分子通过放弃那些更接近于自由主义及后现代政治的无政府主义方面而更好地与红色分子协调;与此同时,红色分子通过复活那些我在本书描述与评论的社会主义传统而与绿色分子协调。这些传统包括非集中主义、社会自然辩证法以及古典马克思主义的唯物主义的某种程度的复活和对重新发现我们作为生产者力量的强调。”③为实现“红绿联盟”,佩珀提出了激进的变革途径:确信马克思主义,对历史和社会变革采取社会-自然辩证法的历史唯物主义方法,人和自然不能分离,二者相互影响、相互改变;激进的生态社会主义变革的代理人和行为者是无产阶级,他们通过参与有组织的活动来对抗资本的权力,他们是变革的主体,具有持续的重要性;“红绿联盟”的现实基点是促进社会公正,社会公正不但是马克思主义者的目标,也是生态中心主义者的目标,“优先考虑社会的公正必须是所有红绿联盟的最根本的共同基础”④,以社会公正为突破口对资本主义进行变革,消除产生生态危机的根源,实现生态社会主义。

佩珀生态社会主义思想主张用马克思主义理论和方法分析和指导当代西方生态运动,认为当代生态危机的根源在于资本主义制度,不同于早期生态马克思主义者莱斯等人偏向于生态中心主义观点,他对生态中心主义进行了批判,提出重返人类中心主义的思想。他对马克思关于社会-自然辩证法思想的理解和阐释有力地驳斥了生态中心主义对马克思的误解,表明了把马克思主义和生态问题相结合的生态社会主义立场,并指出资本主义把生态危机转嫁给国

---

① 佩珀.生态社会主义:从深生态学到社会正义[M].刘颖,译.济南:山东大学出版社,2005:334.

② 同①.

③ 同①4-5.

④ 同①375.

际社会，具有生态帝国主义特性，其结果缺失环境正义且具有生态的不可持续性，要解决当前生态危机就要对资本主义社会进行变革，其理论在生态方面对马克思主义的发展达到了新的高度，是西方成熟的生态社会主义理论。但我们也应该看到，他用生态危机理论取代马克思的经济危机理论，希望通过经济的适度增长、技术的合理利用，以计划和市场相结合的方式优化资源等方案具有模糊性，其激进变革的思想是否可行有待商榷，这也使得其生态社会主义思想具有乌托邦色彩。

（三）福斯特的生态学马克思主义思想

福斯特是美国著名的生态学马克思主义理论家，其主要代表作是《马克思的生态学：唯物主义与自然》（2000年）、《生态危机与资本主义》（2002年）、《生态断裂：资本主义与地球的战争》（2009年）、《生态革命：与地球和平相处》（2009年）。福斯特立足于马克思主义人与自然、社会与自然的相关理论，以马克思主义的方法论建构生态学马克思主义思想，从生态学的角度梳理和阐释马克思的理论，提出了物质变换裂缝理论，并进而对资本主义进行生态批判，相应地提出了解决生态危机的生态社会主义构想。

1. 福斯特对马克思生态哲学思想的认识

20世纪中叶，西方大多数研究马克思的学者都认为马克思视野中的自然是人化自然，并且认为马克思并不关注环境问题，或者环境问题仅仅是马克思学说中的边缘问题，马克思对生态思想的发展没有任何实用性贡献。福斯特对此观点有不同的看法，他认为马克思不仅是生态学家而且是生态哲学家，“他们对资本主义社会乃至社会与自然之间的关系所提出的诸多问题都比当今——甚至左派——以社会和生态思想为特征的诸多问题都更具有基础性”①。福斯特并没有把生态思想转嫁到马克思的思想中，而是从马克思关于人与自然、社会与自然、人类与社会之间的关系中发掘马克思的生态思想，在福斯特看来，马克思等人对资本主义与环境之间敌对关系的认识在生态批判方面做出了基础性的贡献，甚至在某些方面比当代绝大多数绿色思想家都认识得清楚、深刻。福斯特通过对马克思的思想进行研究，认为马克思的自然观和生态思想可以追溯到伊壁鸠鲁和费尔巴哈，马克思发展了伊壁鸠鲁强调自然本性和自由的思想，这种思想也是现代生态学不可或缺的；马克思从费尔巴哈的思想中看到了自然和人之间的统一性，人的存在基于自然，自然是人的感性直观，并进而指出在资本主义社会人与自然之间存在着异化现象，只有在共产主义才能真正实现人与自然的完成了的本质统一，实现人与自然的和解以及人与人的和解。福斯特通过对马克思《资本论》中“人和自然之间的新陈代谢的一般条件，是人类生活的永恒的自然条件”②这一人与自然变换理论的研究，认识到马克思指出了资本主义在人类和地球的新陈代谢联系中催生了无法修复的断裂，对这种新陈代谢断裂的批判是马克思生态批判的核心思想，福斯特通过对马克思人与自然关系理论的梳理认为马克思的生态学就是物质变换裂缝理论。

2. 福斯特的物质变换裂缝理论

福斯特认为马克思理论中丰富的生态学思想集中体现在《资本论》中马克思对德国化学家

---

① 福斯特. 生态革命[M]. 刘仁胜，等译. 北京：人民出版社，2015：124.

② 马克思，恩格斯. 马克思恩格斯文集：第五卷[M]. 中共中央马克思恩格斯列宁斯大林著作编译局，译. 北京：人民出版社，2009：215.

李比希思想的关注。1862年，德国化学家尤斯图斯·冯·李比希(Justus von Liebig)出版了《有机化学在农业和生理学中的应用》一书，在此书中李比希指出集约式农业或者增施肥料的耕作方法掠夺了土壤中的营养成分，致使土壤养分无法实现循环，并进而对工业化资本主义农业进行批判。马克思认同李比希从自然科学观点出发对现代农业破坏性方面的批判，并由此引发对土地可持续性的思考，这种思考使其在《资本论》中提出了以劳动为中介的人与自然变换理论，即"劳动首先是人和自然之间的过程，是人以自身的活动来中介、调整和控制人和自然之间的物质交换的过程"①。福斯特认为《资本论》是马克思的最重要著作，但长期以来人们却忽视了马克思在此书中所提出的重要的"物质变换"概念，其实"物质变换"概念在马克思思想中极其重要。马克思的理论从人与自然关系开始进而深入到人与人关系的研究，而物质变换在生态学意义上是指人与自然之间物质和能量的交换，在社会学意义上是指这种物质和能量的交换需要在一定的社会组织和社会条件下进行，虽然马克思没有明确提出要用物质变换把自然、人、社会有机联系起来，但实质上物质变换中隐含着人、自然、社会三者及它们之间的有机联系，福斯特认为马克思正是在自然-人-社会这一复合生态系统中认识自然，这无疑让我们看到了马克思的生态思想，也给我们提供了理解马克思生态思想的新路径。

福斯特认为马克思的物质变换虽然来自李比希，但他对李比希的物质变换从两个方面做了修正，其一，物质变换不再局限于人类和土地之间交换循环的破坏以致土地肥力丧失，而是指向整个资本主义社会人和自然之间关系的断裂，即自然异化、物质异化；其二，这种物质变换断裂的范围不再局限于某一个国家或地区，而是资本主义社会甚至全球普遍存在的现象。通过对马克思物质变换和物质变换断裂思想的研究，福斯特指出马克思的物质变换具有三层含义：其一，无人参与的纯自然物质的变换；其二，以劳动为中介的自然和社会的物质变换；其三，用于资本主义社会批判的物质变换。马克思的重点在于后两层含义，它具有生态和社会双重含义。资本主义大工业一方面在大城市集聚大量劳动力，产生大量排泄物和污染物，导致工人的生产和生活环境恶化；另一方面又造成这些劳动力和土地的分离，使得劳动力以食物和纤维形式消化掉的来自土地的养料不能重新回到土地，既造成城市污染又斩断了劳动力和土地之间的联系，最终耗费土地自然力并损害了人类的自然力，从而破坏了一切财富的源泉——土地和工人，导致了劳动异化、自然异化。福斯特对马克思关于物质变换断裂的原因进行了分析，指出资本主义制度催生和加剧了人类和土地变换之间"无法修补的断裂"，而资本与自然对立的资本逻辑本性决定了要实现这种断裂的修复在资本主义制度下是不可能的，而要真正解决新陈代谢的断裂问题就必须建立一种联合生产者的社会，在这个社会"社会化的人，联合起来的生产者，将合理地调节他们与自然之间的物质变换，把它置于他们的共同控制之下，而不让它作为盲目的力量来统治自己：靠消耗最小的力量，在最无愧于和最适合于他们人类本性的条件下来进行这种物质交换"②，这样的社会就是超越资本主义的共产主义社会。

3. 福斯特对资本主义的生态批判和对生态社会主义的构想

马克思认为在资本主义社会人与自然必然会发生物质变换断裂，福斯特在对马克思理论分析和研究的基础上进一步结合资本主义的发展状况发展了马克思的物质变换断裂理论。他

---

① 马克思. 资本论[M]. 中共中央马克思恩格斯列宁斯大林著作编译局，译. 北京：人民出版社，2004：207 - 208.

② 马克思，恩格斯. 马克思恩格斯全集：第25卷[M]. 中共中央马克思恩格斯列宁斯大林著作编译局，译. 北京：人民出版社，1972：926 - 927.

认为“马克思的世界观是一种深刻的、真正系统的生态世界观”[1]，马克思的生态观看到了资本与自然的根本对立性，要消除生态危机必须反对造成人与自然以及人与人之间不和谐的资本主义制度。福斯特认为资本主义追逐剩余价值无限扩张的资本逻辑与自然资源有限性难以平衡，科学技术的资本主义应用加剧了自然资源的紧张状况，因此，资本主义国家对科学技术的盲目崇拜、追求经济增长和财富积累的生产方式、生产规模的不断扩大与生态破坏是同步的，而这种矛盾现象在资本主义制度下是难以克服的，实质上，资本主义的发展史就是破坏自然的历史，要消除生态危机必须变革资本主义制度，以社会主义来拯救生态环境。

针对学术界种种解决生态危机的方案，如技术进步、环境商品化、道德革命等，福斯特都逐一否定，他认为依照经济学的“杰文斯悖论”，技术越发展，自然资源的利用效率越高，但这并不能减少对自然资源的需求，反而随着生产规模的扩大和集约化的工业生产进一步增加了对自然资源的需求。而环境商品化看似通过市场手段来解决环境问题，但人们为了商业利益极有可能选择获利更多、更快的单一环境，如用单一人工林代替原始森林，其结果破坏了生态多样性，自然具有超越市场关系的价值，把自然环境纳入经济范畴，可能使环境问题在短期内能够缓解，但最终对环境保护无济于事。利奥波德的土地伦理把人与人、人与社会的伦理关系拓展到人与土地的关系，人和土地一样仅仅是自然共同体中的一员，福斯特认为这种观念反映了人类道德观念的根本变革，但他与所有的生态道德倡导者一样，没有意识到最高的不道德——与土地伦理格格不入的资本主义制度，如果不能改革资本主义制度，土地伦理再好也难以实施，因此，应该改变资本主义制度，“沿着社会主义方向改造社会生产关系”[2]，福斯特设想的社会主义并非传统的苏联式社会主义，而是生态社会主义——“它要求依靠自由的联合起来的生产者把人类的新陈代谢与自然合理地组织起来”[3]，实质上就是通过自然的社会化以避免私有化以及过于强大的国家权力对自然的干预和破坏，而这种自然的社会化组织形式就是生态社会主义形式，其具体措施就是实行政治和社会生活中的民主化，把自然资源置于公众的控制之下；坚持以计划经济为主、市场经济为辅的经济运行机制，通过计划合理地协调各方面的关系，而变革社会的主体力量是工人阶级与环境主义者的联盟，环境运动如果缺失了资本主义社会的大量工人，环境革命很难成功。生态社会主义社会应该是一个正义的、可持续发展的社会，在这样的社会既要坚持以人为本的适度发展，同时也要保证自然环境的可持续性发展，促使人与自然交互作用、协同进化。

福斯特的生态学马克思主义思想把生态学、哲学与对资本主义的批判相结合，对马克思理论在生态哲学方面的发展做出了重要贡献，也为当代人对马克思生态思想的理解提供了新的路径。他通过对马克思历史唯物主义的重新梳理认为马克思的哲学是以实践为基础的、在人与自然关系中展开的生态唯物主义世界观，他重点阐发了马克思的“物质变换裂缝”理论，并以此开展对资本主义的生态批判，揭示了资本主义制度是生态危机根源，希冀以生态社会主义制度取代资本主义制度，这无疑在生态环境保护方面打击了资本主义制度，让其正视自己无法医治的“痼疾”。但他对马克思历史唯物主义的生态学解释具有使马克思学说简单化的倾向，缺失了对马克思丰富理论的系统化把握。马克思关于工人生存状况恶劣以及土地肥力的丧失这

① FOSTER. Mark's Ecology: Materialism and Nature[M]. New York: Monthly Review Press, 2000: vii.

② 福斯特. 生态危机与资本主义[M]. 耿建新，宋兴无，译. 上海：上海译文出版社，2006: 96.

③ FOSTER, CLARK. Ecological Imperialism: The Cuese of Capitalism[M]. London: Merlin press, 2003: 198.

些生态问题是与当时的社会大背景相关联，而这些问题的解决也需要在社会历史条件的变化中加以解决。福斯特虽然对资本主义导致生态危机进行了批判，但他更倾向于过分强调生态问题而忽视社会中的其他问题，最终必将脱离具体实际而流于空谈。

思考题

1.你怎样理解马克思的生态哲学思想？

2.马克思对自然的理解具有哪些维度？

3.试以某个具体的西方生态马克思主义者为例评析其对马克思生态思想的继承、发展及评价。

推荐读物

1.马克思.资本论：第一卷[M].中共中央马克思恩格斯列宁斯大林著作编译局，译.北京：人民出版社，2004.

2.马克思.1844年经济学哲学手稿[M].北京：人民出版社，2000.

3.莱斯.自然的控制[M].岳长龄，李建华，译.重庆：重庆出版社，1993.

3.佩珀.生态社会主义：从深生态学到社会正义[M].刘颖，译.济南：山东大学出版社，2005.

4.福斯特.生态革命：与地球和平相处[M].刘仁胜，李晶，董慧，译.北京：人民出版社，2015.

第八讲

生态女性主义

生态女性主义与女性主义思潮关系密切，生态女性主义的理论观点都源自女性主义。20世纪70年代，随着全球生态环境日益恶化，环境保护运动随之兴起，此时，反对性别歧视的女性主义思潮也蓬勃发展，许多女性主义者认为人类对待自然的偏见类似于社会对待女性的偏见，父权制是造成人口过剩和环境危机的主要因素，“拯救世界的唯一途径就是让男性权力产生‘剧变’以及由女性引导一场改变权力结构的革命”①。因此，女性主义者积极参加到环境保护运动之中，并形成了相应的理论观点和实践运动，生态女性主义随之诞生。

一、女性主义概述

(一)“女性主义”词源简析

在英文中，“女性主义”和“女权主义”是同一个词汇，即“feminism”。作为一个概念，“女性主义”源于19世纪80年代的法国，其主要含义是“妇女解放”。到了19世纪末20世纪初，“女性主义”在英美等国家已经被普遍使用，女性主义思想开始传入中国则是在五四运动时期。一方面，在西方女性主义产生初期，斗争的主要目标是为了争取在选举、教育等方面与男性同等的权利；另一方面，中国知识分子引进这个词汇之时，国内革命的一个明显趋势就是妇女也在争取参政议政的权利。所以在这一阶段，“feminism”在汉语中就被翻译为“女权主义”。

西方女性主义运动不断发展，女性的诸多权利的确普遍得到了法律保障，但现实社会中的女性依然处于从属地位。因此，女性主义学者开始意识到摆脱由社会文化等造成的性别压迫的重要性，社会性别日益得到关注，“女性主义”的含义也就越来越丰富。哈佛大学卡罗尔·吉利根(Carol Gilligan)在其著作《不同的声音——心理学理论与妇女发展》中，则赋予“feminism”以独立的哲学意义，并用来表述一种具有鲜明的女性特征的思维方式。为此，在联合国第四次世界妇女大会上，“feminism”被国内相关学者译为“女性主义”，即以消除性别歧视，结束对妇女的压迫为政治目标的社会运动，以及由此产生的思想和文化领域的革命。

---

① EAUBONNE. The Time for Ecofeminism[M]//MERCHANT. Ecology. New Jersey: Humanities Press, 1994: 178.

(二)女性主义运动

旨在强调“妇女解放”的早期女性主义思潮可追溯至16世纪,而真正发展为一项社会运动则是18世纪的事情。由于受18世纪启蒙思想的影响,法国妇女特别是中产阶级的女性权利意识日益增强,特别是在1789年法国大革命爆发之后,她们进一步行动了起来。在革命期间,巴黎的妇女自发地组织起来进军凡尔赛,通过示威游行向法国政府要求女性在政治选举、社会地位等各方面应享有与男性同等的权利。此举迅速得到了社会各界的积极响应,世界女性主义运动的序幕由此拉开。到了19世纪中叶,女性主义运动的中心已经从欧洲转向美国。纵观历史可以发现,西方女性主义运动大约有三次浪潮。

1. 第一次浪潮

女性主义运动的第一次浪潮始于19世纪后半叶,到20世纪初达到高潮,其前奏是英国女性参加的反对奴隶制的斗争活动。1840年,第一次国际反奴隶制度的会议在伦敦举行,一些妇女组织代表参加了会议,但国会不仅没给这些女性相应的参与权利,甚至还不允许她们进入会议厅,这引起了参与代表伊丽莎白·凯蒂·斯坦顿(Elizabeth Cady Stanton)等人的愤怒,她们意识到在为别人争取权利的同时,自己也要获得权利,于是她们开始为自己争取合法地位,旨在享有与男性同等的权利。

第一次浪潮最著名的女性主义代表人物是穆勒(John Stuart Mill),他在其著作《女性的屈从地位》(1869年)中论述了女性备受屈辱的根源:一是两性在法律上不平等,二是传统观念对妇女的奴性教育,三是社会拒绝妇女进入公共领域。他说:“妇女从最年轻的岁月起就被灌输一种信念,即她们最理想的性格是与男人截然相反,没有自己的意志,是靠自我克制来管束,只有服从和顺从于旁人的控制。一切道德都告诉她们,女人的责任以及公认的多愁善感的天性都是为旁人活着,要完全克制自己。”①受其思想的影响,第一次浪潮以“权利”为主题,寻求消除对女性的歧视,并且以要求两性平等为主要目标,以自由主义的女性主义为主要特征,同时强调生理性别的作用,认为男女在智力上和能力上是没有区别的。

到了20世纪30年代,西方国家的妇女选举权以法律的形式固定了下来,女性的教育权和就业权也得到了一定程度的保障。另外,还诞生了三八国际妇女节。这些表明,女性主义运动的实效非常显著,但在理论上,女性主义思想还很不成熟,没有形成较为完整的理论体系,也没有独立研究的对象与方法。并且,由于在这次浪潮中,妇女运动的主力主要是西方中产阶级的白人妇女,女性主义的思想也就留下了相应的烙印,即女性主义思想带有明显的中产阶级特性。由于更多地停留在对男女共性的强调与两性的不平等上,忽视男女两性的社会角色的差异,以及导致两性不平等的深层社会原因,这就使得传统的性别角色规范并没有得到根本改变。特别是在二战之后,一种新女性观逐渐占据上风,即认为贤妻良母才是女性的理性形象,女性应该为家庭实现自己的价值,结果是女性主义的第二次浪潮得到了孕育。

2. 第二次浪潮

女性主义运动的第二次浪潮发生在20世纪的六七十年代,兴起于美国并波及全球。经过了第一次浪潮之后,虽然在法律上,女性在政治、经济以及教育等方面都具有了与男性相同的

---

① 穆勒.论自由[M].北京:商务印书馆,1962:268.

权利，但这并不能掩盖男女本质上的不平等，即在现实社会中，女性相对于男性，仍然处于从属地位，这也说明以往的妇女运动是不彻底的。因此这一时期的女性主义同样注重实践，并且运动的广度和深度都有所扩展。一方面，运动目标有了新的内容，即对家庭、性行为及工作等领域平等权的诉求，要求给予妇女在一切领域的全部自由，包括对自己身体以及生育的控制权。另一方面，女性主义者通过各种活动把妇女解放和社会变革结合起来，开始从社会中寻求压迫的根源，向整个男性社会、“性阶级”体制发出挑战，使女性从男权社会对其的角色定位中解放出来。因此，第二次浪潮的女性运动常被简称为“妇女解放运动”。通过这些运动，男性的统治地位受到挑战和动摇，女性生活受到了更多的关注，许多国家的女性地位得到了很大的改善。

这一阶段的一个显著趋势就是妇女研究思潮的大量涌现，女性主义思想日趋成熟，其理论的深度与广度都有很大的超越。女性主义的理论进展表现为：首先是肯定女性气质，强调性别差异以及女性的独特性。以往女性烦恼的根源在于她嫉妒男性，企图成为男性，否定并排斥自己的本性，而在有些女性主义学者看来，女性本性并不劣于男性，女性特质有利于实现女性价值。其次是区分了生理性别和社会性别。所谓生理性别是指婴儿出生后，从解剖学角度来证实的男性或女性，而社会性别则是不同社会文化形成的男女有别的期望、特点以及行为方式的综合体现。造成性别不平等的因素，主要不是男女生理上的差别，而是来自社会文化的影响，确切来说，是父权制的社会政治制度与文化。再次就是批判父权制的社会文化，因为只有消灭父权制的思想和机制，才能实现妇女的解放。比如，法国的西蒙·波伏娃（Simone de Beauvoir）认为父权制社会的性别统治、性别压抑以及一整套意识形态，铸造了历史性的女人，女性降为男人的“他者”，变成了人类的“第二性”；凯特·米丽特（Kate Millet）也指出，“父权制根深蒂固，是一个社会常数，普遍存在于其他各种政治、社会、经济制度中，无论是阶层或阶级制度，封建主义或官僚主义制度，它也充斥于主要的宗教中”①。在此基础之上，进而质疑内含性别歧视的所有传统知识，并主张从女性主义视角出发来重构西方文化。

总之，第二次浪潮秉承了女性主义运动一贯的思想，反对传统的男女不平等，反对男性对女性的歧视和压迫。但与第一次浪潮不同的是，本次浪潮以“平等”为主题，并强调女性特质。也正因如此，与众不同的女性观点频频诞生，使得本次浪潮的主要特征是激进的女性主义，同时强调社会性别的作用，认为社会文化会对女性的根本地位产生影响。

3. 第三次浪潮

在20世纪70年代至90年代，女权运动经历了第三次浪潮。在这一阶段，女性主义运动的一个明显变化是关注范围的扩展，即不仅仅关心女性本身的权益问题，而且还考虑自然环境。之所以如此，是因为在20世纪中期，世界环境问题达到了第一次高潮，出现了著名的八大环境公害，特别是1962年，美国海洋生物学家卡森《寂静的春天》的出版，像警钟一样唤醒了人类的环境意识，西方发达国家的环境运动不断爆发，本来一向习惯于保持沉默的女性也行动了起来。在这一过程中，她们逐渐意识到，人类对自然肆意征服、为所欲为，这与男性对女性的压迫和忽视异曲同工，生态女性主义的萌芽由此而生。特别是在1974年，法国女性主义学者弗朗索瓦·德·埃奥博尼（Francoise d'Eaubonne）提出了“生态女性主义”这一概念之后，女性主义运动迅速向生态女性主义延伸。随着20世纪70年代末80年代初的环境问题进入了第二次高潮，生态女性主义的运动也更加轰轰烈烈。

---

① 米丽特. 性政治[M]. 宋文伟，译. 南京：江苏人民出版社，2000：34.

实践和理论的互动作用，以及20世纪80年代后现代思潮的盛行和影响，使得女性主义理论的发展呈现出前所未有的繁荣景象。

首先，深化了过去的理论思想，即向传统社会的“男尊女卑”等许多观念提出了挑战，从各种角度探讨女性本性和男性本性的差别，研究女性角色、女性价值，在哲学层面上对造成歧视女性、压迫女性的父权制进行了全面深入的分析和批判。

其次，拓宽了研究对象，表现在生态女性主义学者认为性别歧视、对自然的控制、种族歧视、物种至上主义与其他各种社会不平等之间是相互关联的，相信对女性的压迫与自然的退化之间存在着某种关系。显然，生态女性主义理论不仅开始关注自然系统，认识生物种际关系以及更广泛的人与自然的关系，而且在社会系统内部的思考方面也超越了传统的人类内部的两性关系，种族、阶级等方面的矛盾和差异也成为考虑的因素。

再次，理论内容更加多元和包容。女性主义者在反思社会性别理论的过程中发现，虽然此理论揭示了两性不平等的社会根源，但却使女性主义陷入了消除差异还是强化差异的两难困境，消除差异意味着把男性作为女性的标准，强化差异则无异于默认了生物决定论，而且性别也不能包括女性受压迫的所有根源，性别视角也易于将女性视为没有差别的统一体来看待，而不同阶层、种族、民族与文化的女性经验却又是各不相同的，并不存在一个具有普遍意义的女性经验。显然，早期的女性主义理论从白种异性恋中产阶级女性自身的经验出发，对其他女性进行了错误的推测。为此，许多女性主义者特别是后现代女性主义学者逐渐放弃了建立统一的理论目标，转而注重对有限的对象或问题做更为具体的研究，关注文化以及历史的特殊性，体现出多元性、差异性、反权威性等诸多特点。

最后，女性主义理论跃升到了一个全新的高度。女性主义学者发现，以前人们之所以习惯性地认为女性天生就是受压迫的，原因在于男性学者长期把持了哲学、社会学等人类学科，使之带有明显的男性中心主义的偏见。因此，女性主义学者力图摆脱以男权为中心的各种传统理论的限制，更重视超出女性范围的哲学思考，通过重新构建社会性别的权利关系，发展出一套不依赖传统哲学基础的新的女性主义社会批判范式，就正如约翰·莱希特(John Lechte)所强调的，新一代的女性主义者已经超出妇女体验方面的社会不平等问题，开始考虑使妇女置于劣势地位的社会意识形态的影响，并对语言、法律和哲学方面的性别偏见提出挑战。新一代女性主义者强调妇女解放的目的不是像在争取社会平等的斗争中那样仅仅是“像男人”，而是要发展成一种新的，为女性专有的语言、法律、哲学和神话。

总之，在第三次浪潮中，女性主义同样是要消除对女性的歧视，但其目标已经不再仅仅是消除两性的不平等，而是密切关注生态系统，即便是在社会系统内部关注的视角也日益广泛。因此，本次浪潮是以“生态”为主题的，理论发展更加尊重差异，包容多元，其内容在广度和深度两方面都得到了进一步拓展。

(三)女性主义的内涵

1. 女性主义的概念

女性主义也可称为女性社会文化或理论，是在西方特定的政治、经济、社会等背景下产生并逐渐发展起来的。虽然其实践和理论已有200多年的历史，但直到目前为止，关于女性主义这一概念并没有一个统一的界定。女性主义研究者巴巴拉·阿内尔(Barbara Arneil)初步认为,“认识到不论何时何地,也不论是在社会中还是在人们自己的生活中,男性与女性拥有的权利是不平等的;由此而产生这样的信念:男性和女性应该平等;认为迄今为止的知识是关于男人的、由男人写成的、以男性为中心的、也是为了男人的,从而认为必须重新认识并理解所有的知识学派,以便揭示这些学派忽视或歪曲性别的程度。”①而根据《牛津哲学词典》中的界定,“女性主义是对哲学、伦理学以及社会生活的探讨,它致力于纠正导致压迫妇女以及轻蔑妇女特有体验的偏见”。

其实,我们可以从不同视角理解女性主义的内涵。在政治层面上,女性主义是一场提高女性地位、改善女性处境的政治斗争,是一种社会意识形态的革命;在理论层面上,是一种主张男女两性平等以及肯定女性价值的观念、学说或方法论原则;在实践层面上,女性主义是一场将女性从男权制度和文化压迫中解放出来,实现与男性在经济、政治以及文化等各方面的平等权利的社会运动。概而言之,女性主义是以消除性别歧视,结束对妇女的压迫为政治目标的社会运动以及由此产生的思想和文化领域的革命。

女性主义也不是一个完整统一的思想体系。之所以如此,一方面是由于女性主义不属于一个独立的学科,它具有流动性和不固定性等特点;另一方面是因为很难用单一的女性主义理论去解释不同的民族、种族、地域、社会阶层中女性的差异性,它又是多元化的。与此相对应,女性主义可以划分为不同的派别。

2. 女性主义的流派

由于历史环境、学术背景、政治制度以及女性主义者个性等的不同,女性主义内部其实分化为许多不同的流派,其中主要的有:

(1)自由主义的女性主义

也可以被称作“温和女性主义”,这是最早产生的女性主义流派。该流派基于天赋人权的基本观点,认为女性同男性一样都应该自由平等,关注女性的社会政治权利,但不重视女性在家庭和生活方面的权利。

(2)激进女性主义

也可以被称作“文化女权主义”,产生于20世纪60年代后期。该流派在观念和行为上更为偏激,认为女性的不平等地位体现于社会生活的一切方面,而父权制、男权制或男性统治是女性受压迫的根源,更重视在私人领域如家庭生活包括性行为等方面为女性争取权利。同时,强调女性文化、特质与风格的重要性。

(3)马克思主义女性主义

也可以被称作“社会主义女性主义”,是社会主义革命时期提出的一种女性主义观点。这一流派综合了马克思主义理论和激进主义思想,认为对妇女的压迫并不只是父权制的原因,其实也是所有制的产物,所以要以批判资本主义和父权制为奋斗目标,关注阶级压迫和性别压迫在当代社会中的相互作用方式,主张妇女解放的关键是妇女参与劳动市场,参与阶级斗争,以实现社会的解放和自身的解放。

(4)后现代女性主义

又被称作“第三次浪潮的女性主义”,是20世纪八九十年代女性主义与盛行一时的后现代思潮交融、互动的产物。该流派首先否定了传统的“男女平等”的概念,主张确认并拓展男女之

① 阿内尔.政治学与女性主义[M].郭夏娟,译.北京:东方出版社,2005:4.

间的差异概念，并通过对比男性和女性之间的差异，提出女性的基本权益应当得到尊重和维护，由此肯定了女性的主体地位。其次是比较看重女性的日常生活经验，并利用这些经验构建自己的主体性，反对父权制主导下男性对女性的压迫等。当然，不同的阶级、种族、民族、肤色、地区、文化和历史中的女性之间存在差异性和复杂性，所以女性应该寻找更适合自己的方式。最后就是挑战既定真理和绝对永恒，反对西方知识结构中最为根深蒂固的逻各斯中心主义，反对一切有关人类社会发展规律的理论体系，主张构建“局部的、分散的小型理论”。

另外，还有以存在主义本体论和伦理学语言进行叙事的存在主义女性主义；在个人的内部精神世界中探寻压迫根源的社会性别女性主义和精神分析女性主义；还有我们下面要详细论及的生态女性主义。

二、生态女性主义

（一）生态女性主义的产生背景

生态女性主义又称女性生态主义或生态男女平等论，是在女性主义的第二次浪潮中孕育并在第三次浪潮中逐步成长起来的一种文化思潮。因此，它既与女性主义有着千丝万缕的联系，又与由西方的环境问题引发的理论和实践密切关联，是西方社会环境运动与女性主义运动相结合而形成的时代产物。

1. 实践背景

在人类历史的绝大多数时期，人和自然之间的关系都保持着大致和谐的状态。然而，作为两者之间中介的科技在近代以后获得了快速发展，由此引起的工业革命虽然给人类社会带来了丰富的物质财富，却也对大自然造成了严重的破坏。特别是进入 20 世纪 40 年代之后，在西方发达国家陆陆续续爆发了一系列环境公害，人类与自然环境的尖锐对立成为困扰社会进一步发展的最大难题之一。

此时，具有里程碑意义的事件是，有“环保运动之母”美誉的美国著名女海洋学家卡森在《寂静的春天》中，向人们讲述了 DDT 和其他杀虫剂、化学药品对生物、人类以及环境造成的严重危害。通过对人类与环境之间的相互影响和相互关系的论证，提出人类与大自然要和谐共生的理念，倡议全社会要重视保护生态环境。而这个时期的美国社会虽然经济发达、生活富裕，但大规模的黑人民权运动、女权运动、反战运动、红色运动、环境运动等却此起彼伏。在民众批判意识普遍强烈的情况下，卡森的生态警钟迅速激发起整个社会的生态危机意识，美国生态运动的序幕很自然地徐徐拉开。其中，规模和影响比较大的是在 1970 年 4 月 22 日，为了保护环境，美国各地约有 2000 万人参与了示威游行，后来，每年的 4 月 22 日被定为“世界地球日”。

几乎与美国同步，从 20 世纪 60 年代末开始，西方其他主要资本主义国家的群众性环保运动也如火如荼地开展起来，千百万人不断走上街头游行、示威和抗议，要求政府采取有力措施治理和控制环境污染。在这样的社会大背景下，妇女作为一个阵营也开始参与环保运动，比如美国的女性挑战大型核电站的建造，英国的妇女抗议核导弹对地球上生命的威胁等。在这一过程中,她们以女性日常生活中养成的普通认识为基础,将女性利益的表达和对周围环境的一种养成性和保护性态度有机结合起来。由此,女性主义运动和生态运动有机结合起来。

2. 理论背景

伴随着轰轰烈烈的生态运动,西方国家和政府尽管采取了各种措施以应对环境问题,但从总体上来说,在 20 世纪的 70 年代到 80 年代的西方社会,资源浪费、环境退化的状况并未从根本上得到改善,生态恶化的趋势也没有发生逆转。在这种情况下,西方的环境主义、哲学、生态学等许多领域的学者基于生态攸关人类命运的考虑,进一步挖掘自然的价值,对人与自然的关系进行了更深层次的哲学思考,并把调整人与人、人与社会之间相互关系的传统道德的视野逐步扩展到了自然界,形成了生态环境伦理观。

在环境伦理学领域,较具代表性的观点有墨迪的现代人类中心论,辛格、雷根的动物解放/权利论,史怀泽、泰勒的生物中心论,奈斯的生态中心论(这些观点的详述见本书第三讲)。这些学派或者从人类中心主义观点,或者从非人类中心主义观点的角度分析、探讨人类如何与自然相处,力求解决人类面临的环境问题。特别是深层生态学维护所有国家、群体、物种和整个生物圈的利益,追求个体与整体利益的"自我实现",它超越了之前所有的有限的、零星的、浅层的一般探讨,试图在哲学层面勾勒出一个能从根本上克服生态危机的世界观。作为最具革命性和挑战性的环境哲学,深层生态学理论不仅对当代全球环境主义运动的发展产生了巨大而深刻的影响,而且也促进了生态女性主义的产生和发展。

(二)生态女性主义的产生和发展

由于环境主义和女性主义理论和实践的双重影响,作为一种文化思潮,生态女性主义在 20 世纪 70 年代开始出现,在 80 年代得到快速发展,并于 90 年代继续成长。

1. 生态女性主义的产生

生态女性主义运动是在女性主义运动的基础之上逐渐发展起来的,因此生态女性主义理论也首先在西方发达国家产生。1974 年,法国女性主义代表人物埃奥博尼在其出版的专著《女性主义·毁灭》中,首次提出"生态女性主义"这个概念,并介绍了生态女性主义运动产生的背景。在她看来,尽管在 1970 年,女性主义者舒拉米斯·费尔斯通(Shulamith Firestone)就在《性辩证法》一书中指出了女性主义中有关生态的内容,但在 1973 年之前,女性主义与生态之间的联合一直处于萌芽状态。而真正的生态女性主义运动与中欧的政治运动有关,特别是与法国的前沿改革主义者密切相关。她们最初把为妇女争取堕胎权、离婚权和平等权作为主要目标,后来由于受到《性辩证法》的启示,她们发展了与生态有关的内容,并在 1973 年 9 月,成立了一个新的运动组织——女性主义阵线。该组织的成员开始讨论女权斗争与生态斗争联合的想法,并把此想法写进运动宣言当中。但没有多久,前沿主义者就宣布放弃对生态的关注,重新转向她们原有的兴趣:堕胎权、离婚权和平等权。后来,她们中的一部分人分离出来成立了另外一个组织——生态女性主义中心。参与该组织创建的埃奥博尼与其他成员们一起领导了一些关于生态女权主义的运动,有关生态女权主义的概念和理论就是来源于对这些运动的解释和总结。

在《女性主义·毁灭》一书中,埃奥博尼认为,造成现今世界自然环境严重受损、人口过剩的罪魁祸首就是一直在意识形态领域占统治地位的父权制思想,并且人们对女性的压迫和歧视与人类对自然的压迫之间有着某种潜在联系。因此，女性应该领导一场生态运动，通过将保护生态环境与解放妇女联系起来，重新构建男性和女性之间、人类和自然之间的和谐关系。而她创立的“生态女性主义”这一术语，就是为了描述女性在审视环境问题中的作用和影响，以期唤起人们对在生态革命中妇女潜力的关注，并将女性和自然的联系视为生态女性主义的核心原则。

几乎在同一时期，美国的女性主义者也把生态列入自己考虑的范畴，这方面最早的事件就是1974年在加利福尼亚伯克利召开的，主要讨论父权制体系中妇女和自然联系的“妇女与环境”会议。到了1975年，美国神学家罗斯玛丽·拉德弗德·鲁瑟(Rosemary Radford Ruether)出版了专著《新女性、新地球：性别歧视意识和人类解放》，书中写道：“女性必须看到，在一个基本关系是某种压迫的社会，绝不可能有她们的解放及解决生态危机的办法。她们必须将妇女运动和生态运动的要求结合起来，对这个（现代工业）社会的基本社会经济关系和根本价值观进行一种激进的重塑。”①“生态女性主义”成为一门课程是1976年的事，这是美国佛蒙特州的社会生态学研究所的伊内斯特拉·金(Ynestra King)所开设的。此后，作为词汇的“生态女性主义”逐渐开始被接受和使用。

到了1978年，作为生态女性主义理论的开创者，埃奥博尼又出版了她在该领域的第二本专著《生态女性主义：革命或者转变?》。在这本书里，她不仅进一步深化、系统化了原来的理论和思想，而且还进一步强调：生态女性主义的最终目的在于生存，并且让历史得以继续，而不是像历史洪流中的其他种类一样消失、遗忘；人类不要等到无法生存的地步才意识到生态女性主义的重要；虽然人们早期就想到了自然和女性问题，但这样的意识还不够深刻、彻底，现今地球和人类濒临灭亡，只有生态女性主义“领导一场改变人类思想和行为的革命”才能消除这种危险，她呼吁“今天我们必须把地球从男人手中夺走，为人类的明天重建地球”②。就在同一年，美国学者苏珊·格里芬(Susan Griffin)和玛丽·戴利(Mary Daly)分别出版了《妇女与自然：发自内心深处的呼喊》和《女性生态学》。

诚然，埃奥博尼的思想为生态女性主义理论奠定了基础，为未来的发展指明了方向，但直到现在为止，格里芬的论著仍然被视为生态女性主义早期的经典之作。20世纪70年代中后期，生态女性主义报刊不断涌现……但整体来看，在70年代，生态女性主义领域出版的学术著作数量还很有限，也没有较为统一的理论纲领，更没有产生影响力较大的专业组织。与此相应，生态女性主义思想也还没有被绝大多数人所接受。所以，这一阶段的生态女性主义尚属初期。

2. 生态女性主义的发展

20世纪70年代末和80年代初期，一系列的重要环境事件助推了生态女性主义的快速发展，其中最为典型的是1979年宾夕法尼亚州哈里斯堡附近的三里岛核能电厂发生的核泄漏事故，直接导致了美国的生态女性主义在整个80年代的全方位推进，并波及其他国家和地区。

(1)会议

由于三里岛核反应堆事件造成的直接影响，1980年3月，美国生态女性主义的先驱伊内

---

① RUETHER. New Woman New Earth: Sexist Ideologies and Human Liberation[M]. New York: The Seabury Press, 1975.

② EAUBONNE. The Time for Ecofeminism[M]//MERCHANT. Ecology. New Jersey: Humanities Press, 1994: 193.

斯特拉·金在美国马萨诸塞州阿姆赫斯特市组织召开了主题为"女性与地球:80 年代生态女性主义"的大会,参会人员达千人以上,开办了 80 多个工作室,分别讨论了女性主义理论、都市生态学、种族主义、军国主义、可选择技术运动等一系列与时代紧密相关的重大命题。这次会议集结了全美各地的生态女性主义者,也标志着美国生态女性主义的诞生。随后,在美国召开了多次生态女性主义会议,生态女性主义的队伍不断壮大。

(2)活动

生态女性主义者并不是仅仅停留在学术层面的研讨,而且还转化成了实际的行动。在生态女性主义运动史上,1980 年 11 月到 1981 年 11 月,伊内斯特拉·金和其他生态女权主义创始人在美国华盛顿发动并领导了一系列反对军国主义和环境破坏的"五角大楼行动"。她们认为军国主义(五角大楼作为象征物)就是消灭地球上生命的力量,从而把军事力量也和生态女权主义联系起来。这些示威活动起到了示范作用,此后,这类行动很快也在其他国家和地区出现。比如在 1982 年 12 月,英格兰格林汉公地举行了抗议威胁地球生命延续的核导弹部署行动,"三万名妇女围住美国军事装备,挥舞着婴儿的衣服、围巾和其他个人生活的象征物品。一时间,'自由'这个词从她们的口中同时说出来,在基地的四周久久回响。三万名妇女以非暴力的方式封锁了基地的入口"①。

(3)组织

应生态女性主义运动发展的需要,美国在 20 世纪 80 年代还先后成立了两个相关的社会组织。第一个是 1986 年在汉普什尔大学,伊内斯特拉·金和斯塔霍克(Starhawk)牵头成立了"妇女——地球女性主义和平研究所",并尽量让它成为一个非机构性政治组织。她们的目标是创建一个包括多种族的组织,这个目标要通过在各种会议上实行种族平等而得以实现。许多人由于加入这个组织,在种族平等方面积累了许多十分宝贵的经验。遗憾的是,这个组织于 1989 年宣告结束了。可喜的是,就在同一年,前美国国会女议员贝拉·阿布朱格和其他女性政治家创建了一个视域更加开阔、影响更广泛的新机构,这就是"环境与发展妇女组织"(WEDO)。作为一个国际性的非政府组织,WEDO 的许多目标与生态女性主义是一致的,它提出的许多问题都与不同种族、阶级和国家的妇女生活密切相关。这些组织的成立,标志着女性生态主义运动已成气候。

(4)论著

随着生态女性主义运动的蓬勃开展以及相关组织的陆续成立,越来越多不同专业的学者开始参与这一领域的研究,关于生态女性主义方面的著作不断面世。其中,具有代表性的有:卡洛琳·麦茜特(Carolyn Merchant)1980 年发表的生态女性主义的经典著作《自然之死:妇女、生态和科学革命》,它在很大程度上影响了 20 世纪 80 年代初西方世界大规模环境与和平抗议运动;在 1975 年就开始转向生态女性主义领域研究的卡伦·J. 沃伦(Karen J. Warren),于 1987 年在美国东部哲学联合会上宣读了具有广泛影响的学术论文《生态女性主义的力量与承诺》;更值得一提的是,作为第三世界的代表人物,范达娜·席瓦(Vandana Shiva)在 1988 出版了《妇女、生态和发展》;还有一直坚持在生态女性主义运动第一线的领袖人物伊内斯特拉·金,基于长期的实践和理论思考,在 1989 出版的《女权生态学和生态女权主义》;利奥尼·卡尔

① KING. The Ecology of Feminism and the Feminism of Ecology[M]//PLANT. Healing the Wounds: The Promise of Ecofeminism. Santa Cruz: New Society Publishers, 1989: 27.

德科特(Leonie Calde cott)和斯蒂芬尼·利兰(Stephanie Leland)的生态女性主义文集《拯救地球》(1983)等。

3. 生态女性主义的壮大

进入20世纪90年代,WEDO连续举办生态女性主义论坛。1991年在迈阿密组织召开的主题为“为了健康的星球”的世界妇女代表大会,主要是为下一年在巴西里约热内卢举办地球峰会做准备。在1992年的世界环境与发展大会上通过的《21世纪议程》中特别强调,“为妇女采取行动以谋求可持续的公平发展”,这表明女性与环境保护的联系已经被国际社会高度重视。1995年的第四次世界妇女大会再一次警示我们,自然资源的恶化已使妇女深受其害,环境保护应成为各国女性共同关切的话题。

这些国际层面的会议,特别是1992年的环境盛会,对生态女性主义的发展起到了主要的助推作用。另外在1992年,“妇女与生态”专辑首次出现在著名的《生态学家》杂志上,美国的主流女性主义杂志《女士》也开设了“生态女性主义”专栏。伴随着生态女性主义新思想的广泛传播,不仅各类相关报刊不断涌现,而且很多美国大学,例如科罗拉多大学、西华盛顿大学、西弗吉尼亚大学、得克萨斯州大学阿灵顿分校等,开始设置有关生态女性主义的课程,推动了生态女性主义思想的传播。随着国际化、组织化程度的进一步提高,生态女性主义在快速发展中内容日益深化。

首先,弥补了已有理论的不足。生态女性主义理论起源于西方,研究者主要是欧美发达国家的中产阶级白人女性,其理论不能体现出文化、地域、阶级等因素的影响,也就不能外推到其他国家和地区,特别是第三世界。而世界的全球化发展,一方面,使得国家之间、地区之间的发展差距、环境差距、文化差异等各方面的强烈反差凸显了出来,另一方面,少数有识之士意识到,所谓全球化其实是由西方发达国家所主宰的世界新秩序,其维持是以对不发达的其他国家的资源与劳动的支配为基础的。所以进入20世纪90年代,生态女性主义发展的一个明显转向就是对压迫性的超国家结构的批评,比如,希尔卡·皮提拉(Hilkka Pietila)和吉恩·维克尔斯(Jeanne Vickers)的《发挥妇女的作用:联合国扮演的角色》(1990),分析了女性主义政治的全球化在一个日益全球化世界中的重要性;卡罗尔·亚当斯(Carol Adams)的《性别化的食物政治》(1990)则阐述了素食主义的文化含义。同时,第三世界的生态女性主义也得到不断发展,如印度的范达娜·席瓦、玛丽亚·米斯(Maria Mies)在1993年发表了经典之作《生态女性主义》;1996年,鲁瑟主编出版了《妇女疗治地球:第三世界妇女关于生态,女性主义和宗教》;巴西学者伊凡娜·吉布拉(Ivone Gebara)出版了《寻求流动之水:生态女性主义与解放》等若干理论成果。

其次,西方原有的生态女性主义理论进一步深化,表现为相关的理论探讨上升到了哲学的层面,特别是对资本主义父权制进行了深刻的批判。比如,激进的女性主义生态哲学家瓦尔·普拉姆伍德(Val Plumwood)在1991年、1993年和2002年,分别出版了《女性主义、环境哲学和理性主义批判》《女性主义与对自然的控制》和《环境文化:理性的生态危机》三本论著;沃伦则在1990年和2000年,先后完成了《生态女性主义的权力与承诺》和《生态女性主义哲学:西方视域中的内容和界定》,而所有这些论著都称得上是本领域的代表之作;查伦·斯普瑞特耐克(Charlene Spretnak)则运用生态后现代主义的观点来审视和完善生态女性主义的观点,她有两篇代表性的论文,即《生态女权主义建设性的重大贡献》以及《生态女性主义哲学中彻底的非二元论》。

最后,产生了社会主义取向的生态女性主义。由于大多数社会主义国家都是属于第三世界的发展中国家,对资本主义父权制的批判必然伴随着对社会主义的重新认识,所以强调社会主义优越性成为逻辑的必然。事实上,生态女性主义以期刊《资本主义、社会主义、自然》为平台与生态社会主义展开对话,的确产生了社会主义取向的生态女性主义。在这个分支领域,长期坚持在第一线的学者鲁瑟编辑出版了《盖娅与上帝:一种使地球康复的生态女性主义神学》(1992)、《我们自己的声音:四个世纪以来美国女性的宗教著述》(1996)和《基督教女性主义中的救赎》(1998)等;英国社会学家玛丽·梅洛(Marry Mellor)则发表了《打破边界:走向一种女性主义的绿色社会主义》(1992),强调社会主义、生态学和女性主义之间的内在关联,尽管她更愿意被称为社会主义者而不是生态女性主义者。

其实,生态女性主义理论的丰富程度远不止于此,表现在很多领域的学者都从不同的角度进行研究。比如在早期的 1993 年,有琼妮·西格(Joni Seager)的《地球愚行:以女性主义方式应对环境危机》,考伦·巴斯(Corin Bass)和詹妮特·肯尼(Janet Kenny)的《切尔诺贝利之后:妇女的回应》,格丽塔·嘎德(Greta Gaard)编辑的《妇女、动物、自然界》;在 1994 年,有瓦伦·格林(Walon Green)的《捍卫自由女性主义》。另外,生态女性主义理论家格里芬出版了《日常生活中的爱:论生态学、性别和社会》(1995)、《生态伟人及其品德》(2001)等;素食女性主义者卡罗尔·亚当斯(Carol Adams)出版了《动物与女性:女性主义理论分析》(1995)、《上帝知道你的爱》(2005)、《生活于食肉者群体之中:素食主义者手册》(2008);控制有机体女性主义者唐纳·哈拉维(Donna Haraway)出版了《女性主义和技术科学》(1997)和《伴侣物种宣言:狗、人和重要其他》(2003);精神生态学家斯蒂芬尼·卡萨(Stephanie Kaza)出版了《佛教论贪婪、欲望和消费欲求》(2005);以及女性主义神学家朱迪思·普拉斯科(Judith Plaskow)编辑出版了《论女性主义、犹太教和性别伦理》(2005)等。

(三)生态女性主义内涵

生态女性主义是在女性主义发展的第三阶段和环境运动相结合的一种时代思潮。它尝试寻求普遍存在于社会中的贬低女人与贬低自然之间的一种特殊关系,反对在父权制世界观和二元论思维方式统治下的对女性与自然界的压迫,甚至于反对任何形式的社会压迫,希望在人与自然之间、人与人之间建立一种新型的和谐关系。由于生态女性主义理论内部包括不同的流派,而该领域的理论家也并不主张建立一个能够囊括所有观点的统一的理论体系,所以其包容性决定了我们应该从多侧面认识这一理论。

首先,它是一种理论。在内容方面,它承接着传统的女性主义理论和生态伦理学双重的内容,既承认性别之间存在着差异,男性偏见是普遍存在的,我们应该对这种偏见进行反思,从而消除性别歧视,也吸取了生态主义特别是深层生态学的思想精髓,把整体自然观放在女性主义的视角上进行研究,突出女性在这个整体中的积极作用,进而形成了独特的生态女性主义理论。

其次,它是一种实践。生态女性主义理论本来就是在女性主义运动和生态主义运动的基础之上产生的,并伴随着生态女性主义运动的发展而不断成熟,其目标既包括为女性争取独立自主的权利,也包括为了生态系统的和谐、美丽与稳定。比如,在 20 世纪 80 年代的"妇女五角大楼行动"中,参与者不仅捍卫自身在生育、经济等方面的权利,而且指责出于私利、掠夺自然资源的军事战争等侵略行为。

最后，它还是一种多元的文化视角。一方面，由于性别既以生理特征为基础因素，也有社会文化方面的影响，另一方面，在不同的国家、地域和种族，人类压迫自然的表现也会出现差异，所以生态女性主义在构建妇女与自然的联系，分析统治妇女和统治非人类自然的原因以及解决办法等方面也必然是多重文化视角的。因此，生态女性主义其实包容了许多彼此观点差异很大的各种理论，形成了一个内容丰富但其内部又存在着巨大的视角与立场差别的谱系。

三、生态女性主义的流派

女性与自然是生态女性主义思想的基础和主线，但是在究竟是什么原因导致了女性与自然被辖制，以及女性与自然如何才能得到解放等问题上，思想家们又见解各异。根据关注焦点、理论倾向、基本内容和陈述方式等方面的不同，生态女性主义可以划分为许多流派。从理论上来说，生态女性主义思想包括文化生态女性主义、精神生态女性主义、社会生态女性主义及哲学生态女性主义等。从地区的发展程度方面来说，有西方发达国家的生态女性主义和第三世界的生态女性主义。

（一）文化生态女性主义

1. 内容

文化生态女性主义是在女性主义第二次浪潮之中孕育并逐渐发展起来的，代表人物有格里芬、麦茜特、戴利等。受激进女性主义思想的影响，该流派批判了西方的父权制世界观和二元论的思维方式，因为在这种文化里，女性与自然密切联系在一起，并被视为低劣的，应该处于被支配的地位，而男性和文化被视为高等的，是压迫者的角色。但同时又强调自然和女性都应该有自身独特的价值，就像女性并不是通过成为男性的附属而获得自身价值一样，自然也不应被贬低而成为建造伟大文明的牺牲品。总之，被贬损的自然、女性、肉体、情感的价值应该得到重新评价。

女性与自然有着本质上的联系。一方面，在生物学意义上，女性养育生命和自然滋养万物存在本原上的联系，月经使女性与自然过程月亮圆缺更是保持着有规律的联系。另一方面，作为实际的生理和心理体验的产物，女性特有的关怀和直觉，也能使大自然受到的伤害最小。所以，这种由生理决定并通过身体功能建立起来的联系，决定了女性比男性更加亲近自然，更能深层次地体会到大自然的感受，更容易将情感付之于自然，也更有助于建立一种和谐的人与自然关系。因而，女性是大自然的最佳代言人。

由于女性特有的美德是男性本身不具备并且无法复制而得的，所以“问题不在于妇女比男人与自然关系更密切，而在于这个关系被低估了”，自然和女性的联系还应该进一步加强，即要特别强调女性的存在，构建符合女性的生理和心理发展要求的女性原则、女性精神和女性文化，以激励和弘扬女性的独特天性。女性如果掌握了语言和文化上的主动权，就能为自己和自然立言，也才能把自然从压迫性的男性文化中解放出来，并最终实现化解生态危机、完成妇女解放的根本目标。

2. 评价

长久以来，西方的神话、语言、经验等许多领域早就把女性和自然联系了起来。现实中的女性和自然也确实存在着诸多共同点，所以文化生态女性主义认为女性是因为其特殊的生理和心理特征而比男性更接近自然的观点是不无道理的，尽管带有明显的本质主义倾向。这种着重强调女性本身独特性的观点使其遭受了来自多方的质疑，特别是社会生态女性主义的批评。

反对者认为，文化生态女性主义或者把妇女简单理解为纯粹的肉体，或者把女性的潜能和能力简单理解为一种自身具有的本性，进而夸大了女性在生理功能上与自然的相似性，忽视女性和自然的差异。这种一厢情愿地将女性视为自然化的存在物的观点，不仅过于简单和主观，而且对女性和自然的解放有害无益。因为父权制文化的倡导者正是以男女不同的生物机制作为压迫女性与自然的根据，赞美自然与女性的联系、强调女性的独特性本身恰恰就是"用来压制妇女，使之沉默的公式"，这在很大程度上反而迎合了生态女性主义者所一直批判的父权制话语体系的需要。所以，"文化生态女性主义是倒退的，而不是革命的"。另外，企图通过几句热情洋溢的号召、构建一种新的女性文化，就想改变数千年来贬低女性和自然的消极文化影响似乎有些过于理想化。

的确，文化生态女性主义存在矫枉过正的弊端。但是如果不强调妇女与自然的特殊联系，"在一定程度上削弱了生态女性主义者最初的激情，她们的初衷是要在有机体的意义上——尤其是在提到妇女的生物学特征时——重申自然"①。况且，强调妇女与自然的特殊联系，宣扬传统的女性美德、母亲角色，目的仍然是为了女性和自然的双重解放，所以也不能断然认为他们就是倒退的，他们同样具有革命的性质。

另外应该看到的是，在很大程度上，正是得益于反对的声音，文化生态女性主义也才能够不断进化。比如，面对社会生态女性主义的批评，许多文化生态女性主义者强调说，他们并不是只关心女性的生理特性，他们也关心社会经济制度的变革，文化现象和经济因素是在一种复杂的辩证关系中相互影响对方的。

（二）精神生态女性主义

1. 内容

精神生态女性主义是在文化生态女性主义的思想基础之上进一步发展的结果，代表人物有斯普瑞特耐克、斯塔霍克等。该流派从宗教的角度认识女性与自然的关系及两者受压迫的根源。在传统的犹太教、基督教等旧的精神信仰体系中，以男性为中心的色彩非常浓厚。比如，按照希伯来的《圣经》文典，上帝的形象与话语均是男性式的，地球以至于整个世界都是上帝创造和统治的，人类居住的地球是世界的中心；在地球范围内，人类是万事万物的管理者，居于压迫者的地位，确切来说，地球的主人是男性的人类；身体与灵魂是相互分离的，人的肉身在人间是必须要经历磨难的，因为身体是原罪的。显然，传统的、主流的宗教是反身体的，特别是以女性为表征的身体，这不仅大大贬低了自然和妇女的价值，而且典型地体现了人类中心主义和男性中心主义的世界观和价值观。正是这种根植于父权制宗教的信仰，才使得人类把对自

① BIEHL. Rethinking Feminist Politics[M]. Boston: South End Press, 1991: 19.

然界造成的破坏，以及对女性的压迫和伤害看成是合情合理的，它的存在与环境恶化有着密不可分的关系。

而在古老的前家长制文化中，盛行的则是基于对自然敬畏的女神崇拜、巫术以及宗教，这些原始的意象均把原始生态的自然比喻成人类的母亲，体现的是神圣的女神精神。比如，按照古希腊前奥林匹亚时期的女神宗教传统，地球上的生机万物出自一个具有神奇的繁育能力的女神（即母亲神盖娅）。地球作为盖娅的躯体，应该和女神一样备受尊敬和崇拜。显然，更早期的宗教文化体现的是有机的自然观，这不仅能够保障女性的地位和权益，而且也有利于自然的完整和和谐。遗憾的是，随着科技的发展，人类社会的进步，女神宗教日渐式微，甚至濒于消亡。

因此，要改变自然和女性受压迫的状况，就要首先肃清充斥男性精神的父权式宗教，建立新的精神信仰，而重拾原始的女神精神则是最佳选择。由于地球上的万物都是女神孕育出来的，因此女神崇拜既意味着对自然的顶礼膜拜，也包含着对女性身体及其身体内部的生命循环的肯定，对女性的仁慈以及独立的权利合法性的承认。可见，这种新的精神信仰是以女神为外在形象，以自然为基础，进而强调女性和自然的神圣性。值得注意的是，重新提倡女神精神，并不是简单复兴历史上的那种对女神的疯狂崇拜，而是为了引导人类将生态意识以及对自然的敬畏内化为持久而强烈的宗教情感，激发人类对自然的深切关怀，最终达到缓解生态危机、改善妇女处境的地位。

由于进一步强化了女性与自然的关系，所以精神生态女性主义既是对文化生态女性主义的升华，也是文化生态女性主义最强有力的联盟。

2. 评价

精神生态女性主义是从宗教的角度出发，强调女性与自然之间的联系。该流派认为传统的父权制宗教是女性和自然遭受压迫的精神根源，因此主张复兴女神宗教，弘扬女神精神，宣扬女性的优越性地位，确立了生态有机体的观念，激发了人们对自然界的崇敬之情。显然，这种尊重女性、尊重自然的态度，对于缓解女性和自然受压迫的情况无疑是有益的，是值得被肯定的。

但是某些精神生态女性主义者反对采取政治行动，或对政治行动抱有敌意，由此也引起了多方的质疑。比如社会生态女性主义者认为，精神生态女性主义是用错误的宗教巫术代替他们在政治上的申诉。尽管他们浪费太多的时间刻意地沉思冥想，在月光下跳舞、施“魔咒”以及咏唱圣歌，但所有这些活动并没有什么实际意义，这样只会引导人们用神话与宗教的方式去逃避真实的生态与社会问题。

精神生态女性主义者面对此类批评也做出了回应，辩称自己并不是超脱尘世的梦想家，采用宗教的方式也并不等于就一定是没有实效的空想。他们认为，可通过组建多个小型的社会性团体，建立和维护团体之间的关系，在日常活动中传播自己的精神思想，从而形成一股强大的社会力量。可见，这种日常活动“比用同样的游戏还击男人的权力游戏更加有效”。他们认为，社会生态女性主义者没有全面理解他们的思想，就像斯普瑞特耐克所指出的，大多数精神生态女性主义者都承认，精神态度的改变必须要伴以特殊的政治干预和政治变革，而之所以只强调在精神层面的追求，是由于在现代的经济社会中，越来越多的人利用物质商品来弥补精神上的匮乏。

作为第三世界生态女性主义的代表人物，范达娜·席瓦曾经指出，精神生态女性主义所倡导的女神崇拜，既不是“奢侈的精神信仰”，也不是“在西方生活标准这个物质蛋糕上涂一层理性主义的糖衣”，而只是想通过精神运动，从宗教根基上打破建构在不合理的统治框架下的二元结构，使人们意识到世间万物都是应该被尊重的，从而返还自然与女性在世界中古已居之的位置。的确，作为精神支柱，精神生态女性主义为女性和自然的解放起着重要的引领作用。如果在今后的发展过程中，能够听取质疑声中的合理音调，在弘扬女神精神的同时，强调政治的参与，精神生态女性主义会走得更远更好。

（三）社会生态女性主义

1. 内容

社会生态女性主义是在批判文化生态女性主义和精神生态女性主义的基础上产生的，其代表人物有沃伦、多罗西·丁内斯坦（Dorothy Dinnerstein）。根据文化生态女性主义和精神生态女性主义的理论，由于具有独特的生育功能和关怀、柔弱等气质，女性在实然和应然的层面上都与自然的联系更加密切。社会生态女性主义则对此表示反对，因为每个人，不管是男人和女人，都同时具有男性气质和女性气质，甚至某些女性具有更多的男性气质，而缺乏女性气质，反之亦然。同时，每个人既是自然的，也是文化的。所以一个人的气质固然与生理性别有关，但更受社会文化的影响。显然，单从男性和女性生理上的差异强调女性与自然的联系是不充分的，甚至这种意义上的联系也不是最为本质的。

女性的气质特征很多，女性和男性也可能拥有相同的气质。但在父权制社会里，由于男性掌握着话语权，所以他们为了满足自己的需要，人为地将部分气质特征分化出来，给其贴上女性专属的标签，并进行巩固、深化，由此女性“独有”的关怀、柔弱等特征就被社会成功地赋予。同样，由于所担负的社会职责和生活角色的原因，女性的身份就被局限于私人领域，从表面看起来也更接近自然，长此以往，女性和自然的密切关系也就被合理地塑造了起来。可见，无论是关于女性的各种气质特征和伦理要求，还是女性与自然的特殊联系，都是父权制文化长期“熏陶”，并由社会意识形态强化的结果。

既然是父权制文化把女性和自然更紧密地联系在了一起，并使两者共同受到压迫，那么如果仅仅将女性滞留在生物层面，基于女性有着异于男性的特殊的经验和功能，而强调女性和自然的关联性，其实是陷入了父权制的逻辑圈套，就正如麦茜特所指出的，“任何显示女性有特殊本性和素质的分析都把女性束缚在她们的生物学命运上，这是妨碍女性解放的可能性。女性的文化、经验和价值观的政治可以被看作是倒退的”①。所以，要解决生态危机和性别歧视，就应该淡化女性和自然在生物学上的联系，并把这种联系降到最低限度。

同时，重新塑造并确定自然与文化、男人与女人的概念，使得女人、自然与男人、文化融为一体，破除西方传统的二元对立思维，改善女性从属于男性、文化凌驾于自然之上的局面，进而建构一个仁爱的、非中央集权的、无任何统治制度的全新社会。在此社会里，没有任何经济制度、政治制度试图征服自然，男性和女性努力共建一种关怀性的道德观，性别等级被清除，人性得以解放。

---

① MERCHANT. Radical Ecology：The Search for a Livable World[M]. New York：Routledge，1992：73.

2. 评价

基于生理方面的相似性，文化生态女性主义和精神生态女性主义强调自然与女性的联系，认为女性是自然的最佳代言人，弘扬女性文化、倡导女神精神对于女性和自然从受压迫的状态下解放出来都是有利的。而社会生态女性主义虽然承认在生理方面，女性与男性存在着差异，女性与自然更为接近，但由于人既是自然的，也是社会的，所以性别特征既以生理特征为客观基础，也有社会文化主观建构的影响，并且后者起着主导的作用。在父权制的经济发展模式中，女性和自然的关系被社会人为地强化，女性和自然所受到的压迫也是相互促进的。因此，要提高女性和自然的地位，解决生态和社会问题，就要淡化女性与自然的生理联系，并把这种特殊联系降低到最低限度。同时，打破男性和女性、人类和自然相对立的局面，丢弃不合理的等级制度。

首先，社会生态女性主义最值得肯定的就是，在生理性别和社会性别的基础上，全面分析了女性和自然联系的纽带，克服了文化生态女性主义和精神生态女性主义仅侧重生理视角的片面性。其次，就是正确指出了父权制的社会体制通过加强女性和自然的联系，而加重了女性和自然的“他者”性。但由此强调解除女性和自然的联系，批评文化生态女性主义和精神生态女性主义是倒退的观点，也使其自身遭到了质疑，因为一方面，生态女性主义本来就是建立在女性的生理特征与自然相似的基础之上，另一方面，倡导女性的传统美德、母亲角色和女神精神，增强女性与自然的特殊联系的生态女性主义，目的仍然是提高女性的社会地位，弘扬生态文化，这样的生态女性主义也是一种革命。最后，社会生态女性主义提出的新社会模式从理论上来说无疑是美好的，为生态女性主义的发展提供了努力的方向。显然，这种构想过于理想化，在可预期的将来如何可操作化，是一个很现实的问题。

（四）第三世界生态女性主义

1. 内容

西方生态女性主义理论在第三世界传播和发展时，本土化的结果就是第三世界生态女性主义，代表学者有印度的范达娜·席瓦等。由于第三世界的经济发展状况、妇女生存和环境实情与西方生态女性主义产生的土壤有很大的不同，第三世界的女性与发达的西方世界的白人女性的立场和观点也就有一定的区别，特别是后者往往不必考虑现实生存的问题。所以第三世界生态女性主义相对不那么注重精神向度，反对超越女性的阶级和文化差异的倾向，而更加关注现实的问题。

该流派主要立足于生存的角度，看待生态、女性甚至整个人类社会。首先，密切关注生产与生殖、生产与生态之间的关系，以及女性在其中的角色，并肯定了自然与女性的关联。与传统的西方生态女性主义者主要基于妇女是环境破坏的特别受害者，而认为女性和自然是被动联系在一起不同，第三世界生态女性主义认为，发展中国家的女性并不仅仅是环境污染的牺牲品，而是在生存和创造生产的斗争中与自然主动联系在一起。其次，认为自然是不可再生资源，如果自然遭到严重破坏，人类的生存环境也将会受到严重威胁。由于自然过程遵循的是女性原则，是能动的、创造性的、多样的、整体的、可持续的，所以生态危机的实质其实是女性原则的毁灭。因此，人与人、人与其他生物、人与自然的关系应该被重新解释，并把人看成是一种生态存在。然后，把造成对女性与自然双重统治的原因归结为当前西方父权制式的不可持续的经济发展模式，并称之为“mal-development”，即“坏的发展”。这种西方式的恶性发展观依据的是现代科学，走的是资本主义工业化道路，所以破坏并丢弃了女性原则，贬抑与否定了自然的工作和创造力，并最终引起了生态危机。同时由于贬抑和否定了女性的劳动，也导致了性别主义和性别不平等。另外，还造成了精英对下层民众的掠夺，加剧了社会的贫富差距。最后，剖析了第一世界对第三世界的“援助”，揭示了自然剥削与更广泛的社会剥削之间的关系。该流派认为这种所谓的援助政策，一方面，削弱了受援国妇女为其家庭提供事物和自助的能力，另一方面，由于现代农业生产方法的引进往往致命地毁坏了当地的土壤，结果不仅是许多第三世界国家的妇女和环境的处境更加恶化，而且还会引起处于弱势地位的当地文化的毁灭。由于这种“援助”其实是发达国家对第三世界国家隐性的、变相的新型殖民，所以西方发达国家主导的全球化以及西方科学主义普世价值观之于这种新型殖民，既是有效载体，又是得力推手，并最终引起第三世界国家的女性、生态和文化等遭到更严重的压迫或侵略。

基于上述内容，第三世界生态女性主义首先号召发展中国家的女性更应不断在“发展”的前提下力争解放，就像她们的国家要从殖民主义的统治之下争取解放一样，同时要避免像发达国家那样盲目追求国家的技术化、工业化以及高国内生产总值，并走可持续发展之路，促进人与自然之间的和谐，清除对自然环境有威胁的所有体制和行为。与此相应，该流派倡导用多元性的生态文化取代“全盘西化”及以追求利润最大化为主导的单一基因文化，并立足本土知识体系，结合基层妇女的环保运动重建生态文明，进而维持人类最基本的需求——生存。而最适合人类的生存方式便是：尽可能的简单生活。其次是提出要恢复女性原则。范达娜·席瓦认为，“具有生命的创造者，才是生命真正的保护者”，解决生态危机的根本途径就是恢复女性原则。女性原则是一种无性别偏见的原则，既是女性和自然的，也是男性的规则。按照这种原则，男人和女人都应该培养如关怀、同情、慈祥和养育等传统女性美德，构建人与自然、男人与女人的公正和谐关系。最后就是强调要建立一种摆脱双重殖民意义（即种族的殖民和性别的殖民）的、尊重文化与历史特殊性的话语，提倡社会公正，反对各种形式的歧视，以相互依赖模式取代以往的等级制关系模式。只有这样，才能真正消除所有的压迫，特别是自然和女性所遭受的压迫。

2. 评价

与之前的生态女性主义相比，第三世界生态女性主义是从实践角度关注女性与自然的关系。该流派一方面正确地看到了第三世界的环境状况，以及社会底层的农民特别是妇女的生存窘境，“生存还是死亡”是她们面临的艰难抉择；另一方面批判了西方发达国家依靠科技的工业化发展模式，以及这种发展依托全球化的背景，通过跨国公司等形式对第三世界国家进行变相剥削，给当地的妇女和自然造成了严重伤害，以及这种新殖民主义还引起了全球财富的重新分配，人口增长话语背后的种族歧视和性别歧视等。根据这些现实，第三世界国家为了环境保护应减少消费，拒绝赶超式发展。由此可见，第三世界生态女性主义既区别于文化生态女性主义和精神生态女性主义仅强调精神向度，也不同于社会生态女性主义只停留在理论层面，而是将西方生态女性主义理论和第三世界的人民和自然的真实境遇相结合，并站在国际视野的高度分析问题，寻找出路。这种理论联系实际、微观和宏观相结合的辩证世界观和方法论是值得肯定的。

尽管第三世界生态女性主义的理论观点新颖、合理也不乏吸引力，但其建构的理想社会由于不具有现实可行性，而只能是一套乌托邦式方案。因为即便是发达国家，也不会断然抛弃之前殖民式发展带来的物质和精神财富，而处于现代化途中的发展中国家，一般来说更不会为了保护环境而拒绝发展。另外，行动主义取向和简单生活方式的主张在目前具有较大挑战性，社会大众可能一时难以接受。总体而言，目前大多数人对于自己的生活方式还是较为满意的，虽然也关心生态环境，但是当涉及要改变自身的生活方式时，他们未必乐于接受。

面对诸如上述之类的批评，一些第三世界的生态女性主义者也做出了回应，她们辩称道："人们不愿意改变生活方式，这并不能从道德上证明这样做是有道理的"，也不意味着生活方式会一点儿不受影响，就像有人即使不愿意完全放弃吃肉，但也可能会开始拒绝吃那些在极端残酷的饲养条件下养成的动物肉制品，本来道德的进步就是逐渐的。同样，一个人可能不愿意在环保事业上花费大量时间，或者全身心投入其中，但总会有一些积极的改变，无论这个改变是多么微不足道。可见，不再等待革命、变化和奇迹发生的第三世界生态女性主义，其所持的行动主义态度仍然是值得尊敬的。

总而言之，第三世界的生态女性主义在解决女性和自然问题方面，还是给我们提供了有价值的思想，并且关注现实是其突出的特点，这也难免使其理论具有激进性和挑战性。当然，如何在经济发展和环境保护之间保持合理的张力，如何让社会大众接受和践行等问题，是第三世界的生态女性主义需要进一步思考的问题。

(五)哲学生态女性主义

1. 内容

哲学生态女性主义产生于20世纪90年代，主要代表人物有沃伦、普拉姆伍德。在整个20世纪80年代，各种生态女性主义运动蓬勃开展，生态女性主义各流派的理论家也从不同角度描述问题，思考问题的根源，并寻找解释、和解甚至妥协的途径，然而生态和女性的问题仍然存在，个别方面甚至还在恶化。因此，文化生态主义、精神生态主义、社会生态主义等流派都开始了进一步的思考，努力寻找各自问题的所在，哲学生态女性主义就在这种思潮的发展过程中产生了。

通过反思，生态女性主义理论家认识到，在不同的历史阶段，女性和自然的关系也会相应地改变，所以如果仅仅强调两者之间在生物学上的关联，即将女性自然化或将自然女性化，那么女性问题和环境问题都很难从根本上得到解决。因此，早期关于女性和自然联系的观点存在缺陷，在父权制文化下形成且得到过分赞扬的女性角色、女性原则、女性直觉、女性气质等女性概念也是有诸多不足的。既然以前从本质主义角度理解女性和自然的关系，得出的是孤立的、静止的和片面的结论，那么要深化相关的见解，就应该从不同的历史和文化背景中去辩证地认识女性和自然的联系，探寻两者被辖制的根源。

哲学生态女性主义在概念分析和理论层次上对主流哲学发起挑战，指出女性和自然遭受双重统治的实质是西方传统的父权制世界观，而这种世界观正是源自哲学中的二元论思维和崇尚理性主义的传统。可见，这一流派将女性和自然受压迫的主体身份锁定在"男性中心主义"的价值取向上，因此也更加清晰地揭示出男性在西方社会中的主体性和主宰性地位，以及女性和自然的"他者"地位。而要破除这种压迫，从根源上摧毁这种对女性和自然进行统治的结构性框架，以及支撑这种框架的文化价值体系，就要解构女性与自然的关联性，努力寻找一种非二元论的，建立在"关系"和"联系"基础之上的新的概念框架，进而构建一个平等、和谐的社会。

2.评价

从理论上来说，哲学生态女性主义是在文化、精神和社会生态女性主义的基础上升华的成果。该流派首先是正确地指出了之前的这些流派在认识自然与女性关系时的局限性，认为他们或者仅立足于生理的视角，或者仅从社会文化的层面进行分析，并全方位地勾勒出了二者之间的系统联系。其次从逻辑上剖析了自然与女性遭受压迫的深层次根源在于长期以来在西方世界居于主导地位的父权制世界观，并揭示了二元制、价值等级思维、统治逻辑等文化背景是其产生和存在的基础。而这显然要比之前的生态哲学仅把环境问题简单地归因于抽象的人类中心主义要更加准确一些。最后就是，主张削弱女性与自然的关联性，并为二者的解放提出了努力的方向。至于要构建其倡导的社会的可操作性，还有待于实践的检验和发展。

总之，哲学生态女性主义克服了早期生态女性主义难免带有的形而上学的缺点，建立了一套较为全面、较有说服力的理论体系，并具有一定的哲学高度和实践性，这无疑是一个很大的进步，也使得生态女性主义的发展越来越朝着一门“学说”的方向迈进。但由于其产生的时间还较为短暂，又不像第三世界生态女性主义那么关注现实，所以对其质疑在目前来看还非常有限，而这其实意味着哲学生态女性主义是生命力最强、发展空间最大的一个分支。

如果从横向角度梳理生态女性主义不同流派的理论主张，可以发现它们的思想中还是蕴含有许多共识：①从女性视角出发，“把性别作为分析的范畴”，用性别作为透镜审视生态问题；②女性与自然的联系是生态女性主义理论发展的一个逻辑主线，也是各个流派都必须面对的问题，尽管在两者的关系方面是应该被强调还是削弱抑或反对，彼此之间存在很大的差异；③共同目标是解决生态危机、解放妇女，以至于终结所有压迫，实现全球的可持续发展；④将批判的矛头指向父权制，认为这是造成歧视女性和统治自然的根本原因；⑤如果从纵向分析的话，可以看出生态女性主义各个流派的产生和发展，其实是一个逻辑上递进、理论上不断深化的过程。

最早产生的文化生态女性主义与精神生态女性主义，属于精神层面的生态女性主义，它们基于生理功能方面的考虑，致力于强化女性与自然之间的联系。在改善女性与自然受压迫的状况方面，文化生态女性主义希望通过一些热情洋溢的口号，弘扬女性文化；精神生态女性主义则试图通过宗教等方式，倡导女神精神。但是，这种过分强调女性特征，一方面容易犯本质主义的错误，另一方面也相当于承认了二元对立的传统哲学观，迎合了父权制社会的统治模式的需要，加重了女性与自然的工具化。为此，社会生态女性主义思潮应运而生。

社会生态女性主义属于社会层面的生态女性主义。该流派特别强调性别的社会建构根源，认为男性和女性的社会角色完全是社会化的结果，比如在男权制的社会里，通过把妇女作为自然的原型，使得两者都沦为被剥削的对象。因此，社会生态女性主义主张削弱基于生理角度考虑的女性和自然的联系，打破男性和女性、人类和自然相对立的局面，丢弃不合理的等级制度，通过社会制度的变革，寻求妇女和自然的根本解放。但是，如果过度否定妇女和自然之间的联系，就有脱离生态女性主义范畴的危险。

第三世界生态女性主义既可以被看作是社会生态女性主义的具体化，也可以被认为是前三种生态女性主义理论和第三世界的实际相结合的产物。该流派主要从人类生存的角度认识自然、女性以及两者的关系，并且认为女性和自然的联系不是父权制文化价值体系下被动产生的，而是女性在生产和生活过程中主动为之的结果。第三世界不能赶超式发展，拒绝走西方国家的工业化发展以及新殖民主义道路，并改变生活方式，这样才有利于女性和自然的解放。由于关注现实，该流派在可操作性方面遭受了大量质疑，但相对于之前停留在理论层面的生态女性主义，显然仍然是一种进步。

哲学生态女性主义则可以被认为是文化、精神和社会三种生态女性主义理论的进一步提升的结果。在关于女性与自然的关系方面，该流派主张削弱自然和女性的关系，并进一步提出了一种非二元论的、基于“关系”和“联系”的新概念框架。由于最为年轻，所以一方面该流派的美好设想如何指导实践，使得其面临的挑战并不亚于第三世界生态女性主义，另一方面也预示着其未来的发展空间很大。

由此可见，生态女性主义各流派的差异也是显然的，甚至个别流派之间似乎是截然对立的，比如在女性和自然的关系方面，文化生态女性主义、精神生态女性主义和社会生态女性主义、哲学生态女性主义的主张截然相反。但如果进一步分析会发现，诸如此类的矛盾并非不可调和。在文化生态女性主义者看来，对自然的亲和态度并不等于自身被动地陷入受摆布的境地，女性和自然一样需要尊严，而这种尊严也正是社会生态女性主义者们一直探求的；哲学生态女性主义要削弱女性和自然的联系，其实是为了追求包括女性和自然联系在内的、基于平等关系的更广泛的联系。

另外，随着时间的推移以及社会文化背景的不同，生态女性主义者个人的思想倾向也会发生变化，其中格里芬最为典型。她本是早期文化生态女性主义的代表人物，但在后来却发现“这种女人离自然更近的观念是为男人控制权辩解的一种说辞”。因此，她转而反对女人与自然的关系比男人与自然的关系更为密切这一观点，甚至认为存在于地球上的一切事物，包括理性的思想，都是自然的一部分。总之，生态女性主义理论内部的统一大于分歧。可以说，正是不同流派之间的或批评或肯定，才使得彼此都不断完善，并互相补充。并且这些碰撞、融合本身，既是生态女性主义理论发展的内在动力，也是其多元化、多样性的自然展示。

四、生态女性主义对传统思想的批判

(一)对父权制的批判

生态女性主义首先批判了父权制，证明是父权制的统治逻辑造成了男性对女性的压迫和人类对自然的剥削。在此基础之上，进一步批判和父权制文化互为背景、互相促进的二元论思维方式，说明二元论造成了男性与女性以及人类与自然的分离。通过这些深入的批判，生态女性主义旨在还原一个具有整体理念的、平等的、和谐的社会环境以及整个生态体系，结束女性和自然所遭受的压迫，以至于其他一切形式的社会压迫，最终建立一个男人、女人与自然都将合一的平等社会。

1. 对父权制概念结构的批判

父权制的概念主要是为了刻画在社会中男性的主导性质，由美国激进女性主义理论家米丽特在《性政治学》(1970)一书中首次引入，并认为它是妇女受压迫的根源。生态女性主义认为，妇女的被统治和自然的被统治之间有着某种历史性的、象征性的、政治的多种联系，而所有这些联系的共同理论根源就是长期以来在西方社会居于主流地位的父权制世界观。

沃伦通过深入分析，认为父权制的概念结构具有压迫性质，其内容包括三个方面：①价值二元对立。观念上的以人与自然的突出对立为标志的各种象征性的阴阳对立，且总有一方拥有高于另一方的价值。②价值等级观念。拥有较高价值的一方相对于另一方有权利享受更高的待遇。③统治逻辑。享有更高权利的一方可以支配另一方，而且是正当的。其中，二元式思维方式与价值等级观念是基础，统治逻辑则是核心。这是因为，等级让统治具有了合理性，事物之间原本既有的差异演化为具有等级区分的地位尊卑，而统治逻辑则论证了统治的正当性，正是它才成就了一切压迫。

沃伦指出，在西方父权制文化中，证明压迫自然的合理性的逻辑推理是：①人有能力有意识地改变自己生活的社会，而植物和岩石没有这种能力(二元式思维方式)；②有能力有意识地改变自己生活的社会存在物，在道德上要优于缺少这种能力的存在物(价值等级思维)；③人在道德上优于植物和岩石；④对任何 X 和 Y 来说，如果 X 在道德上优于 Y，X 对 Y 的统治在道德上就是合理的(统治逻辑)；⑤因此，人对植物和岩石的统治在道德上就是合理的。

同样，在父权制文化中，对女性的性别统治遵循着同样的逻辑：①女性被确认为自然和物质的领域，而男性被确认为"人类"和精神的领域(二元式思维方式)；②确认为自然和物质领域的群体比确认为"人类"和精神领域的群体低劣(价值等级思维)；③女性比男性低劣；④对于任何 X 和 Y，如果 X 优越于 Y，那么 X 对 Y 的统治就是合理的(统治逻辑)；⑤男性对女性的统治是合理的。

总之，沃伦对父权制的概念结构的解析，清楚地说明了正是父权制的文化理念支持了对自然和女性统治的合理性。鲁瑟指出，如果统治逻辑继续释放能量，那么不但女性没有自由，而且环境问题和生态危机也不可能得到解决。因此，必须批判西方父权文化中的统治逻辑，使曾经被边缘化的女人与自然从缺席走向在场，确立二者的主体地位。

格里芬则进一步从男性群体内部分析父权制文化的压迫痕迹，指出这种文化不但造成男人压迫女人的状况，而且在男性群体内部，这种压迫的事实也是同样存在的。这是因为，当女性被限制于家庭私人领域时，同时也将男性抛入了更为激烈和残酷的生存斗争中。男人要以父权制社会文化定义的男子汉标准塑造自己、鞭策自己，将自己深深地囚禁于男子汉的罗网之下。所以，这种文化传统中的男人，并未真正享受到统治逻辑带来的优越感，而同样是需要被拯救的一个群体。正因如此，斯塔霍克提出生态女性主义要向所有统治关系提出质疑，消除人类社会中的各种压迫。

2. 对二元式思维方式的批判

生态女性主义在对父权制世界观批判的基础之上，进一步批判了促成统治逻辑推演的二元对立思维方式。美国著名后现代思想家、生态女性主义主要代表人物斯普瑞特耐克认为，在父权制的世界观中，"欧洲的'阳性'与理性、精神、文化、自主性、自信和公众领域相联系，而'阴性'则与情绪、身体、相关性、被动性和个人领域相联系"。按照这种二元对立论，"阳性"是相对于"阴性"的更高的存在物，"阴性"只能依附于"阳性"而存在。因此，包含这种贬低"阴性"推崇"阳性"的父权制世界观，将导致一种"性政治"，即以满足人类的欲望为中心，将"自我扩张设定为男性自我向宇宙的扩张。"①并且，这种二元对立关系广泛存在，比如人类与自然、肉体与精

① 斯普瑞特耐克.生态女性主义建设性的重大贡献[J].国外社会科学，1996(11)：63.

神、自我与他人等。普鲁姆伍德认为，在西方主流文化中，自然包括情感、动物性、身体、自然界、物体和感觉经验以及无理性、信仰等作为被理性排除和贬值的对立面，即自然这个概念包括了理性所排斥的所有东西。而与自然相对立的人的概念，在西方文化中则与理性联系在一起，由此理性成为人类的显著标志。但是，妇女、有色人种、奴隶、原始人则在人的理想模式之外，人的德性也被看成是最大限度地与自然分离，即有德的人是脱离自然的人。

总之，是二元式思维方式把人与自然、身体与心灵、男性与女性、理性与情感分裂开来，并把男性归于文化、心智、理性、客观的公众的文明世界，女性则被归于自然、肉体、情感、主观的私人的生育世界。结果就是，自然、女性、情感等被排斥和贬低的一方成为男性、理性等处于优势的一方可以利用的工具或手段，因此也预设了以性别隐喻为基础的父权制文化的男性统治模式。

只要这种二元论的思维方式继续存在，女性和自然就不可能得到真正的解放。但挑战二元论，并不是要重新评价对立两极的优劣，提高被贬斥一方的地位，而是要重新评价建构二元论的范畴。如针对人与自然的二元论，生态女性主义并非仅仅是要改变自然的地位，而是要重新评价自然、评价人并给出双方关系的正确定位。通过根除优越—低劣、压迫—被压迫者的二元论框架，创造一种剔除了性别偏见的生态伦理，“取代强调统治的世界观，将其转变为另一种价值系统”。

(二)对西方发展观的批判

对西方发展观的批判是第三世界生态女性主义所特有的理论，在这方面最杰出的理论家当属印度物理学家、科学哲学家和生态女性主义者席瓦。在她看来，“传统发展观”是在西方父权制社会随着近代科技发展、工业革命而逐步被确立起来的。由于主张以经济为唯一目的的线性发展，这种发展观不仅加重了对自然和女性的双重剥削，是不可持续的，而且往往通过殖民，加重对第三世界的剥削。并且，目前西方主导的传统发展观仍然备受追捧，很多发展中国家的所谓追赶式发展其实是在步西方国家的后尘，而全球化则会进一步加剧世界范围内的经济、文化等多领域的殖民。基于这样的思路，以席瓦为主要代表的第三世界生态女性主义学者，围绕西方发展观进行了全面、深入的批判。

1. 对西方单纯经济发展观的批判

按照西方模式的发展理念，社会发展就是物质财富的增加，人的一切行为实质上都是经济行为，都是为了经济目的而进行的。所以支撑工业文明的逻辑就是，通过扩大消费以保证生产的持续性以及产值的不断提高。显然，这种发展观把社会发展等同于经济量的增加，而不考虑经济质的内涵，特别是社会其他各方面的发展情况。由于国民生产总值(GNP)是经济学家评价一个国家或地区经济增长的最重要的，甚至有时是唯一的标准，长期以来，它也成为世界各国经济发展模式是否成功的最权威的衡量指标。

席瓦认为，这样的发展理念本身就有问题，因为 GNP 计算的是货币化的商品和劳务，即所有的金融交易都被当作有经济价值而被计算在内，如此逻辑的结果便是，一方面，不具有任何价值的疾病或投机买卖，甚至是带有毁灭性结果的战争、犯罪等行为，都会将自身的经济价值附着于 GNP 上；另一方面，像父母养育子女、家庭工作或者是志愿者工作之类的行为，都因其是不计报酬的非经济活动，而被 GNP 排除在外。

由于高估了经济收益，低算了潜在的损失，所以以GNP来衡量经济发展水平，会使发达国家通过经济的泡沫效用呈现出虚假繁荣景象，更重要的是忽视了在发展的过程中付出的大量隐形成本，比如女性的工作、资源环境等方面的代价等。并且生态环境的恶化还不可避免地进一步使妇女生活的负担更为沉重，以及增加其他很多新的负担。如此看来，"工业经济所谓的'成长'，实际上是对自然和人类的一种盗窃"。因此，西方社会的发展，在显性的高资本积累的同时，伴随着的是更隐性地对自然的掠夺和破坏，以及对女性的压迫。并且，商品和金钱越多，自然(通过生态环境的破坏)和社会(通过否定基本生活需要)中的生命就越少，GNP却正逐渐变成"衡量真正的财富——自然财富和由妇女生产来维持生活的财富——如何迅速恶化的尺度"。

传统西方发展观不仅GNP的计算忽略了生态成本，造成对生态环境的破坏，而且单纯追逐物质财富累积的生产方式也决定了在本国资源日趋减少、生态瓶颈日益显现状况下必然向外扩张，基于环境问题的新殖民主义由此产生。事实上，近代以来发达国家的社会发展、资本积累、技术进步尤其是工业化的道路，的确是通过对第三世界人民的剥削而获得的，具有典型的殖民主义性质。所以，随着发达国家的财富积累，第三世界的生态遭到了严重的破坏，正如席瓦说的，"所谓的'发展'不仅仅再生产着一种以剥削压榨为基础的财富创造形态，而且也同时再生产着与之相关联的掠夺方式和贫困状态"。这种"掠夺式发展"所带来的环境污染导致很多人过早死亡，也被称为"悲惨的被剥夺"，并且女性遭到的剥削更加沉重。例如，在印度的一些地方，女性用90%的劳动时间做饭，其中80%的劳动用于取水和拾柴，由于水资源和森林资源的过度开发利用，妇女取水和拾柴的距离也越来越远，致使劳动时间和劳动强度大大增加。因此，第三世界的女性、农民和部落民都要不断力图从"发展"下争取解放，就像从殖民主义统治之下争取解放一样。

2. 对发展中国家赶超式发展观的批判

席瓦批判了西方发达国家依托科技，追求数量增长的直线式、反对持续开发式的发展理念，认为那是一种殖民主义的道路，而发展中国家不应该模仿这种模式，不能以牺牲他人的利益和生态环境破坏为前提进行发展。然而，在目前的许多不发达国家中，却在盛行着赶超西方的发展策略，这不仅会影响和剥削女性维护家庭生计的能力，而且还会导致发达国家对发展中国家更加严重的剥削和生态破坏，从而陷入不良发展的圈套。发展中国家的这种经济发展模式，其实是西方殖民主义经济模式的延续，是西方发达国家的新策略，并且这种后殖民主义的战略，正在使很多国家追捧和奉行西方的殖民主义现代化模式。

席瓦认为，不发达国家的赶超发展策略实际上是一种神话。首先，赶超发展计划的定位本身就存在问题，这是因为要赶超发达国家，就不得不走与那些发达国家同样的工业化、技术进步和资本积累的道路，而西方依靠海外殖民扩张的发展是第三世界生态女性主义本身强烈批判的，所以像印度之类的前被殖民地国家，不应该步殖民主义的后尘，这样也就无法完成如西方发达国家那样通过殖民的暴力获取巨额的原始积累。可见，赶超发展从一开始就为自己设立了自相矛盾的发展主义。其次，赶超并不现实。由于这种发展策略是以发达国家的生活水准为标准，所以，一方面追赶会永远没有止境，另一方面就算你追上了美国人那种富裕的生活，地球上的有限资源也无法支撑几十亿人如此生存。另外，我们生活水准的提高，往往都是以对环境的破坏和生活品质的下降为代价的。

在第三世界国家应该如何发展方面，席瓦提出的一个主要观点就是要考虑两性差别。首先，她强调第三世界国家妇女在生态环境的恢复和保护方面具有独特的作用。一方面，由于女性承载了更多的不良发展的消费和负担，对不良发展的危害有着切身感受，因而要求解放自身和自然界的愿望也更迫切；另一方面，她们拥有生命生产方面整体性的生态知识，始终认为自然界是人类生活的前提条件，所以她们才是保护环境运动的真正领导者。其次，经济发展应当遵循女性原则，顺应女性日常生活的情理。同时，弱化以至于根除男性精神，以及与之相关的追求竞争和侵略的精神，并且最终放弃等级思想。受甘地的发展观影响，席瓦还结合印度文明格外突出的多元化特性，倡导立足本土历史与文化体系，构建具有区域特色的发展理念和生态文明。最后，她还强调要重新认识人与人、人与自然的相互依赖、平等合作的关系，提倡爱和关怀的伦理观，以达到经济社会的可持续发展。

综上所述，席瓦围绕西方的传统发展观进行了全面、深入也不失合理的批判。但同时，她的理论也走向了另外一个极端，因为她基本上否定了发展的概念。然而也正是由于她的观点过于激进，才恰恰对第三世界的发展起到了巨大的推动作用。

（三）对近代科学观和机械自然观的批判

在父权制文化中，由于典型的二元思维方式，世界也被普遍地两分化了，其中最基本、最常见的就是把自然和文化对立了起来，同时将女性和女性气质与自然相联系，男性和男性气质与文化相联系，并且认为前者比后者低劣，后者比前者优越。在对西方这种文化传统批判的基础之上，生态女性主义进一步揭示了父权制和近代科学的结盟，促成了机械自然观的产生，加重了对自然的肢解，同时也使女性的地位更加低下。在这一方面，理论贡献最大的理论家当属美国著名的生态女性主义者麦茜特，并体现在她的代表作《自然之死》当中。

1. 有机自然观

自古代以来，不管是东方还是西方，世界不同的地区和民族都产生了不同版本的类似于把自然喻为母亲的宗教和文化。按照这种文化，自然被视为女神与母亲时，它就是一个生命有机体，有机体中的物种呈现多样性与复杂性，每一地区每一物种的数量基本保持平衡，人和其他任何物种一样都是地球母亲的孩子。显然，这是一种以万物有灵论为基础的有机自然观，它主张自然与人类相互依赖、水乳交融，并且自然的这种女神与母亲的形象对人们的行为具有一种道德约束力。因此，有机自然观有利于维护一种自然与人类和谐共处、地位相当的平等关系，并使整个自然界充满活力，生机盎然。遗憾的是，随着发源于欧洲的近代科学的产生和发展，这种自然观日渐式微，新的征服自然、压迫女性的机械论自然观得以诞生。

2. 近代科学的父权性

伊夫琳·福克斯·凯勒(Evelyn Fox Keller)、麦茜特等生态女性主义学者，通过对近代科学诞生过程的考察，发现西方传统的父权制文化对比较客观的自然科学领域的影响也是方方面面的。一方面，从 16 世纪起，科学中的隐喻就常常以性和性别的语言来描述和规定，并且科学与男性之间存在着一种神秘的对等关系：科学与客观性与男性三者之间是画等号的。另一方面，与科学产生过程相伴始终的是，男性通过“猎杀女巫”来攻击女性并夺取女性的知识力量，女性由于其天生的生理缺陷而由此被排斥在科学大门之外，成为被动的知识客体，而男性才是主动的认知主体，可以担当科学家的角色，科学因此就成了一种男性智慧。

结果是，随着科学的不断发展，关于男性与女性的性别特征也逐渐走向具体化与权威化。

并且，科学反映的是主体对客体、文化对自然、男性对女性的一种操纵和控制关系，因此也被视为是心智与自然之间的一种“性的结合”。

3. 机械自然观的产生

由于父权制的社会背景，再加上科学力量的日益凸显，科学的权威地位很快便得以确立。面对科学理性和实验技巧的联合拷问，就如同女性被男性强迫展现她自身的秘密并被强奸一样，女性的自然只能是被迫屈从，不断被揭露、肢解、开发和利用，自然界也就成了一个可以随时被拆卸为零部件的机器。长此以往，整个宇宙也都被看成是一台没有生命的机器或钟表，自然、社会和人类身体都由可替换的原子部分组成，这种死的、惰性的、无生命的粒子是被外在的而非固有的力量所驱动。可见，男性主导的现代科学与科技活动将原本被视为有机、有生命的自然一步步摧毁，早期人类的有机自然观也就逐渐被断裂化与原子化的机械自然观所取代。

在机械自然观的框架里面，由于自然已经由活的有机体退变成了死的物质，所以自然界的形象不再是作为养育者的母亲，反而成了一种被主流男性世界所控制的野性力量，这就导致了新的道德认可：对自然的控制和支配既是合理的，更是必需的。人和自然对立的结果就是麦茜特所指出的：“宇宙的万物有灵论与有机论观念的废除，构成了自然的死亡——这是‘科学革命’最深刻的影响。”①

4. 生态自然观

生态女性主义在批判西方父权制文化以及与之相关的近代科学观和机械自然观的基础之上，吸取了早期有机自然观特别是现代深层生态学的合理内容，确立了自己的生态自然观。按照这种理论，自然界是一个有机整体，其中所有的存在都相互依存和谐共生。这种相互依存的特性表现在：第一，任何事物都要由它与其他事物的关系来定义，因为只有在它与周围事物发生联系时才是自身，没有任何联系的事物是不存在的；第二，系统中每一个成员都具有内在价值，因此彼此之间是平等合作的关系，整个宇宙是不存在中心的；第三，承认世间万物的差异性，追求多元性，这事关整个自然界的稳定和平衡；第四，作为自然生态系统的一员，人在物质和精神上都是依赖自然的，但作为地球上上百万种物种中唯一有意识的物种，应该有意识、有责任地坚持平等原则，维护整个生态系统的平衡。

总之，“自然界中生态系统生存的关键是系统各部分的有机统一性和相互依存关系，以及维持生态多样性……自然是一个有机的整体，自然循环与人类循环在这个整体中结成一体”（麦茜特）。所以，“哲学家曾告诉我们：我们是一个整体的一个部分，这个整体超越于我们的局部欲望和要求”②。

五、女性生态主义的生态思想

由于自然和女性的认同是生态女性主义理论产生和发展的逻辑主线，所以女性应该也必须是应对生态危机的生力军。也正是基于这些考虑，生态女性主义立足生态学原则，提出了富含女性主义原则的生态思想。

---

① 麦茜特. 自然之死：妇女、生态和科学革命[M]. 吴国盛，等译. 长春：吉林人民出版社，1999：212.

② 沃德，杜博斯. 只有一个地球：对一个小小行星的关怀和维护[M]. 长春：吉林人民出版社，1997：55－56.

(一)女性对自然的认同

生态女性主义是一个包容多个流派,彼此观点又存在很大差异的扇状理论体系,但各分支却都认同女性与自然是紧密相连的。其实,正是对女性与自然关系的认同,才促进了生态女性主义的产生和发展,并成为该理论得以立足的根基。关于女性与自然的具体联系,主要体现为以下几个方面。

1. 以生理属性为基础寻找相似性

一方面,在万物(包括生命)诞生的过程中,地球的母亲角色与女性的生物性角色是类似的,这就形成了女性与自然之间的特殊的共存、息息相通的关联。比如,由于两者均是生命的孕育之体,所以女性可以通过自己身体的独特经验(如月经、怀孕等)来了解人类与自然的同一性。另外,美国著名的生态女性主义理论家和活动家斯普瑞特耐克在《生态女权主义建设性的重大贡献》一文中,还论及了自然和女人之间,即大地和子宫之间的有形联系。另一方面,以生理属性的相似为基础的心理气质,进一步增强了二者之间的相似性。一是出于维护生命的需要,女性与自然都具有消极被动、逆来顺受的养育滋润等特性,这些特性很容易使他们同时受制于男人;二是作为母亲的责任感和使命感,使女性具有对世间万物拥有包容、怜悯和移情等心理特质,直觉告诉她世间万物都是有生命力的,这种基于女性身心特性的自然意识,更有利于理解和思考人与自然之间的关系;三是女性繁衍人类的能力导致她们默默地接受和认可了死亡与再生的循环生态学(鲁瑟),而男性缺乏深刻地涉入生育与养育的过程,也不大具有"彼此同心"的社群感,这可能使他们转而关注于死亡主要为战争而非生命(斯普瑞特耐克)。

主要围绕这种自然属性认同女性和自然的关联的早期生态女性主义的观点,由于有本质主义的倾向而受到了批评,使得该领域的学者开始从社会文化和历史的角度进行研究。

2. 从社会文化与历史的角度寻求女性和自然的认同

首先,在人类发展的历史上,早就有把女性与自然联系起来的文化痕迹。比如在西方文化中,地球母亲的神话比喻已有很久。这一比喻代表了人们心中把自然当作养育者母亲的认同和期待,并且"自然"这个词的字源学的字根就是"生育"。麦茜特认为,正是古人把自然看作孕育的母性,使得女性的历史与环境的历史和生态的变迁联系起来,早期的自然也才没有遭到毁坏。相反,不具备生育能力的男人,则竭力杜撰出一种创造了所有人类且又超越了有限的身体存在的男性之神,这种父权式宗教努力追求人类存在的无限性,追随这种信仰的科学技术也致力于通过无限的物质进步来满足无止境的需要,使自然的生产能力无限扩张,对地球的生产资源肆意浪费。其次,从女性的社会性别上看,妇女的女性特征是适应文化或者社会化的产物,女性通过其长期以来所履行的社会角色与自然接近,女性与自然的特殊联系全由社会建构以及社会意识形态所强化。总之,就像麦茜特所说的,"妇女与自然的联系有着悠久的历史,这个联盟通过文化、语言和历史而顽固地持续下来"。

3. 在生态实践的过程中体会女性与自然的关联

在生活和生态实践的过程中,女性发现了一个规律:自己才是环境破坏的最严重受害者。一方面,在面对环境恶化时,女性比男性对各种危害更加脆弱和敏感,最容易受到直接伤害,而且这种伤害还会通过孕育过程影响到下一代。另一方面,由于大部分女性在生活中承担了养育者的角色,所以她们不仅更加关注空气、饮水、食物的质量等与家人健康密切相关的环境质量，而且生态状况的好坏也直接影响到她们的角色履行的难易。比如在印度，本土的森林可提供多种树木作为食物、燃料、饲料、家庭用具、染料、药材等，而单一树种不能做到这些，但为了商业生产通过引进单一树种（例如桉树）进行森林开采和重新造林，引起了本土的森林和多树种的消失，也必然降低了妇女维持家庭生存的能力。并且她们还发现，越贫穷的妇女，由环境灾害带来的负担也越重。

自然和女性的各种认同已经使两者合为一体，生态环境的优劣与女性的生存境况当然是密切相关的，正如格里芬所说："我们知道我们自己是由大地构成的，大地本身也是由我们的身体构成的，因为我们了解自己。我们就是自然。我们是了解自然的自然。我们是有着自然观的自然。自然在哭泣，自然对自然言说自己。"①

4. 从哲学根源方面挖掘女性和自然的相关

美国著名的生态女性主义者沃伦深刻地分析了男人对女人的统治和人类对自然的统治，进而发现女性和自然之间的联系最终是概念联系，即包含价值等级思维、价值二元论和统治逻辑三个特征的概念框架是压迫性的，它证明和维护了性别压迫、自然压迫及其他一切形式的压迫关系。此后，沃伦通过进一步梳理生态女性主义与其他女性主义流派的关系，例如自由主义女性主义、传统马克思主义女性主义、激进的女性主义是否或在多大程度上是生态女性主义的理论基础，总结出在对女性的统治和对自然界的统治之间至少可以从八个方面来讨论，即概念上的连结、历史的连结、经验上的连结、象征上的连结、认识论上的连结、实践上的连结、伦理上的连结、理论上的连结等。尽管由这些不同的方面来分析自然与女性的双重宰制时，有时相互支持，有时相互补充，甚至彼此争议，但毕竟都使女性和自然的关联得到了加强。

总之，在作为生命的孕育者，以及都处于从属的、被宰制的不平等地位等方面，女性与自然有着惊人的相似之处。也正是由于两者之间千丝万缕的联系，才使得当妇女行动起来反抗对于生态的破坏和蹂躏时，很自然地意识到男权统治在女性压迫和自然压迫中所起到的相似作用。同样，在妇女争取自身解放的同时，也一定把拯救地球的生死斗争视为己任。女性与自然的命运息息相关，决定了关怀女性与关怀自然的意义是相同的。

（二）关系性自我

人是生物性存在和社会性存在的统一体。一方面，每个人都离不开自然界提供的生存必需品，即使独自生活于孤岛多年的鲁滨逊也是如此。另一方面，人之为人更在于彼此之间的各种交往，就如马克思在《关于费尔巴哈的提纲》中所总结的，"人的本质不是单个人所固有的抽象物，在其现实性上，它是一切社会关系的总和"②。相比较而言，生物性存在是基础，社会性存在是派生的。然而，在父权制文化的背景上产生的机械自然观把人和自然的关系对立了起来，人类从此对待非人的自然完全是工具主义的态度。按照工具主义，他者被彻底地当作一种达到目的的手段，他者的独立性、主体性和完整存在性完全被忽略掉了。结果是人类疯狂开发、肆意掠夺自然资源，并让自然界充当清道夫接受和吸纳人类排泄和倾倒的各种垃圾和废

---

① GRIFFIN. Womand Nature：The Roaringlnsidn He[M]. New York：Harpe & Row Press，1978：226.

② 马克思，恩格斯. 马克思恩格斯选集[M]. 中共中央马克思恩格斯列宁斯大林著作编译局，译. 北京：人民出版社，1995：56.

物,丝毫不考虑关怀和保护养育自己的自然。长此以往,人类的主人地位得以确立和巩固,而非人的自然沦落为他者。

因此,如果我们人类想在生态系统中安全的生存,就必须重塑自己的自我意识,认识到自我在生存和发展的过程中与他者所进行的交流与互动的必要性,以及自我在本质上的关系性和依存性。在这一方面,深层生态学进行了积极和有意义的探索。在该理论当中,对自我存在三种解释。第一种解释认为自我是不可分割的或整体主义的自我(本我),即认为自我与自然没有边界,人只是生物网上的一部分,不是其他物的价值来源,宇宙是一个整体,并不存在任何人与非人的界限;第二种扩展的自我(社会的我——小我,self)则依赖于移情命题,即自我对其他存在物的认同造就了一个更大的自我,他超越了个体自我的特殊关怀;第三种是超越的或是超个人的自我(生态的我——大我,Self),即人们通过克服或战胜个人或个体的自我,以及自我对特定关怀个人情感和感官的迷恋,努力实现对所有特定对象毫无偏见的认同。

生态女性主义者普拉姆伍德对上述关于自我存在的三种解释提出了质疑。在她看来,第一种观点割裂了人与非人自然物之间的所有区别,尽管这种整体主义的自我旨在纠正人与自然的二元对立,但是并没有挖掘出这种对立的根源,实质上它仍是把人类看作有价值的东西,而把自然视为他者。第二种观点其实是假定,人的本性在个体主义的意义上是利己的,而要改变这种利己主义就需要自我牺牲,把他者融入我们的自我中,差异被否认。这种自我观虽然在尽量地扩大自我,但也只是对理性利己主义的扩展,同时还忽略了他者的差异和独立存在,认为他者的道德地位只是取决于与自我的融合程度。第三种观点把伦理生活看成是与特殊性对立的东西,这种超出个人的爱是基于普遍原则和抽象的爱,压低了特殊性以及人与人之间的情感依恋,贬低理性的对立物。因此,这种对待特殊性和个人的方式,反映的是理性主义对普遍性与伦理的过度关注,也是不可取的。

普拉姆伍德在批判和继承深层生态学的有关理论的基础之上,提出了一种关系性自我。关系性自我理念虽然承认自我与他者之间存在差别,但更强调两者之间的相互联系和统一,因为它将他者的目的与自我的目的以及利益相联系,对他者的关爱本质上成了自我身份认同的一部分,所以这“描绘了一种包含尊重、友谊和关爱的关系结构,并作为亚里士多德的友谊的一种变体:设身处地地希望他者过得好”①。可见,关系性自我强调对于他者的尊重不是来自自我的扩大和超越,而是关系中的一种自我表达,不是利己的自我,而是与不同的他者相联系的自我。

一方面,这种关系模式由于注重自我与他者的相互依存性,主张两者之间的平等关系,所以有利于消解男性中心主义世界观中根深蒂固地将自我—他者对立起来的二元论,以及与此关联的等级制关系模式;另一方面,“在这一模式中,我们不仅没有使他者从属于我们的目标而成为工具,并且还把他者的终极目的作为我们自己首要目的的一部分”。因此,对于更直接地置人类于生态危机之中的工具主义,也是一种根本的颠覆。

(三)环境正义

所谓环境正义是指在解决环境问题的过程中,所有人都应该承担相应的责任和义务,同时

---

① 普拉姆伍德.女性主义与对自然的主宰[M].马天杰,李丽丽,译.重庆:重庆出版社,2007:165.

充分考虑不同的种族、阶级、地区的作用和其他因素。作为倡导男女平等,人与自然平等,维护和尊重差异性的生态女性主义,始终以维护弱势群体的环境权益为出发点,致力于实现全球不同群体间的平等,因此有着更加深刻的环境正义的思想。

1. 环境性别正义

生态女性主义者认为,西方传统的父权制文化是造成人对自然和女性双重压迫的根本原因。这是因为父权制的思维框架本身就具有压迫性,它暗示了作为男性的性别优势,合理化了性别优势一方对另一方的剥削,而性别压迫在环境领域的体现就是环境性别歧视。当然,与环境性别歧视更直接相关的是父权制社会里女性的"背景化"。所谓女性的"背景化"指的是,男人拒绝承认自己对女性的依赖性,并且对于她们的贡献不给予任何的赞许和肯定。之所以如此,原因在于传统上是以货币单位的方式来衡量事物的价值,而女性的社会角色决定了她们做的大多数工作,如清扫房屋、做饭以及照料孩子等都是不计报酬的,女性的成就和贡献也就被大大低估。

女性的"背景化"既论证了男性统治女性的正当性,也加重了对女性要求的漠视,以及生态领域的性别歧视,这一点在第三世界国家体现得尤为充分。比如在撒哈拉以南的大多数非洲地区,男人由于体会不到妇女在家庭日常生活中寻找燃料、食物以及水源的艰难,所以他们一方面大面积种植较少种类的、可以带来直接的现金收益的经济作物,而所有其他被他们视为"杂草"的农作物的种类和数量必然在不断减少,而正是这些所谓的"杂草"一直在为当地的妇女们履行照顾家庭、料理家务等社会责任提供必需材料。另外,也同样是受经济利益的驱使,他们还一味地砍伐森林、开采矿产、污染水源。结果是,当地作物的多样性大大受到影响,妇女的生活负担进一步加重。

相反,女性种植作物的目的主要是为了满足家庭成员的生存需要,所以她们种植的农作物种类较多,这一点对保护生物多样性显然起着积极的作用。可见,一面是男人以环境的破坏为代价谋取利益,一面是妇女以自己微薄的力量保护着环境和维持着生存,并由于自己独特的生理特征、家庭角色和社会地位等多种因素的作用,却反而是环境污染的最大受害者。总之,男人和女人在承担环境保护的责任和从自然中获取的利益之间呈现出严重的不平衡。

为此,生态女性主义者以女性主义为基础,努力消灭差异和剥削,同时致力于消除环境性别歧视,她们既鼓励女性提高生态觉悟,捍卫自己的生态权益,又倡导男性应该给予女性的角色、知识、视域与需求以更多的关注,并承认和肯定女性的贡献和成就,主动承担起应尽的保护环境的责任,即通过实现男女生态权益方面的平等,达到尊重女性和保护自然的根本目的。

2. 种族正义

其实,不与种族、阶级和性并存,以及不伴随压迫和特权的社会性别并不存在,对妇女和对自然的压迫总是与其他形式的压迫交织在一起,两者相互强化和彼此支持。然而,早期的西方生态女性主义虽然关注女性的生态权益,但他们较多的是基于白人女性的视角,而忽视了女性之间的差异。因此,后起的第三世界生态女性主义更加关注不同种族之间的环境权益。

(1)原殖民者与被殖民者特别是土著居民之间的环境正义

由于土著居民传统的生活方式高度依赖于他们所生存区域中的生物多样性,所以就正如世界上许多地方的女性一样,土著居民比起那些不惜破坏环境以获取利益的主子心态的人们,他们更能意识到生物多样性的重要性,并知道如何保护生物多样性。因此,一名印第安人曾经说过,"哪里有森林,哪里就有土著居民,而且哪里有土著居民,哪里就有森林",即土著居民在维持当地与全球的气候稳定性，以及保护生物与基因的多样性等方面功不可没。并且，从长远的观点来看，生态环境的守夜人特别是生物多样性的最佳监护者当是目前的土著居民。

然而，在占据主流地位的西方文化中，主人—奴隶的二元思维根本无视土著居民的智慧，并为了自己的利益不惜改变甚至摧毁他们的生活方式和生存环境。所以，也正如女性被“背景化”一样，所有的殖民地人民特别是土著居民也同样被置于从属的地位，以至于他们的权利与文化被压抑了下去。比如，“在笼罩一切的林业科学中，菲律宾哈鲁诺族人的知识已无足轻重，这些人将植物分成1600个种类，训练有素的植物学家也只能辨别出其中的1200种。以种作物为基础的泰国部族的耕作制度知识体系，既不被那些只看到商业木材的主流森林学看作是有价值的知识，也不被那些只知道用化学方法进行集约农业的主流农业所重视”（席瓦）。可见，土著居民的这种从属地位，必然伴随着环境的加速退化。

在保护生态环境方面，“主人”和土著居民行为的截然反差引起了以反对所有压迫为终极目的的生态女性主义的强烈不满。他们在批判西方以及全世界具有主子心态的人们破坏了生态环境的同时，还力促“主人”尊重自然以及土著居民自给自足的生活方式，学习他们的生态智慧，最终实现殖民者与被殖民者包括原住民间的环境正义，而且在这一方面已经出现了可喜的进展。比如，1991年10月在美国华盛顿召开的第一次“全国有色人种环境领导高峰会”上，拟定的环境正义的基本纲领就包括，“环境正义必须承认土著居民通过条约、协议、合同、盟约等与美国政府建立的一种特殊的法律关系和自然关系，并以此来保障他们的自主权及自决权”。

(2)发达国家与发展中国家之间的环境正义

二战之后，广大的发展中国家虽然在政治上获得了独立，但南北之间的贫富差距却在不断拉大，这在很大程度上决定了国际经济政治秩序的严重不合理，使得在国家和地区之间的交流中，发达国家利用资金和技术上的优势，仍然在控制和剥削发展中国家，并且过去几十年的日益加强的全球化趋势更是为其助了一臂之力，而表现在生态领域的结果就是发达国家和发展中国家之间的高度不公平。

首先是最赤裸裸的生态侵略。一方面，发达国家抓住发展中国家资源意识淡薄和科技水平落后的弱点，以极低的代价从发展中国家掠夺自然资源，特别是近些年来，他们还通过自己在生物工程技术方面的优势，大肆掠夺发展中国家丰富的生物资源。另一方面，发达国家还将大量生产和消费之后的废弃物输往许多发展中国家。比如在1997年，中国废物进口量达1078万吨，废物进口额达29.5亿美元。其次是间接的污染转嫁，这种情况最常见的形式是打着“投资”甚至“援助”的旗号，将那些资源耗用型和环境污染型的产业转移到发展中国家。根据我国1995年第三次工业普查的结果，外商投资于污染密集型产业的企业有16998家，占三资企业总数的30%以上，其中，投资于严重污染密集型产业的企业个数占三资企业总数的13%左右。最后就是最厚颜无耻的生态沙文主义，并典型的表现为国际环境谈判中的强权政治。比如在解决二氧化碳减排问题上，发达国家提出发展中国家不准砍伐自己的森林，不准修筑水坝，不准兴建发电站等蛮横无理的所谓“绿色条件”。发展中国家如果有所违反，国际货币基金组织和世界银行就会取消对发展中国家的援助和贷款，世界贸易组织也将对其进行贸易封锁和禁运等。

结果是，西方发达国家既是环境善物的最大享用者，也是全球环境的最大破坏者。据有关统计资料显示，发达国家与发展中国家的人均物质消费之比，化学品为8∶1，木材和能源为10∶1，粮食和淡水为3∶1；主要欧洲国家人均能源消费是非洲的10倍，北美（美国和加拿大）

则是非洲的20倍;人口占世界20%的发达国家资源消费量占全世界总量的80%,是发展中国家的16倍[①]。与此相关,发达国家也是最主要的生态责任主体,比如美国人均二氧化碳排放量约是中国人均的8倍,印度的21倍(参见《京都议定书》)。

可见,与当今世界的全球化相伴随的是,发达国家对发展中国家的全方位的生态侵略。发达国家利用所拥有的资本和自己制订的游戏规则,竭尽全力争夺全球范围内的水源、矿产、生物基因等资源,实施着新的"圈地运动",同时又把生态环境的恶果留给欠发达国家的民众们,所以全球化其实在本质上是"新殖民主义化"的过程,并且很多国际组织也已然成了全球化的工具。最早敏锐地注意到这些的是席瓦,她在抨击西方发达国家的生态殖民的同时,强烈反对全球化,并落实在具体的行动当中。比如她曾经带领印度农民跟国际组织谈判,在知识产权、农业和食物安全等多方面维护并获得了一些合法权益。

(四)关怀伦理

一方面,传统伦理观由于关注的主要对象是人与人之间社会关系的调整,忽视甚至排斥人与自然之间的道德关系,所以这种理论把人的利益看成是唯一的、绝对的,同时不承认自然界的生命价值和内在尊严,从而导致缺乏呵护大自然的宽广胸怀,并把自然看成是人类获取自身利益而任意使用的工具,这种以人类中心主义为价值取向的伦理观是生态压迫的道德根源。另一方面,传统社会里的男性居于主导地位,而男性的活动基本上保持独立性和自主性,交往是比较分散的,这容易导致男性对他人需要的冷漠,甚至是道德责任感的丧失。另外,传统的伦理概念(如权利、义务、道德、职责和公正)假设了一个利益冲突的社会,公平性的需求更加强烈,所以男性在进行道德思维的时候主要考虑公正,男性标准的道德发展模式的特点也就在于强调公正伦理(吉利根)。公正伦理不仅具有男性气质,看重理性,重视规则,而且以二元对立思想为基础,将世界区分为自我与他者。因此,其理念中充斥着权利与权力之间的竞争,视他人为地狱,遵循强权和强者主宰的话语秩序。可见,公正伦理其实具有压迫性,它不仅强化了女性的"背景化",而且加重了对生态完整性的践踏。因此,以解放女性和自然为主要目的的生态女性主义认为,传统的伦理观的研究对象应该进一步扩展,即由原来的主要关注社会关系延伸到人与自然的关系,同时融入女性视角的批判和建构。

女性经验的基本特征之一就是"关系"和"联系",并且女性之间的相互交往是密切和普遍的,这种关系产生的道德感多是出于人与人之间的相互依赖,以及由此产生的责任感,反对理性和感性、自我和他人等二元对立的世界观。同时,由于女性对生命的特有体验,以及其义务就是抚育和照顾等,所以性别角色决定了女性还更容易成为"关怀者"。所谓关怀,意为关心、爱护以及照顾,并常常被认为是感性的、不理智的、情绪化的。因此,由于建立在女性思维和女性的独特的情感体验之上,所以关怀伦理具有典型的女性气质。

按照关怀伦理理论,在我们所生存于其中的这个交往的、联系的世界当中,通行的规则是,我同另外非我不断进行有意义的信息互换。处于交往关系中的双方,都是既有付出又有收获,并在互动中体会到彼此之间的美好情感。由于强调人与人之间的相互依赖、相互联系和相互信任,所以该理论特别注重关怀、情感,重视责任、能力和对他人的反应。当然,这里所强调的

① 许鸥泳.环境伦理学[M].北京:中国环境科学出版社,2002:156-157.

关怀，主要是指一种精神上的责任感，即我对某个人、某件事或某种物，怀有关注和爱的情感。总之，关怀伦理肯定女性独到的体验，把与女性相联系的关怀、爱、友谊、信任和适当的互惠的价值放在优先的地位，以协作取代冲突，以联系取代冒犯，以关怀他人取代权利和义务。

关怀并不仅局限于人与人之间的相互作用，它的对象也包括事物、环境及其他。也就是说，人与自然之间也是相互关怀的关系，两者的存在都是以对方的作用来实现的，甚至在整个生态系统内，各种生物种类也都是相互关怀、相互依赖的，都是以整个体系内的其他所有或大多数生物体的存在为依赖的。因此，就像男性应该意识到女性需要被关怀一样，整个人类也应当意识到在向大自然索取的同时也应该关怀自然环境，并且我们尊重自然不能只是作为一种义务来执行，而要有情感的欲求，有谦恭的态度，并把它看作是自己的朋友报以深切的关心。因此，这种基于互惠互助关系的生态伦理，“能够为生态自我理论和对地球上其他存在的非工具性阐述提供更好的基础”。

总之，关怀伦理以承认世间万物的平等性为基础，抛弃了主流的男权世界的统治原则，解构了以往权利概念所占的中心地位，希望给世界带来更多的爱和正义，努力协调人、社会与自然的关系，争取达到三者共生共荣、共同发展。

思考题

1.怎样理解女性主义和生态女性主义之间的关系？

2.试从生态女性主义产生和发展的历程分析其诞生的合理性。

3.试述评生态女性主义主要流派。

推荐读物

1.童.女性主义思潮导论[M].艾晓明，等译.武汉：华中师范大学出版社，2002.

2.麦茜特.自然之死：妇女、生态和科学革命[M].吴国盛，等译.长春：吉林人民出版社，1999.

3.普拉姆伍德.女性主义与对自然的主宰[M].马天杰，李丽丽，译.重庆：重庆出版社，2007.

第九讲

中国传统哲学中的生态思想

中国古代哲学中充满了生态智慧的思想，人与自然“天人合一”的生态理念贯穿于儒家、道家哲学的总体发展过程之中，在顺应自然、尊崇天道的基础上构建人类社会的人伦道德，从天地与人类相互依存的关系中提出了人类生存和发展的生态规则，天道统摄人道，天、地、人三者的统一和谐是古人生存智慧的体现，也是他们对理想社会的希冀。

一、《周易》中蕴含的生态思想

《周易》是我国古老的文化典籍之一，是中国哲学的源头，也是远古人们进行占卜吉凶经验总结的一部书。这种占卜就是通过观察天象在天与人之间形成相连的通道，从最高的神祇获得某种启示，从而服务于人类并指引人的行为，也因此形成了朴素的“天人合一”认知观、生生不息的演化观、变易动态的平衡观。

（一）《周易》中“天人合一”的认知观

《周易》作为中国文化的源头，其中蕴含着重要的哲学思想。中国古代哲学中儒释道具体观点和思想虽各有不同，但都把“天人合一”作为其处理人与自然关系的核心思想和基本准则，同样地，“天人合一”思想也是《周易》的重要思想。

“天人合一”是中国传统文化的根本精神和最高境界，也是东方传统智慧的基本理念。在《周易》中，“天”既指纯粹意义上的“自然”，也意为精神、信仰意义上的“最高准则”以及“最高主宰”；“人”从上到下可分为大人、王、大君、君子、圣人、百姓、民、小人等。最初，《周易》占卜仅仅服务于上层社会和上层人物，如大人、君子、圣人，在后来不同时代对《周易》的解释、演绎和发展中，逐渐渗透了天尊地卑、男尊女卑的思想，成为封建社会意识形态的核心思想，也成为教化百姓的群经之首。因此，“天人合一”在其原初的天然自然之天与人合一的基础上，就衍生了多重含义，主要有自然的天与人合一，信仰的天与人合一，德性的天与人合一，天道与人道的合一等。现今其主要指自然环境与人类社会和谐发展的思想。

《周易》中关于天人关系的论断，是以天人关系为出发点，从性命之理的角度，将“天人合一”的思想进行了详细而全面的阐述。《易传》中的乾和坤分别代表天与地，天为万物之始，天地交感而生万物，天与地代表整个自然界。乾坤就相当于父母，是整个自然界生命的渊源。《易传》中著名的"三才"说，虽将人与天、地进行了明确区分，即"立天之道，曰阴阳；立地之道，曰刚柔；立人之道，曰仁义"[①]，但"仰观天象，俯察地理，近取诸身，远取诸物"却揭示了《周易》观物取象的形成方式，古人通过对自身所处天象和地理环境的观察，结合对自身和周围诸物的认识，从而形成了天地人三者统一的认知观。

《周易》本为卜筮之书，按古意，卜筮具有两层意思：一曰卜，二曰筮。"卜"乃以火烧龟甲壳，按其裂变纹路定其吉凶；"筮"则以蓍草按《系辞》所用"大衍"之数的方式演算定吉凶。显然，占卜的出现说明古人已经意识到天人之间有一种神秘的联系，人与自然相互交感。从八卦之象可知：所谓乾、坤、离、坎、震、巽、兑、艮，即对应着天、地、日、月、雷、风、泽、山八种自然态象，并非神秘之物。把人间的吉凶祸福纳入宇宙天地的自然大环境，比如盘庚迁都时就进行了占卜，获得的吉兆说明天授意迁都。在当时的人看来，人与天地是相通的，天意是不能够违背的。卜筮传达的是天意，因此具有神圣性，如果不按照卜筮的要求去做，就是违背天意，就会产生不祥的后果。这种生态观的核心理念乃是"天人合一"，人本身就是自然生态系统的组成部分，人与自然须臾不可隔离。

"《易》有太极，是生两仪，两仪生四象，四象生八卦，八卦定吉凶，吉凶生大业。"[②]这段话是《周易》关于宇宙生成的核心观点，宇宙从天地未开的混沌状态（太极）演化出分化的乾坤天地、对立和谐的阴阳等"两仪"，"两仪"之间既相互对立又相互资生协同的关系创造了世间万物的生生死死。《周易》之精妙所在就是乾坤两卦，和其他六卦不同，乾坤排列组合而创生万物。万物源于乾卦，其有元初之意："大哉乾元，万物资始，乃统天。云行雨施，品物流形"[③]；万物生于坤卦，坤卦有顺天资生万物之意："至哉坤元，万物资生，乃顺承天。坤厚载物，德合无疆"[④]，"乾知大始，坤作成物"[⑤]，可见，万物的产生及其演化的态势、走向都取决于天地。《周易·序卦》曰："有天地，然后万物生焉。"[⑥]天地与万物之间构成了一种生成与被生成的关系，万物的生命来源于天，生成于地，地生万物乃因顺承天意，天人合一化育万物。正因为如此，将乾坤二卦视为父母卦。"乾，天也，故称乎父；坤，地也，故称乎母。"[⑦]天父与地母阴阳相合创生万物，形成了多样性、统一性、动态性、和谐性的自然界，多样性展示了自然的差异性、丰富性，统一性把多种类的自然万物连为一体，动态性与和谐性揭示了自然本身通过自身力量优胜劣汰，不断创造出进化的和谐平衡的自然界。而这种不断进化的动态的和谐演化在《周易》中一方面表现为天地和四时的和谐，如"天地以顺动，故日月不过，而四时不忒"[⑧]，天地在变革运动中带动着四时的流转并顺应而成和谐关系，天地和四时的这种和谐关系就是自然界自身的生态运演；另一方面还表现在天地与万物的动态和谐关系上。"天地交而万物通也"[⑨]，说明天地交合而万物沟通，天地万物丰富纷纭、形态各异，它们流转变动、相互交会贯通，天地本身在动态中化育

---

① 杨天才，张善文. 周易[M]. 北京：中华书局，2014：648.

② 同①595.

③ 同①.

④ 同①28.

⑤ 同①561.

⑥ 同①671.

⑦ 同①657.

⑧ 同①157.

⑨ 同①116.

万物，并且促使万物茁壮成长，“天地变化，草木蕃”①，形成郁郁葱葱草木繁盛的自然界，因而《周易》认为天地交合象征的是泰卦，天地中的阴阳二气相互感应形成了具有旺盛生命力的自然界。

（二）《周易》中生生不息的演化观

“生生不息”中的第一个“生”是动词，具有生长、繁衍、化育的含义；第二个生是名词，是生命的含义。在中国哲学中“生生不息”指生命的诞生、生存、生长繁衍不已。“生生之谓易”②“天地之大德曰生”③深刻地反映了《周易》中“生”的重要性，这里的“生”阐述了天、地、人的产生、进化和融合，生生是周易思想核心精髓。《周易》整体的编排顺序体现了天生万物的演化顺序，上经从乾坤开始阐述了天地创生万物，下经通过阴阳、男女交感而繁衍人类并进而形成尊卑有序的等级社会，天地—万物—男女—夫妇—父子—君臣—上下—礼仪的演化顺序从天地到自然再到人类及人类社会，体现了生生不息的演化观。

《周易》上经以乾坤卦始，乾为万物之源，万物由此开始，云气雨露相互影响而成就万类千形，万物各居其位、和谐共生，天是自然万物生成的根源，是一切事物成败的首要因素；坤容载万物又滋养万物，各种事物因坤而生存且顺利长成。乾坤、天地蕴含着生命的开始和生命的生养，天地在运动演化中显现着“生”，显现着和谐。下经则以咸卦始，咸者，交感也，“二气感应以相与”④，天地、阴阳、男女相互感应而融合，天地交感而万物化生，观察这些相互感应，以此类推夫妇交感而人类得以繁衍持续。从“天始万物”到“地生万物”再到“人成万物”，天、地、人在生命的形成过程中不可分割，万事万物都处在一种生生不息的运动之中，“生生之谓易，成象之谓乾，效法之谓坤，极数知来之谓占，通变之谓事，阴阳不测之谓神”⑤。“易”就是生命代代接续，它神机妙算、仰观天文、俯察地理、知晓万物、顺应天时，因而千方百计成就万物而不遗漏。“易与天地准，故能弥纶天地之道。仰以观于天文，俯以察于地理，是故知幽明之故；原始反终，故知死生之说；精气为物，游魂为变，是故知鬼神之情状。与天地相似，故不违；……安土敦乎仁，故能爱。范围天地之化而不过，曲成万物而不遗，通乎昼夜之道而知，故神无方而易无体。”⑥虽然个体生命有生有死，但从整个自然演化的角度来看，“易”具有广、大特性，它充盈于天地之间，乾静时抟团、动时刚直，动静结合产生万物。坤静时收敛闭合、动时舒展开放，万物的产生与天地相匹配，变通与四时相匹配，万物随着天地与四时而流转，“生”成为永恒，“死”是“生”的另外一种转化形式，整个宇宙是一个生生不息的演化过程。

（三）《周易》中相生相克的变易动态平衡观

阴和阳是《周易》的基本概念，也是构成八卦的基本符号。贯穿六十四卦的中心概念就是

---

① 杨天才，张善文.周易[M].北京：中华书局，2014：16.
② 同①571.
③ 同①606.
④ 同①282.
⑤ 同①571－572.
⑥ 同①569.

阴阳，其中反复用阴阳揭示事物的结构及其演化过程。《周易》认为"一阴一阳之谓道"①，这就说明阴阳的相互作用、相互转化构成了事物的基本规则。《周易》中的"太极图"就用黑白分明、相互对等、首尾相抱的两条"阴阳鱼"形象地表达了世间万物的形成和存在，白色鱼代表阳，黑色鱼代表阴，但白鱼的眼睛是黑色的，黑鱼的眼睛是白色的，这说明白中有黑，黑中有白，黑白相混，阴阳相依，对立的双方相互包含、相互依存。"乾，阳物也；坤，阴物也；阴阳合德，而刚柔有体，以体天地之撰。"②乾为阳、坤为阴，天地交合而生万物；男为阳、女为阴，男女交合而繁衍人类。推而广之，上下、内外、奇偶、刚柔、贞悔、吉凶、泰否、天地、男女、尊卑、进退、损益、存亡等都是"阴阳"的表现形式，万事万物都由阴阳交合而生成。

"昔者圣人之作易也，将以顺性命之理。是以立天之道，曰阴与阳；立地之道，曰柔与刚；立人之道，曰仁与义。"③古人创立易经时顺应人性天命，用阴和阳建立了天道，用柔和刚建立了地道，用仁和义建立了人道，天地人各有其道，但又相仿相生、相依相连，在阴阳相对与相合的矛盾运动中推动自然界的一切演化，产生了一切生命的存在形式。

阴阳相生相克的思维方式是中国古代哲学的特有思维方式。阴和阳是对立的，但二者又是相通的，阳中有阴，阴中有阳，阴阳之间的对立、依存、转化、同一催生了万事万物的存在和演化，阴和阳难舍难分、相互影响、相互作用连通了世间万物，这种阴阳相关的思维方式体现了古人的生态整体性思维方式。

二、老子的生态思想

春秋战国时期产生了儒家、道家、名家、墨家、法家等诸子百家，老子（约公元前 571—公元前 471）是道家的主要代表人物，著有《道德经》一书。道家思想博大精深，涵盖了自然、社会、人生等诸多领域，但其核心思想是"道法自然""万物平等""道通为一"的生态思想。美国生态学家弗里特乔夫·卡普拉（Fritjof Capra）赞誉道家的思想是"提供了最深刻而且最完善的道家智慧"④，生态哲学家克利考特（Callicott）认为道家思想是"传统的东亚深层生态学"⑤。日本的汤川秀树认为"老子和庄子的思想是自然主义的，然而它们却有一种彻底的合理的观点，这想必就是吸引了我的那些方面之一。"⑥老子的生态哲学思想不但是中国传统文化的主干和哲学基础，而且对西方文化也具有一定的影响。

（一）老子"道"的阐释

"道"这一概念在中国传统哲学中具有重要地位，金岳霖认为："每一文化区有它的中坚思想，每一中坚思想有它的最崇高的概念，最基本的原动力……中国思想中最崇高的概念似乎是

① 杨天才，张善文. 周易[M]. 北京：中华书局，2014：571.

② 同①626.

③ 李申. 周易经传译注[M]. 北京：中华书局，2018：275.

④ 陈鼓应，白奚. 老子"生态智慧"的现代意义[N]. 光明日报，2002-05-14(B5).

⑤ CALLICOTT J B. Earth's Insights[M]. Oakland：University of California Press，1994：67-86.

⑥ 汤川秀树. 旅人：一个物理学家的回忆[M]. 周林东，译. 石家庄：河北科学技术出版社，2000：102.

道。……各家所欲言而不能尽的道，国人对之油然而生景仰之心的道，万事万物之所不得不由，不得不依，不得不归的道，才是中国思想中最崇高的概念，最基本的原动力。”①虽然在道家学说产生之前就有关于道的解说，比如《尚书·商书·说命中》讲“明王奉若天道”②，但把“道”上升到哲学本体论高度，并形成道家学派却始自老子。在他看来，道是万物的本源，关于“道”他说道：

有物混成，先天地生。寂兮寥兮，独立而不改，周行而不殆，可以为天地母。吾不知其名，字之曰道，强为之名曰大，大曰逝，逝曰远，远曰反。故道大，天大，地大，人亦大。域中有四大，而人居其一焉。人法地，地法天，天法道，道法自然。③

在这段话中，老子首先谈到了道生成于天地之先，道具有独立不变、普遍存在、持续运转、循环反转的特性，它是万物之母，是宇宙的本源。接下来他又从依次递进的逻辑关系谈到道的根本是自然。“人法地”反映了人类对自己立足的大地的效仿和依赖关系，也说明了土地、地球的运行之道对人的约束以及人对其的遵循之道。而地球及人类生存的周围环境又是天道、自然之道演化的结果，因而，最终，不管是人类自身还是其他万物都归于自然，都要依从自然规律。

总结来看，老子的“道”一是万物本源，是宇宙的本体，它派生万物；二是“道”有其演化过程和运行规律，道在自然即“天道”，寓指天地万物产生、发展、运行的普遍性自然规律；三是“道”在人类社会则成“人道”，指人类社会运行的准则和道德规范。可以看出，“道”是道家哲学的核心，道遍布于自然和人类社会，贯穿于一切事物演化过程之中，道具有无敌的力量，若能遵道，“万物将自宾”，即只有顺从自然，依据自然规律从事一切活动，万物才能各守其位，天地才能相合以降甘露，道施利于万物，具有成全万物的能力，“夫唯道，善贷且成”（《道德经·四十一章》）；相反地，“天下无道，戎马生于郊”（《道德经·四十一章》），如果违反了道，必然战争频繁，祸乱四起。

（二）老子的生态整体性自然观

老子生态整体性思想的根基源于“道”，从上述对“道”的阐释来看，道既在本源意义上创生万物，是最高的存在，同时也统摄世间万物。道是最恒长的存在，由它所产生的天地和万物运行变化、各具形态、各不相同。道虽无形却无处不在，它弥漫于宇宙空间，藏于万物之中，以无形统帅有形。它是宇宙最高之母，是天下万物发生变化的奥妙之宗。道的无声无形不可见性既超越了可见性的天地万物，但又包容了可见性的天地万物，形成了多样性有机统一的整体自然观。

具体来看，这种生态整体观首先体现为“道法自然”的思想，“道”虽为天下之母，但“道”却要“法自然”。这是对“道”本质性的认识，“道”最终还要回归自然。在《道德经》一书中，“自然”

① 金岳霖.论道[M].北京：商务印书馆，1987：16.

② 江灏，钱宗武.尚书全译[M].贵阳：贵州人民出版社，1990：179.

③ 王弼.老子道德经注校释[M].楼宇烈，校释.北京：中华书局，2014：64.

出现在下述五个语句中：

功成事遂，百姓皆谓我自然。（《道德经・十七章》）

希言自然。故飘风不终朝，骤雨不终日，孰为此者？天地，天地尚不能久，而况于人乎？故从事于道者同于道，德者同于德，失者同于失。（《道德经・二十三章》）

人法地，地法天，天法道，道法自然。（《道德经・二十五章》）

道之尊，德之贵，夫莫之命而常自然。（《道德经・五十一章》）

是以圣人欲不欲，不贵难得之货，学不学，复众人之所过，以辅万物之自然，而不敢为。（《道德经・六十四章》）

从这些语句可以看出，老子的自然意一是体现为不受人为干扰的自在自然状态，自在如此、自来如此的一种天然状态；二是自然本身的运行规律，自然的本性。其实，在老子这儿，这两层含义又可以看作是同一的意义，处于自然状态的自然决定了自身运行的规律性。“万物作焉而不辞”（《道德经・二章》），“不辞”在老子的《道德经》中多次出现，可见老子对不干扰自然的重视，让万物自由生长而不干涉是“道法自然”的精妙所在。因为“天地不仁，以万物为刍狗”（《道德经・五章》），天地是无私的，任万物自生自灭，而不受人类干扰的自然界自身具有自我作用、自我演化、自我生成、自我优化的功能，它创生万物又使万物复归根本，“夫物芸芸，各复归其根”（《道德经・十六章》）；相反地，人类的诸多干预反而是“不知”的行为，“多言数穷，不如守中”（《道德经・五章》），过多地发号施令反而会加速事物的灭亡，不如守住清静无为。老子认为道德本性是自然，他把对自然自在状态的认识延伸到对人的修身以及人类社会治理的认识，以“人道”与“天道”相类比，从“天道”运行的自然规律悟出“无为而治”的“人道”治理策略，自然的“天道”是人类的“人道”效仿的榜样。

其次体现为“道生万物”。“道”效法自然而无为但又无不为，它不干涉自然又创生自然万物，那么，这个统摄天地万物的“道”又是如何生成和运演天地万物的呢？《老子》对此阐述为：“道生一，一生二，二生三，三生万物。万物负阴而抱阳，冲气以为和。”（《道德经・四十二章》）这句话体现了老子“道生万物”的序列演化自然观，道的作用在于使事物得一而生，从“天下万物生于有，有生于无”来看，道为无，一是有，那么，从“无”又怎么生出“有”？在老子看来，道先天地生，是无声无形而混沌一体，道虽不能与一完全相等同，但道幻化万物的奥妙正在于此，“昔之得一者，天得一以清，地得一以宁，神得一以灵，谷得一以盈，万物得一以生，侯王得一以为天下贞”（《道德经・三十九章》），天、地、神灵、川谷、万物、侯王因得一而归于道，“道通为一”体现老子哲学是一种有机整体的自然观。

“道生万物”而又与万物不同，这既体现了道的生成性，又体现了道对万物统摄的整体性。“道”无而万物有，“天下万物生于有，有生于无”（《道德经・四十章》）；“道”无形而万物有形，“有物混成，先天地生，寂兮廖兮”（《道德经・二十五章》）；“道”生成万物而不干扰万物，“万物恃之以生而不辞”（《道德经・三十四章》）；“道”庇护养育万物而不主宰万物，“衣养万物而不为主”（《道德经・三十四章》）。道高高在上而又无处不在，道的浑然成一与物的多种多样形成了鲜明的对比，但万物并不杂乱无序，世间阴阳相合、动态平衡而成就万物皆因“道”，“道者，万物之奥”（《道德经・六十二章》），道是产生万物的本源，也是万物变化的奥秘，万物欣欣向荣，种类繁多，但最终万物又复归其本然的道，“万物并作，吾以观其复。夫物芸芸，各复归其根”（《道德经·十六章》)。可见,道主宰着万物的生成、演化和复归,道也存在、弥漫、渗透、流转于万物之中,道其实无为而无不为。

然而,“道”即使是万物的本源,但万物的存在及其养成过程还离不开“德”。“道”的生成功能还体现在道既生成先天之德,同时还修成后天之德,所谓的“道生之,德蓄之,物形之,势成之。是以万物莫不尊道而贵德”(《道德经·五十一章》)就是说道生成万物、德养育万物、物赋予万物以形体,三者相映而顺势成就大千世界,万物产生、发育、成长、成熟、颐养、覆灭的存在和演化过程并非来自他者的命令,而是自然而然的结果,这就是“不争之德”,在老子看来属于“上德”,它无为而公正。相反地,“有为而偏私”属于下德,是投机之得,唯恐失去,反而最终一无所得。可见,道与德在万物的生存演化中相关联,二者缺一不可,道决定了德的特性,德让无形之道显现于有形之物,来自大道之德,是“复归于婴儿”(《道德经·二十八章》)之德,犹如婴儿般处于自然而然的淳朴状态而无任何私心,自然无为是德应该具有的常态,这样的德才有助于道的真正展现,从而促使道与万物实现有形与无形的统一,多与一的统一。

老子的“道法自然”和“道生万物”的思想是道家哲学的核心观点。他建构了一个自然—道—万物—人相生相连相通的宇宙整体。“道法自然”阐明了道的本性是纯粹的自在自然,它不需要人为的雕琢和干涉,它具有独立性、淳朴性、自然性;“道生万物”揭示了万物的生成和演化过程,道具有本源性、普遍性、持续性。道统摄万物而隐自身于万物之中,从道而成,反道而毁。老子把道的思想延伸到人的修身养性以及人类社会领域,“圣人不仁,以百姓为刍狗”(《道德经·五章》)、“夫唯不争,故天下莫能与之争”(《道德经·二十二章》)、“常德乃足,复归于朴”(《道德经·二十八章》)、“道常无为而无不为。侯王若能守之,万物将自化”(《道德经·三十七章》)、“合德之厚,比于赤子”(《道德经·五十五章》)、“天之道不争而善胜,不言而善应,不召而自来”(《道德经·七十三章》)、“天之道,利而不害,圣人之道,为而不争”(《道德经·八十一章》),这些《道德经》中的语句无不说明了老子无为而无不为的思想,天道、人道是统一的。

(三)老子万物循环演化的生成观

老子认为道生万物,万物又不是一成不变的,常常处在不断变化之中。首先,道的变化决定了万物的变化。从创生万物的角度来说,正是道的变化才生成了万物,道生一,一生阴阳为二,阴阳相合成三,三生万物,万物本身的形成就伴随着变化。其次,道法自然,而大道无言合乎自然,暴风骤雨、阴晴圆缺等各种自然现象的不持久性、变化性充分体现了万物的变化性。再次,老子认为万物在相互对立和相互依存中变化。“反者,道之动”(《道德经·四十章》)是老子哲学生成演化的核心思想,反有“返”之意,事物走向其对立面之时返回,即循环往复,道化育万物,万物运行过程越来越远离道,“大曰逝,逝曰远,远曰反”(《道德经·二十五章》),从老子的道“周形而不殆”也可以看出运动而返回之意,“道之动”说明了道的运动动力及道的具体运动变化状态。总起来说,就是万物相互对立又相互依存,道主宰着事物的运行,在对立统一中促使事物向前运动而走向自己的对立面,而无处不在的道又让远离道的事物返回自身的“道”。这种对立统一的思想在老子的学说中处处可见,比如:“有无相生,难易相成,长短相形,高下相倾,音声相和,前后相随”(《道德经·二章》);“知其雄,守其雌,……知其白,守其黑”(《道德经·二十八章》);“万物负阴而抱阳,冲气以为和”(《道德经·四十二章》);“大直若屈,大巧若拙,大辩若讷”(《道德经·四十五章》);“物壮则老,谓之不道,不道早已”(《道德经·五十五章》);

“祸兮福之所倚，福兮祸之所伏”（《道德经·五十八章》）等。万事万物有黑就有白、有雄就有雌、有刚就有柔、有生就有死，正是对立面之间的相互依存、相互斗争、相互转化，最终达到同一而复归“道”。

（四）老子万物平等的生态价值观

道家学说认为宇宙万物是平等的，不存在高低贵贱之分。老子认为宇宙万物有四大，即“道大、天大、地大、人亦大”（《道德经·二十五章》），人并不是独一的中心，万物也不只是为王而存在。老子尊崇自然，主张顺应自然万物的变化，遵从自然运行的规律，这样一来，人道反而要与天道和谐。老子提倡无为而治，无为并非真正不为，它其实是一种生态智慧，是在认识自然规律、掌握自然规律的基础上依据自然规律自发、自然、自由地行事。这种平等观的思想也体现在老子关于人类社会的治理方面，“无为而治”生成民众的个人幸福，“圣人不仁，以百姓为刍狗”（《道德经·五章》）、“圣人无常心，以百姓心为心”（《道德经·四十九章》），圣人，不以权力控制民众、不压制民众欲望、不以武力作为控制手段，人的本性、人类的德性最终源自自然，人道应该顺应天道。站在百姓角度，以百姓之心为心，不干预自然万物和百姓，还百姓自由自在的生活，人与万物一样都处于自然自在状态，万物和人具有和谐统一的基础，道生万物而成就宇宙，老子把人也纳入宇宙有机体之中，以道规范个人、以德培育个人而使个人的价值在“道”主导的社会自由公正中得以实现。

三、庄子的生态思想

庄子（约公元前369—公元前286）是继老子之后道家学派的另一代表人物，其代表作是《庄子》。庄子在继承老子道家学说的基础上把道家思想进一步发扬光大，他的学说开启了人类对自然、社会、人三者关系的深入探讨，其哲学主旨思想就是关于生命的认识，在某种程度上可以称为生命哲学。

（一）道法自然而不为的自然观

“无为”是道家思想的核心，是道家尊重自然的表现。庄子在继承老子无为思想的基础上进一步发展了“无为”的思想。庄子认为：“天地有大美而不言，四时有明法而不议，万物有成理而不说。圣人者，原天地之美而达万物之理，是故圣人无为，大圣不作，观于天地之谓也。……阴阳四时运行，各得其序。”（《庄子·知北游》）自然不言却存在着美好和谐的生态图景，四时变化有规律地运行而不须拟议，万物自有其生成的道理而不用说明。无人干预的自然界创造着万物并使万物和谐相处，人类就应该遵循自然界的运行规律，让一切生命按其天性自由自在地生活。因为“为事逆之则败，顺之则成”（《庄子·渔父》），这其实就是顺应自然的良好结果，即无为有益。庄子通过对无为和有为两个相反方面的对比分析认为，“无为也，则用天下而有余；有为也，则为天下用而不足”（《庄子·天道》），以无为为法则，用无为治理天下，则能驾驭天下而闲暇有余，相反地，以有为治理天下，则被天下所用而力所不及。没有比苍天更深妙的，也没有比大地更富有的，一切美好都蕴含在天地之间，帝王只有顺天应地，让他的德性与天地相合，才能驾驭天地、驱使万物。要达到无为而治，那么就要保全万物之性而不伤害，这就是“圣人处物而不伤物，不伤物者，物亦不能伤也。唯无所伤者，为能与人相将迎”(《庄子·知北游》)。山林湖海平原虽与我无亲，但它们却能使我快乐。所以，无为就是要顺应万物生长的本性和规律，与大自然和谐相处。古时的人“阴阳和静，鬼神不扰，四时得节，万物不伤，群生不夭；人虽有知，无所用之，此之谓至一。当是时也，莫之为而常自然”(《庄子·缮性》)，他们生活在纯粹的自然之中，一切都无所作为而顺应自然，这种自然状态可能就是庄子所向往的淳朴、纯真的理想社会。

(二)庄子“天地为合”的生态整体性思想

在《庄子》中，总共有350个“道”字，但其含义却不尽相同。比如：“道行之而成，物谓之而然”(《庄子·齐物论》)中意指道路；“夫道不欲杂，杂则多”(《庄子·人间世》)中意指德性；“凡事若大若小，寡不道以欢成”(《庄子·人间世》)中意指道术、话术；“其谏我也似子，其道我也似父”(《庄子·田子方》)意指引导、劝谏；等等。但最基本的含义还是继承了老子“道生万物”的思想，认为道是万物的本源，具有本体论意义。在《庄子·大宗师》中，庄子对作为万物本源的“道”有详细的阐述。

夫道，有情有信，无为无形；可传而不可受，可得而不可见；自本自根，未有天地，自古以固存；神鬼神帝，生天生地；在太极之上而不为高，在六极之下而不为深，先天地生而不为久，长于上古而不为老。狶韦氏得之，以挈天地；伏戏氏得之，以袭气母；维斗得之，终古不忒；日月得之，终古不息；堪坏得之，以袭昆仑；冯夷得之，以游大川；肩吾得之，以处大山；黄帝得之，以登云天；颛顼得之，以处玄宫；禺强得之，立乎北极；西王母得之，坐乎少广，莫知其始，莫知其终；彭祖得之，上及有虞，下及五伯；傅说得之，以相武丁，奄有天下，乘东维，骑箕尾，而比于列星。(《庄子·大宗师》)

大宗师即以“道”为宗为师。这段对道的描述虽长，但核心思想主要有两点。其一是对“道”的存在状态的描述，“道”无为无形，但却可传可得，内在地渗透、弥漫于一切之中，道无所不在，正如在《庄子·知北游》中东郭子问庄子：“所谓道，恶乎在?”庄子明确地回答“无所不在”，进而说道“在蝼蚁”“在稊稗”“在瓦甓”“在屎溺”(《庄子·知北游》)。在庄子看来，不论物之大小，均有大道在内，道不但在生命体内，也在非生命体内，生命与非生命在道的基础上相统一。其二是对“道”的本源性描述，“道”自是根本，先于天地、鬼神、日月、万物、人等而存在，它创生一切、成就一切、化育一切，文本中有神仙、帝王、圣贤，谁得到了“道”，谁就有了作为，可以开天辟地、经世致用。可见，道虽无为，得道之神、人却可以有所作为。“道”无处不在，它是无形、无目的、内在于天地万物之中的生命本源，天、地、人都体现着“道”的本真与气息，“道”实现了天、地、人的相合相生。

在对“道”本根性认识的基础上，庄子又进一步阐述了“道生万物”的演化过程。

泰初有无，无有无名，一之所起，有一而未形。物得以生，谓之德；未形者有分，且然无间，谓之命；留动而生物，物成生理，谓之形；形体保神，各有仪则，谓之性。性修反德，德至同于初。

同乃虚，虚乃大。合喙鸣，喙鸣合，与天地为合。其合缗缗，若愚若昏，是谓玄德，同乎大顺。(《庄子·天地》)

这段话体现了“道生万物”的思想，宇宙的初始源于无，无就是道，它没有名称没有形体，它是浑然一体的，万物得到道而生成，这就是“德”，即得而成；此时，得道的产物还处于无形状态，但它已经分化为阴阳，虽分却仍然阴阳一气，浑然一体，这就是“命”；道在流动中生成万物，万物也因此有了自己的生理形态，这就是“形”；各自的形体保有各自的精神，各有特定的仪态和规则，这就是“性”。性的修养返回到自然的德性，德性修炼到极致就可以回归到最初浑然一体的道。道生万物，并确定了万物内在和外在的规定性，即德、命、形、性；同时，宇宙万物的演化从道开始，最后又复归于道，揭示了庄子“道通为一”的整体生态思想。

庄子不但揭示了万物演化生成的过程，而且从万物演化的秩序性、规律性推及人类社会的运行秩序和规律，实现了天道和人道的统一。

天道运而无所积，故万物成；帝道运而无所积，故天下归；圣道运而无所积，故海内服。明于天，通于圣，六通四辟于帝王之德者，其自为也，昧然无不静者矣。(《庄子·天道》)

夫尊卑先后，天地之行也，故圣人取象焉。天尊地卑，神明之位也；春夏先，秋冬后，四时之序也。万物化作，萌区有状，盛衰之杀，变化之流也。夫天地至神，而有尊卑先后之序，而况人道乎！宗庙尚亲，朝廷尚尊，乡党尚齿，行事尚贤，大道之序也。语道而非其序者，非其道也。(《庄子·天道》)

天地固有常矣，日月固有明矣，星辰固有列矣，禽兽固有群矣，树木固有立矣。夫子亦放德而行，循道而趋，已至矣。(《庄子·天道》)

自然之道的运行永不停滞，所以万物才能够不断生成。天尊地卑而永恒运转、日月放射光明、星辰排列有序、四时依次更替、万物萌发生长而盛衰流变、禽兽成群而生活、树木挺立在大地，这都是自然的安排，自然演化有秩序、有规律，人要效仿自然，依自然本性行事，顺随大道的规律前进，这就是最高的境界。因而，庄子认为在人类社会就要坚持上下尊卑、长幼有序的规则，他认为古代明白大道的人，正是在明白自然运行的规律后才讲道，即“是故古之明大道者，先明天而道德次之”(《庄子·天道》)。如果我们谈论自然之道而不讲自然之道的秩序，这并不是真正的自然之道，很明显，真正的自然之道就是人道与天道的相和。

(三)庄子“物无贵贱”的生态价值思想

庄子在“道”的基础上提出了万物平等的思想。

1. 从道生万物来看，万物在本源上是平等的

道无处不在，它不论物之大小、物之贵贱而存在于一切事物之中。正如上面阐述的，道既存在于天地日月星辰之中，也存在于毫不起眼，甚至污秽的屎溺之中，整个自然因道而充满生机，道赋予万类以生命，在《庄子·德充符》中鲁国无趾之人对孔子说“天无不覆，地无不载”，说明天地能够以平等心对待一切、包容一切，那么，人类也应该以“天地之心”对待万物，不管它是高贵还是卑贱，不管它是无上之大还是渺小甚微，其中都有大道在内，都应平等对待。

2. 以道观之,万物在价值上是平等的

庄子的《齐物论》是其阐述万物平等思想的集中体现,"齐"具有"通"之意,万物虽各不相同,但却相通,世间多样性的万物融化在"道"的生命一体性境遇中,就是"齐物"。庄子提出了"物无贵贱,万物平等"的生态价值观,他认为:"以道观之,物无贵贱。以物观之,自贵而相贱。以俗观之,贵贱不在己。"(《庄子·秋水》)从自然之道来看,万物没有贵贱之分;而从万物自身来看,都自以为贵而彼此相贱。其实,庄子认为从小的方面看大的东西看不到尽头,而从大的方面看小的东西看不分明,各物自有各物存在的价值和理由,有着自己的相宜之处,天地相对于更大的东西就像一粒小米,而毫末之小的东西相对于更小的东西又似一座大山,各个事物是不能相互替代的,就如"以趣观之,因其所然而然之,则万物莫不然;因其所非而非之,则万物莫不非。"(《庄子·秋水》)道家的生态智慧就在于从道存在于万物之中派生出万物没有贵贱、中心和边缘之区别这一物物平等的生态理念。在《庄子·齐物论》中,啮缺问王倪:"子知物之所同是乎?"虽然王倪没有明确回答,但他的回答却揭示了自然界万物存在的生态智慧,万物不言,但却顺应自然而生活,"民食刍豢,麋鹿食荐,蝍蛆甘带,鸱鸦耆鼠,四者孰知正味?"人与牲畜、麋鹿与草、蜈蚣与小蛇、猫头鹰乌鸦与老鼠之间的关系就是自然界的生态链关系,人、动物、植物都是生态链中的一个环节,它们虽然都不知何物才是美味佳肴,但它们以它们的方式而生活、生存,就像"毛嫱、丽姬,人之所美也;鱼见之深入,鸟见之高飞,麋鹿见之决骤,四者孰知天下之正色哉?"虽然在世人看来毛嫱和西施都是美人,然而,在鱼虫鸟兽看来则未必如此,那么,万物就不会有统一的标准,道家的这种价值观虽然具有相对意义,甚至具有不可知论思想,但它对自然界整体生态链的认识和把握突破了传统意义上"贵人"的价值视野,把万物统一看待,使万物的生命价值得到了尊重。"天地虽大,其化均也;万物虽多,其治一也。"(《庄子·天地》)天地虽然广大,但它们却均等地化育万物;万物虽然多种多样,但它们却各得其所。总的来看,庄子重视万物的价值,但却并非脱离人来谈天、谈物,在道的基础上实现天道、物道、人道的统一。

3. 物我合一

庄子不但认为物与物是平等的,而且认为物与人也是平等的。这种平等观首先表现在庄子要求人应该效仿自然。在《庄子·天道》中,他指出"夫明白于天地之德者,此之谓大本大宗,与天和者也。所以均调天下,与人和者也。"认识了天地之德的人,也就掌握了天地的宗本,也就能与自然相和谐,把这种精神用来均调天下,也就能与人相和谐。庄子对人的要求就是要成"真人","真者,所以受于天,自然不可易也。故圣人法天贵真,不拘于俗。"(《庄子·渔父》)真就是真性,这种真性受禀于自然,是自然而然的生命本质,也是自然不可变易的本性。因此,真正的圣人就要"法天贵真",遵循自然本性,效法自然的无限生机而不能受拘于现实俗界。也只有这样,才能"配神明,醇天地,育万物,和天下"(《庄子·天下》),人对自然最高的态度就是返回自然,与自然相融相生,"天地与我并生,而万物与我为一"(《庄子·齐物论》)。其次,这种平等观还表现为人应该站在自然的角度理解自然。庄子在《庄子·应帝王》中以南海之帝为倏、北海之帝为忽、中央之帝为浑沌的寓言故事阐明了一个道理,即顺应自然,站在自然角度对自然才是真正的尊重和友好。浑沌象征本真的生命世界,它浑然一体,自然而然。但倏和忽为了报答浑沌之恩出于好心每日为其雕凿七窍,终致浑沌而死。从人类角度来讲,我们总觉得我们有能力认识和改造自然,让自然变得更加美好,然而,这种想法和做法就像倏和忽一样,最终只能导致自然环境的恶化。庄子认为自然万物各有其本性,人不应该以自我为中心,应该顺应自然万物的天性，只有这样才是自然之道，就像“牛马四足是谓天，落马首，穿牛鼻，是谓人。故曰：‘无以人灭天，无以故灭命，无以德殉名，谨守而勿失，是谓反其真。’”(《庄子·秋水》)中所说的，天然就是牛马长着四只脚，而人为就是给马套上笼头，给牛鼻子穿上缰绳，不要人为地损害天性，不要人为地损害生命，尊重生命和自然才能返璞归真。最后，庄子认为人仅仅是自然界中的普通一员。庄子认为在万物构成的宇宙系统中，所有的种类各得其所，各适其性。不管是大的生物或是小的生物，都分受了天道的生命，因而都具有平等的生命尊严，没有任何一个生物可以凌驾于其他生物之上，人类也仅仅是万物的有机组成部分，和万物相比较没有任何优越性。所以，大鹏展翅飞翔有其雄伟的生命价值，而小麻雀也有其不可忽视的生命价值，鱼儿在江湖中忘掉一切而悠然自乐，人追寻大道忘掉一切而逍遥自在(“鱼相忘于江湖，人相忘于道术”《庄子·大宗》)，各有各的生存方式，但其生命价值同等重要。“吾在于天地之间，犹小石小木之在大山也。方存乎见少，又奚以自多，计四海之在天地之间也，不似礨空之在大泽乎？计中国之在海内，不似稊米之在大仓乎？号物之数谓之万，人处一焉。人卒九州，谷食之所生，舟车之所通，人处一焉；此其比万物也，不似毫末之在于马体乎？”(《庄子·秋水》)人之于自然就如同小石之于大山、小河之于大海、四海之于天地，人仅仅是宇宙自然中的一分子，人与万物相比较就像马身上的小小毫毛一样微不足道。庄子的哲学和老子哲学相比较，更注重对生命的认知。他用一种齐物思想追求世间万物的平等，物与物的平等、人与物的平等、人与人的平等贯穿其生命哲学始终，在庄子看来，自然是人类生存和谐的根基，是人类生活的家园，顺应自然、尊重自然，以自然的方式生存和发展才能真正达到“道”的境界。

四、孔子的生态思想

孔子(公元前551—公元前479)，名丘，字仲尼，春秋末期著名的思想家、政治家、教育家。他开创了私人讲学的风气，是儒家学派的创始人，被后世统治者尊为“万世师表”，其儒家思想对中国和世界都有深远影响。

孔子所处的时代是动荡与变革交织的时代，周王室日益衰微，诸侯争霸，连年战乱，天下无道，礼崩乐坏。面对现实的一系列动荡，孔子不但在政治、经济上有独到的思想体系，在生态方面的思想亦是博大精深。

(一)敬畏天命的生态意识

孔子在教育学生时曾说：“天何言哉？四时行焉，百物生焉，天何言哉？”[①]孔子认为自然界是一个独立自主的客体，遵循其内在运行规律，即使“天”什么都不说，四季还是照常运行，百物还是照常生长。在孔子看来，天尽管沉默不语，但它以自然的运行表达了自己的意思，“天”是独立且至高无上的。

不仅如此，自然中出现的异常现象也引起了孔子的思考和哀叹。子曰：“凤鸟不至，河不出

---

① 杨伯峻.论语译注[M].北京：中华书局，2006：211.

图，吾已矣夫！”①（凤凰不来，黄河也不再出现图画，我这一辈子算是完了吧！）在古代，凤凰的出现预示着天下太平，并且，圣人受命，黄河就出现图画。当凤凰、河图这些祥瑞没有出现时，孔子把异常的自然现象看作是一种警示，也深深感受到自己的责任到了终点，无法继续施展抱负。自然的异常代表着“天”的异常，对天的敬畏使得孔子顿感此生到了尽头。

限于当时的技术水平和生产能力，人在自然面前往往无能为力，甚至深受其摧残。子曰：“君子有三畏：畏天命，畏大人，畏圣人之言。小人不知天命而不畏，狎大人，侮圣人之言。”②（孔子说：“君子有三怕：怕天命，怕王公大人，怕圣人的言语。小人不懂得天命，因而不怕它；轻视王公大人，轻侮圣人的言语。”）孔子将“畏天命”放在“三畏”之首，充分体现了孔子认为“君子”对“天”应该存有的敬畏之心。

在孔子看来，“天命”是客观存在的，不以人的意志为转移，春种夏长、秋收冬藏，这些都是自然界的规律，遵循自然规律、敬畏天命才是君子该做的，如果不敬畏天命，那么后果只会是自取灭亡。

（二）乐山乐水的生态情怀

孔子提倡知命畏天的生态意识，相伴而生的是乐山乐水的生态情怀。子曰：“知者乐水，仁者乐山；知者动，仁者静；知者乐，仁者寿。”③（孔子说：“聪明人以水为乐，仁爱之人以山为乐；聪明之人活动，仁爱之人沉静；聪明之人快乐，仁爱之人长寿。”）大自然中的山代表着坚韧、稳重，水象征着灵动、从容，徜徉山水之间，可以带给智者、仁者不同的自然体验，使他们获得不一样的内心享受。

因而，亲近自然、热爱自然，与自然和谐相处也是仁者、智者完善自身的途径。孔子将山、水与人充分协调起来，人沉浸在自然山水之中，感受大自然纯粹的力量。诚如贺麟所言：“自然是人生的‘净化教育’，自然是人生力量的源泉。”④孔子将自然山水人格化，由山水的特性而联想到人的美好品格，并且，在自然之中，人的美好品格会不断得到洗涤，历久弥新。

（三）尚简节用的生态实践

从敬畏天命的生态意识，到乐山乐水的生态情怀，孔子也具有尚简节用的生态实践观。

孔子是个节约资源意识很强的思想家，他说：“子钓而不纲，弋不射宿。”⑤钓鱼而不网鱼，射杀飞鸟而拒绝射杀归巢的鸟，鱼鸟可以为人所用，但不可以竭泽而渔，要给予它们休养生息的时间，这其实体现了孔子合理利用资源和保护资源的思想。孔子有一个弟子宓子贱在单父（今菏泽）当县令，孔子派另一个弟子巫马期去看宓子贱，巫马期看到当地人捕鱼后都把小鱼重新放回水中，一问才得知县令宓子贱要求在小鱼长大后再捕捞。孔子听后认为宓子贱治理有方，可以担当重任。这和孔子对鱼鸟不赶尽杀绝的思想不谋而合，因而，他对宓子贱的做法大

---

① 杨伯峻.论语译注[M].北京：中华书局，2006：102.

② 同①199.

③ 同①69.

④ 蒙培元.人与自然：中国哲学生态观[M].北京：人民出版社，2004：104.

⑤ 同①83.

加赞赏，这和他“伐一木，杀一兽，不以其时，非孝也”(《大戴礼记·曾子大孝第五十二》)的思想相一致，鱼、鸟这些动物的生存之道如果被完全堵死、毁灭，那么自然的生态平衡必然被打破，处在生态链条上的人类自然也遭受威胁。孔子呼吁“节用”，节制人们对鱼、鸟的捕杀、射杀，从“节用”的观点出发，体现了孔子超前的生态平衡观。

此外，孔子认为君子完善品德的养成也离不开“尚简节用”思想。“君子食无求饱，居无求安”[①]，孔子认为，君子吃饭不要求能饱，居住不要求舒适。与孔子的“食无求饱，居无求安”理念相一致的是颜回的个人起居，“贤哉，回也！一箪食，一瓢饮，在陋巷，人不堪其忧，回也不改其乐。贤哉，回也！”[②]孔子称赞弟子颜回的贤良之处：一竹篮饭，一木瓢水，住在小巷子里，别人都受不了那穷苦，颜回却不改变他自己所认为的快乐和自足。颜回不愧是孔子最得意的门生，老师的君子“节用”理念，在颜回身上与生俱来般地存在，乐在其中，这是君子所为，对于现今生活中依然存在的铺张浪费、攀比骄奢之风都是重大警醒，应当引以为戒。孔子的这种“节用”观无论对当时还是今天的生态资源保护都有重要的借鉴意义。

在治国理念中，孔子也强调了“节用”的重要性。子曰：“道千乘之国，敬事而信，节用而爱人，使民以时。”[③]孔子认为，治理有一千辆兵车的国家，就要严肃认真对待工作，诚实守信，节约物用，爱护官吏，役使百姓要在农闲时候。这种“尚简节用”的生态实践理念对于当下的资源保护和合理利用都具有重要借鉴意义。

五、孟子的生态思想

孟子(约公元前372—公元前289)继承了孔子的儒学思想并将其发扬光大，其代表作是《孟子》。在生态方面，他提倡“仁民而爱物”，把“仁民”(社会)与“爱物”(自然)统一在性善论的体系之下。

(一)孟子“仁民爱物”的生态思想

孔子偏重于“仁者爱人”，仁者也“乐山乐水”，孟子在此基础上进一步把“爱人”之心延伸到“爱物”，形成了自己“仁民而爱物”的思想。孟子曰：“君子之于物也，爱之而弗仁；于民也，仁之而弗亲。亲亲而仁民，仁民而爱物。”(《孟子·尽心上》)在此，孟子认为君子对于万物，爱惜但说不上仁爱；对于百姓，仁爱但说不上亲近。君子由亲自己的亲人而仁爱百姓，由仁爱百姓而爱护万物。因而，从对亲人的“亲”到对百姓的“仁”再到对万物的“爱”，针对不同的对象采取不同的方式和方法，亲、仁、爱三种美德的远近亲疏虽有差别，但却具有共同的特点——爱心，因而，只亲其亲和仁民还是不够的，要从对人的爱延伸到对万物施以爱护，把仁爱与爱物相统一，不能顾此失彼。在《孟子·梁惠王上》中，齐宣王不忍见牛死时哆嗦的样子让用羊来代替牛作为祭品，这是因为他看见了用牛做祭品的直观感受，于是孟子问齐宣王：“今恩足以及禽兽，而

---

① 杨伯峻.论语译注[M].北京：中华书局，2006：9.

② 同①65.

③ 同①3.

功不至于百姓者，独何与？”既然大王可以恩泽禽兽，那么，大王为什么不能恩泽百姓呢？其实，孟子正是采用了类推的方法通过大王对禽兽的恻隐之心、仁爱之心引导大王对百姓也要有仁爱之心，以仁治天下。“推恩足以保四海，不推恩无以保妻子。古之人所以大过人者无他焉，善推其所为而已矣。”（《孟子·梁惠王上》）恩及百姓和万物则四海升平，否则便很难保全自己的妻儿。古人优于他人的地方就在于能够把善行推而广之，从而“老吾老，以及人之老；幼吾幼，以及人之幼”（《孟子·梁惠王上》）。孟子通过“仁民”“爱物”的思想在此构建了一幅老有所养、幼有所依、万物滋生繁茂的人、自然、社会和谐的美景，这也是其理想的生态社会。

孟子“爱物”也体现为从物本身的实际情况出发来对待物。他认为：“夫物之不齐，物之情也。或相倍蓰，或相什百，或相千万。子比而同之，是乱天下也。”（《孟子·滕文公上》）自然界万物多种多样，参差不齐，这是一种实际情况。有时一方是另一方的一倍或五倍，十倍或百倍，千倍或万倍，如果都把它们混同为一，那就会扰乱天下。万物不但多种多样，而且在量上也有多有少，因而，要依据物的不同而从实际出发。这种观点其实也体现了孟子“爱有差等”的思想，研习墨家学说的夷之认为对待老百姓应该“爱无差等，施由亲始”（《孟子·滕文公上》），但儒家却“爱有差等”，他让人传话问孟子，“儒者之道，古之人若保赤子”是何意？孟子用类比方法反问夷之，人们对自己兄长的孩子和邻居的孩子会一样吗？上天创造万物都有一个共同的本源，那就是亲自己的亲人先于亲他人之亲，这是与生俱来的，人人都有父母，但人人的父母各不相同，因而各人对待自己的父母也各不相同，爱很难同一。世间的万物也各不相同，当然也要具体情况具体对待，否则，将会背离事物本来的特性。

（二）孟子对人与自然关系的认识

孟子生活的时代，人类还处于初始发展阶段，人类被庞大的自然所威慑，人类更多的是顺应自然而生存，当然也存在着不断改造自然的过程。

1. 人与自然和谐的理想生态农业社会

孟子生活的战国时代连年战乱，百姓生活困苦不堪，粮食对于人们的生存十分重要。孟子从土地粮食丰足畅谈他的国家治理之道，从而营造了一幅理想的生态农业社会。“圣人治天下，使有菽粟如水火。菽粟如水火，而民焉有不仁者乎？”（《孟子·尽心上》）粮食多如水火，百姓仁爱，国家又怎能不安定？因而，孟子主张诸侯有三宝，“土地，人民，政事”（《孟子·尽心下》），在孟子看来，王道就是让人民安居乐业，“谷与鱼鳖不可胜食，林木不可胜用”（《孟子·梁惠王上》），老百姓的衣食住行得到解决而无后顾之忧，天下百姓自然归心。为此，孟子描绘了一幅人人丰衣足食、个个孝悌仁义、社会和谐有序的农业社会生态图景：

> 五亩之宅，树之以桑，五十者可以衣帛矣。鸡豚狗彘之畜，无失其时，七十者可以食肉矣。百亩之田，勿夺其时，数口之家可以无饥矣。谨庠序之教，申之以孝悌之义，颁白者不负戴于道路矣。七十者衣帛食肉，黎民不饥不寒，然而不王者，未之有也。（《孟子·梁惠王上》）

2. 人类顺应自然和改造自然的生态思想

人类之所以能演化、成长为万物之灵，其根本的原因就在于人类在与强大的自然相处中能够发挥自身的主体性和能动性，认识和改造恶劣的自然环境以求生存和发展。孟子在《滕文公上》中就真实地描述了当时的恶劣环境，以及圣人先贤与之斗争的过程。

当尧之时，天下犹未平，洪水横流，泛滥于天下，草木畅茂，禽兽繁殖，五谷不登，禽兽逼人，兽蹄鸟迹之道交于中国。尧独忧之，举舜而敷治焉。舜使益掌火，益烈山泽而焚之，禽兽逃匿。禹疏九河，瀹济漯而注诸海，决汝汉，排淮泗而注之江，然后中国可得而食也。（《孟子·滕文公上》）

可以看出，在这段话中，当时禽兽遍地、草木繁多、洪水泛滥，这样初始野生的环境很难让人生存，遍地的野草洪水挤占了五谷生长的空间、禽兽对人构成了威胁。人类必须改造自然界才能在自然界生存和进一步发展，焚烧草木、驱赶野兽、疏导河流这些在今天看似违背自然之道的举措却在当时是必须的，人和自然的和谐来自二者的相互关系，“蛇龙居之，民无所定”的现实表明了人类生活的艰难，“驱蛇龙而放之菹”（《孟子·滕文公下》）是当时人类从自然界提升的必然举措，也才有后来越来越强大的人类。当然，古时之人在求生存的过程中避免不了大量砍伐树木，也产生了孟子描述的牛山的光秃景象，“犹如斧斤之于木，旦旦而伐之，可以为美乎？”（《孟子·告子上》）孟子以今日牛山之不美是后来砍伐的结果比喻后来人性之不善并非人性最初的不善，但从生态角度看牛山的光秃景象，虽然与人们无节制的乱砍滥伐相关，但在蛮荒时代人类能够生存才是最重要的。在这里，我们可以看到，人类对自然的改造一方面体现了人类的力量，人和自然的关系其实也是人和自然博弈的结果，从被自然奴役转而改造自然，为自己争取生存空间，在自然的变化中显示自己的本质，“后稷教民稼穑，树艺五谷”（《孟子·滕文公上》）充分体现了人类在对自然的改造中种植宜自己生存的五谷，提升自己的生活水平；另一方面，人类的过程也是遵循自然、顺应自然的过程，禹疏九河是疏而非堵，顺着河流的流向和流势而引导其汇入江海。“永言配命，自求多福”（《孟子·离娄上》）就恰如其分地体现了孟子既要遵循天道、顺应自然，也要自己追求幸福的观点。

这种顺应天时、自我奋斗的做法也体现在孟子对待农业的态度上。孟子认为“顺天者存，逆天者亡！”（《孟子·离娄上》）“虽有智慧，不如乘势；虽有镃基，不如待时”（《孟子·公孙丑上》）。把这两句话放在一起理解，顺天存而逆天亡的核心点就在于“乘势”和“待时”，“势”是事物的运势、趋势，“时”是事情发生、运行的时机、时势。在实践中，人们只有遵循事物本身运行的规律、适时把握事物变化的时机才能真正认识自然、改造自然。在农业方面，孟子就很重视农耕与四时的合配，他要求人们一定要尊重万物的四时生长规律，按照四时的时序进行农耕生产活动，天时、地利、人和的有机结合才能达到物丰。在《孟子》一书中就有多个地方以几乎类似的话语体现了孟子“不违农时”“勿夺其时”而让百姓安居乐业的生态思想。

不违农时，谷不可胜食也。数罟不入污池，鱼鳖不可胜食也。斧斤以时入山林，材木不可胜用也。谷与鱼鳖不可胜食，材木不可胜用，是使民养生丧死无憾也。《（孟子·梁惠王上》）

五亩之宅，树之以桑，五十者可以衣帛矣。鸡豚狗彘之畜，无失其时，七十者可以食肉矣。百亩之田，勿夺其时，数口之家可以无饥矣。（《孟子·梁惠王上》）

五亩之宅，树之以桑，五十者可以衣帛矣。鸡豚狗彘之畜，无失其时，七十者可以食肉矣。百亩之田，勿夺其时，八口之家可以无饥矣。（《孟子·梁惠王上》）

五亩之宅，树墙下以桑，匹妇蚕之，则老者足以衣帛矣。五母鸡，二母彘，无失其时，老者足

以无失肉矣。百亩之田，匹夫耕之，八口之家足以无饥矣。（《孟子·尽心上》

食之以时，用之以礼，财不可胜用也。（《孟子·尽心上》）

在不违农时，顺应自然的同时，孟子还强调"养"的理论。万物就像人的善心一样，要不断地培养，"苟得其养，无物不长；苟失其养，无物不消"（《孟子·告子上》）。而且，也需要恰当的培养方法，就像人们假如希望桐树、梓树长大，必然懂得让其生长的方法，"拱把之桐梓，人苟欲生之，皆知所以养之者"（《孟子·告子上》）。相反地，如果对人性和万物一样放任不管、不养，"虽天下易生之物也，一日暴之，十日寒之，未有能生者也"（《孟子·告子上》）。因而，由于人有"恻隐之心"或"不忍之心"，人的本性善良，人可以从对人的"仁爱之心"达到"爱物"，从"养性达到养物"。

（三）天人相通

孟子关于"天"的阐释有社会之天，如"天下恶乎定"（《孟子·梁惠王上》），有百姓之天，如"乐以天下、忧以天下"（《孟子·梁惠王上》），有道德之天，如"天与之""天视自我民视，天听自我民听"（《孟子·万章上》），有自然之天等多种含义。"天人相通"的"天"指自然之天，这里的"天"一是自然状态之天，如"天油然作云，沛然作雨，则苗浡然兴之矣"（《孟子·梁惠王上》）；二是指自然运行的规律、天道，如"莫之为而为者，天也；莫之致而至者，命也"（《孟子·万章上》），这里的天、命其实都是天意、天道的意思。

孟子认为人性是天给予的，了解了人性也就懂得了天道。他说：

尽其心者，知其性也；知其性，则知天矣。存其心，养其性，所以事天也。（《孟子·尽心上》）

追求自己本有的善心就能体察自己的本性，体察自己的本性就能达知天道。所以，保存自己的善心，培养自己的本性就是遵循天道的方法。心、性、天在本初性善意义上是相通的，因而，在本性层面我与世间万物是相通的，我只要保持初心不改，那么"万物皆备于我矣，反身而诚，乐莫大焉"（《孟子·尽心上》）。《中庸》同样讲道："唯天下至诚为能尽其性，能尽其性则能尽人之性，能尽人之性则能尽物之性，能尽物之性则可以赞天地之化育，可以赞天地之化育则可以与天地参矣。"①诚是天之道、是自然规律，而思诚是人之道，思诚、尽心、知性以达到知天，最终天人合一。反之，如果我背离了自己的初心而不诚恳，那就背离了天道，"顺天者存，逆天者亡"（《孟子·离娄上》），顺应、遵循自然规律而不违逆自然规律，一切都是命运的安排，依命而行就是正道。

孟子这种顺天思想并非单纯地只是要求屈从天意，儒家学说在人与天地同流的基础上也强调人的重要性。他认为尧舜之所以成功是源于他们的本性，而商汤、武王之所以成功在于他们的身体力行，春秋五霸之所以成功是因为善于凭借别人的力量。所以，成功既有顺应天道的本性，也需要外在的力量。"天时不如地利，地利不如人和"（《孟子·公孙丑下》）就充分体现了孟子对人心集聚、人们团结的重视，王道才是顺应天道，促使天下安定的法宝。

① 王国轩. 中庸[M]. 北京：中华书局，2006：105.

六、荀子的生态思想

荀子(约公元前313—公元前238),名况,字卿,又称荀卿、孙卿,战国末期赵国人,他是对先秦诸子百家做总结式的大思想家。

(一)荀子“天行有常”的自然观

荀子在《天论篇》中说:“天行有常,不为尧存,不为桀亡。应之以治则吉,应之以乱则凶。”①天的运行是恒常的,自有其内在规律,不会因为尧是圣君就存在,因为桀是暴君就消失。以治理天下回应天是吉,以扰乱天下回应天就是凶。荀子所说的天,就是人向前、向外所看见的天,并不是什么形而上的存在或者神明。“天行有常”,一方面是自然运行的客观规律,另一方面是为了说明人在自然中的作用。天自有天的四时变化规律,人力不能影响,而人要做的,就是做好人自己治理的职分,自然就能免受损害、呈现吉象。

“天不言而人推高焉,地不言而人推厚焉,四时不言而百姓期焉。夫此有常,以至其诚者也。”②这就是“天行有常”:天不说话,然而人们把天看作为崇高;地不说话,然而人们把地推崇为厚重;春夏秋冬四时不说话,然而人们都知道四季的时节。这些表现都是遵循客观规律的恒常,这是因为人们的心诚。天、地、四时的“不言”,便体现着它们自身的规律,即“有常”。这些朴素又独到的见解,充分体现了荀子认识到“天”的客观存在,以及人在“天”的面前要正心诚意,不能自视甚高。

(二)“制天命而用之”的实践观

在《天论篇》荀子谈道:

大天而思之,孰与物畜而制之?从天而颂之,孰与制天命而用之?望时而待之,孰与应时而使之?因物而多之,孰与骋能而化之?思物而物之,孰与理物而勿失之也?愿与物之所以生,孰与有物之所以成?故错人而思天,则失万物之情。③

在荀子看来,人的意志具有主观能动性,应当尽自己的能力去帮助天地万物的成长,畜养天地万物,控制、使用天所赋予的万物,响应天的时节,施展人的才能,如此才可以化育万物、治理万物,帮助万物成长,这才是正确处理人与万物关系的途径。

在处理人与万物的关系时,人应当“知其所为,知其所不为”④,“所为”就是人应该做到的:

---

① 方勇,李波.荀子[M].北京:中华书局,2014:265.

② 同①32.

③ 同①274.

④ 同①267.

“清其天君，正其天官，备其天养，顺其天政，养其天情，以全其天功”①，人应当做好人自身应该做到的，做好人为努力的部分。这是荀子所谓的“知天”，并且“知其所为”，而不是什么都不做，只依靠天，或者埋怨天，这些都是不正确的。

那么，人应该如何发挥“所为”？“序四时，裁万物，兼利天下”②。人的“所为”，应当遵循春夏秋冬四时的变化来安排生活、生产。只有这样，天地万物才能为人类的生存和发展发挥积极作用，否则只会产生大凶。“伐其本，竭其源，而并之其末，然而主相不知恶也，则其倾覆灭亡可立而待也”③，砍伐树木，水源枯竭，资源都并入了末流的国家仓库，那么国家的倾覆灭亡迟早会到来，这就是人的恶行造成的自然破坏和对国家的危害。

面对客观且恒常的大自然，人可以发挥主观能动性“制天命而用之”，正确处理人与自然的密切关系，了解自然万物、遵循四时变化规律，然后恰当、适时有所作为，才能给自然带来好处，进而给人的存在和发展带来帮助。

（三）“节用裕民”的可持续发展思想

荀子提出：“足国之道，节用裕民，而善臧其余，节用以礼，裕民以政。”④这是在《富国篇》提出的“节用裕民”理念。重视节约资源，对于百姓富裕、国家强盛都是最基本的要求。“故知节用裕民，则必有仁义圣良之名，而且有富厚丘山之积矣。此无它故焉，生于节用裕民也。”⑤百姓爱护自然，节约资源，合理使用自然资源，那么才会“有富厚丘山之积”，才会生活富裕。

在《天论篇》他又提道：“强本而节用，则天不能贫……故水旱不能使之饥，寒暑不能使之疾，妖怪不能使之凶。”⑥人们能够坚守自己的职分，加强农业生产，节约使用自然资源，那么上天也不会使人变得贫穷困苦，即使出现水灾、旱灾，或者寒暑异常天气也不会给百姓造成饥荒、瘟疫和各种灾难。“节用”可使国家稳定，百姓安居乐业。

荀子以“节用裕民”的思想，大力倡导保护自然资源，珍惜自然资源，反对人为破坏和浪费，这既是继承孔子生态理念中“节用”的思想，同时也看到了人与自然界之间动态的、可持续的发展关系。破坏、浪费自然资源，从眼前利益看是人的意愿得到了满足，但是终究会损害人的生存和发展、国家的稳定。

荀子的“节用裕民”思想在战国时期对统治者治国、强国也起着警醒作用，重视“节用”、重视“根本”，才能稳定社会经济基础，发展封建经济，才能巩固新兴地主阶级的利益，才能使民富裕、使国安定和强大，促进封建社会经济的发展和繁荣。

---

① 方勇，李波. 荀子[M]. 北京：中华书局，2014：267.
② 同①.
③ 同①156－157.
④ 同①158.
⑤ 同①160.
⑥ 同①265.

七、张载的生态思想

张载(1020—1077)是北宋著名理学家,也被世人称为横渠先生。由于张载是陕西人,且长期在关中讲学,弟子也大多是关中人,所以张载学派也被称为“关学”。张载提出的“物吾与也”的生态思想既是对古代以来儒家思想的继承,也表现了他对当时现实的体察。有西方学者认为,“可以把‘物吾与也’这句话提出来,作为儒家伦理行动的规范和儒家生态学的核心定义”①。确实,张载关于天地运行的太和之道、天人合一、乾父坤母、民胞物与的思想充满了丰富的生态思想。

(一)太和之道的自然观

张岱年先生在《关于张载的思想和著作》中认为张载的思想主要是气一元论的自然观,世间的一切包括空虚无物的太虚到有形有体的实物都在其中产生和变化②;冯契先生也认为张载哲学的最大特点是提出了“理依存于气”的“气一元论”思想③。可见,主流哲学家认为张载哲学是“气一元论”哲学,气充满了无限的“太虚”空间,在阴阳二气的交感变化中“气化”而成万物。张载认为“由太虚,有天之名;由气化,有道之名”(《正蒙·太和篇》),太虚为天之本,是气未分阴阳的“湛一”状态,即气的消散、本然、原始状态;气化则体现了宇宙的生成变化秩序,气分化为阴阳二气相互交感而成大千世界。正是太虚之本和气化演变两个方面构成了生生不息的宇宙,而太虚和气化均统一于本源的“气”,气聚则成有形的世界万物,气散则成无形的太虚空间。但这并不能说太虚是由气产生的,在张载看来,气即太虚,是未分阴阳的太虚,太虚超越阴阳二气但又同时是阴阳二气交感变化的内在根源,张载用“太和”之道阐述了太虚生成宇宙万物及其有序运行的规则,在《正蒙·太和篇》首章张载就提出了对于“太和”的认识:

> 太和所谓道,中涵浮沉、升降、动静、相感之性,是生絪缊、相荡、胜负、屈伸之始。其来也几微易简,其究也广大坚固。起知于易者乾乎!效法于简者坤乎!散殊而可象为气,清通而不可象为神。不如野马、絪缊,不足谓之太和。
>
> 气块然太虚,升降飞扬,未尝止息,《易》所谓絪缊,庄生所谓生物以息相吹、野马者与!此虚实、动静之机,阴阳、刚柔之始。浮而上者阳之清,降而下者阴之浊,其感通聚结,为风雨,为雪霜,万品之流形,山川之融结,糟粕煨烬,无非教也。④

太和是阴阳二气的交合状态,太是极,和是统一和谐,太和之意就是太虚之气在最高意义上的和谐统一状态。“太和所谓道”本质上表明了太虚具有创生宇宙万物并且使其和谐有序演

---

① 泰勒.民胞物与:儒家生态学的源与流[J].雷洪德,张珉,译.岱宗学刊,2001(4):62.

② 张岱年.关于张载的思想和著作[M]//张载.张载集.章锡琛,点校.北京:中华书局,1978:2-3.

③ 冯契.中国古代哲学的逻辑发展:下册[M].上海:上海人民出版社,1985:765.

④ 张载.张载集[M].章锡琛,点校.北京:中华书局,1978:7-8.

化的特性。太虚是宇宙创生万物的力量，通过分化为阴阳二气相感的各种属性，如浮沉、动静、升降、相感等，这些性质之间既相互异悖又相互和同，异悖而无害，和同而生物，正是在不断的变化中由微小简单达到广大坚固，从而成就了和谐至极的宇宙。而在上述第二段话中，充满了太虚的气也是风雨雪霜山川万物的本源，通过上下两段话中张载关于“野马”“絪缊”的解释可以看出，这些概念既是对太和的形容也是对太虚之气的形容。可见，太虚之气与太和同样参与了宇宙万物的生成演化，太和之道也就是太虚之气上扬下降运行的过程，太和创生万物离不开宇宙中太虚之气这些不同力量之间的相感互动，如果说太和在推动宇宙万物生成和演化方面具有动力性和促使万物关系的和谐性，那么，太虚之气就在宇宙万物生成中具有主导性作用，二者对宇宙的和谐演化具有同等重要的意义。

（二）民胞物与的生态价值思想

民胞物与思想来自张载《西铭》，原为其《正蒙·乾称篇》的一部分，后来张载在书房中把《乾称篇》的部分作为座右铭各悬挂于书房的东西两牖，程颐见后把其中一个座右铭《砭愚》改为《东铭》，另一个《订顽》改为《西铭》。程颢认为“《订顽》之言，极醇无杂。秦汉以来，学者所未到”，又说“孟子而后未有人及此文字，省多少言语”；朱熹认为“《西铭》首论天地万物与我同体之意，固及宏大”；王夫之认为张载立义之精是“真孟子以后所未有也”①。可见，民胞物与的思想对宋明以降的文人学士影响很大，它也成为许多人终生追求的理想境界，民胞物与融天道与人道于一体，具有深刻的生态价值思想。

在《正蒙·乾称篇》开始，张载就提出了民胞物与的思想：

乾称父，坤称母；予兹藐焉，乃混然中处。故天地之塞，吾其体；天地之帅，吾其性。民吾同胞，物吾与也。

乾坤、天地相合、仁民爱物这些儒家“天人合一”的思想在张载的这段话中都有体现，这既反映了张载对儒家学说的承继，我们也可以探究张载自己独特的伦理价值。“民吾同胞”体现了张载的“人道”思想，人与人应该是同胞兄弟；“物吾与也”体现了张载的“物道”思想，人视物也应该是兄弟朋友。兄弟朋友既是需要友善对待的亲人，也和我们自己具有平等关系，张载的这种思想在价值观上类似于当代西方生态中心主义的思想，如利奥波德的人与河流、土壤、岩石构成了土地共同体，奈斯关于生态我的论述等。张载把天道、人道、物道置于统一的气本源之下，乾坤天地是人和万物的父母，人类相对天地宇宙是十分渺小的，万物和人都由天地之气生成和演化，万物和人之性都来自天地之性，人与人、人与物、物与物既然归根结底都禀赋于天道，都具有共同的根源，在本性上是平等的，那么我们有什么理由不相互关爱、不视万物为同胞伙伴呢？可以看出，张载从气之本源这一共性出发哲理性地推演出了“民胞物与”的思想，从本体天道角度推演出人道、物道价值，实现了本体论与价值论相互贯通。

而这种天道与人道融通的思想更是体现在张载的“三才说”思想中。他从对天、地的研究深入到对人的认识，提出了“三才说”。“三才说”总体上把宇宙视为天地人三个方面构成的统

① 赵馥洁.关学精神论[M].西安:西北大学出版社,2015:102-103.

一整体，这一思想继承了儒家学说“天人合一”的思想。在张载思想中，天具有自然之天的含义，“日月得天，得自然之理也，非苍苍之行也”[①]“天之明莫大于日，故有目接之，不知其几万里之高也；天之声莫大于雷霆，故有耳属之，莫知其几万里之远也……”[②]天就是人的眼耳所感知的自然，虽然人对天的认识具有有限性，不能穷尽对天的认识，但张载注重对天道的认识，探求自然运行之理。“天道四时行，百物生，无非至教；圣人之动，无非至德，夫何言哉！”[③]自然之天四季流转、衍生万物，有其自身运行规律，这就是天道。地在张载的学说中常常与天同时出现，主要是辅助性地阐述天。天创生万物，地承载万物，“地虽凝聚不散之物，然二气升降其间，相从而不已也。”[④]地凝聚坚固，阴阳二气在其间相互感化、相互作用而不停止，这一切都是因为有地的依托。地和天相互配合而涵养万物并成就万物生存、演化，“地，物也；天，神也。物无逾神之理，顾有地斯有天，若其配然尔。”[⑤]很明显，张载也继承了儒家学说中“天尊地卑”天地有序的思想，天为乾、为父，地为坤、为母，“地势坤，君子以厚德载物”，地所具有的厚德载物特性也是人类效仿的榜样；张载关于人的论述较多，天地之间的关系离不开人，人在天地间的位置、人和天地的关系都是张载论述的重点。天地之道作为宇宙创生万物的力量和自然秩序的基础，虽然它们是自然过程，但人却可以通过学习体悟其中之道，赞天地之化育，发掘自己与天地相配的本性，从而成德、成圣。“儒者则因明致诚，因诚致明，故天人合一，致学可以成圣，得天而未始遗人”[⑥]，张载认为成圣、成德需要经过四个阶段，即学者、君子、大人、圣人。人人都可以自我修养而成为学者，学者所学为成人、成仁，修身养性而非为了单纯地认识某个事物；君子是成德的第二个阶段，君子要追求至善之德的天地之性，同时要扬弃天地之性下降之后而形成的气质之性，因为世间的恶事可能也是由气质之性而产生的，天地之性存于万事万物之中，君子就是要发掘这种本性；大人已经由独立的个人修身养性转化为经世致用之才，大人已经是“无我”之人，超越自我之人才能够体悟万物之神秒、参透天地之规律；圣人是儒家追求的最高人格之人，也是人修身养性要达到的最高成就，圣人助天之道而化育万物，圣人所要做的就是教化天下，唤醒人人内心的本性，帮助人人近圣、成圣。

张载的天、地、人三才说既具有自然本源意义上的太和之道论说，也具有宇宙万物演化的思想，同时，把成人、成德、成圣与天地之道相关联既具有人伦道德思想，也体现了他的整体生态思想。

思考题

1. 结合中国古代哲学理解“天人合一”的思想。
2. 怎样从生态角度理解道家学说中“道生万物”的思想？
3. 怎样理解张载“民胞物与”的生态思想？

---

① 张载．张载集[M]．章锡琛，点校．北京：中华书局，1978：12.
② 同①25.
③ 同①13.
④ 同①11.
⑤ 同①.
⑥ 同①391.

推荐读物

1. 杨天才,张善文. 周易[M]. 北京:中华书局,2014.
2. 王弼. 老子道德经注[M]. 楼宇烈,校释. 北京:中华书局,2011.
3. 方勇. 庄子[M]. 北京:商务印书馆,2018.
4. 杨伯峻. 论语译注[M]. 北京:中华书局,2006.
5. 金良年. 孟子译注[M]. 上海:上海古籍出版社,2012.
6. 张觉. 荀子译注[M]. 上海:上海古籍出版社,2012.
7. 张载. 张载集[M]. 章锡琛,点校. 北京:中华书局,1978.

第十讲

西方哲学中的生态思想

在西方生态哲学思想体系中,"天"代表着"自然",而"人"是与"天""自然"相对立的主体概念。总体上来看,古希腊时期通常采用朴素的类比方法把人所具有的特性推及自然界,认为自然界和人一样充满着灵魂,具有理智,自然和人是混沌一体的,普罗泰格拉"人是万物的尺度"是将人与自然进行分化的一次重大转变。文艺复兴以来,西方主流学者把对机器的认识类推到自然界,认为自然界并不是有理智、有活力的有机体,而是一架机器。在笛卡儿看来,身体是一种实体而精神是另一种,人与自然是相互独立的,自此以后,康德的"人为自然立法"①,黑格尔的"自然仅仅是绝对精神外化的舞台"更是加强了人与自然二分的观念,人类制造和使用机器就如同人类改造和使用自然一样,自然也因此成为人类可以任意模塑的对象。在这种人与自然二元对立成为主导观点的同时,也产生了斯宾诺莎、浪漫主义学派对人与自然关系的另外一种认识。斯宾诺莎认为要以正确的态度认识和了解自然,然后才能认识人自身。而18世纪的浪漫主义运动,针对科学理性所产生的一系列社会问题,特别是人与自然的矛盾现象,主张"遵循自然,跟着它给你画出的道路前进"②。浪漫主义运动思潮让人们重新认识人与自然的关系,在正视现代科学技术发展的同时,批判前人对自然的漠视、傲慢、居高临下态度,大力倡导人应该回归自然,倾听自然。现代自然科学的发展揭示了一个相互联系、动态演化的自然界新图景,人也重新被纳入生态系统之中,人和自然共处于一个整体。

一、西方古代哲学中的生态思想

西方古代哲学主要指古希腊哲学。早期古希腊哲学更注重于对自然的探索和认识,到了苏格拉底时代哲学才开始趋向对人的认识。在古希腊,自然一词主要有两方面的含义:其一,自然在集合或聚集的意义上使用,后来这种含义逐渐演绎成与"宇宙""世界"等同。比如,如果问近现代欧洲人"自然是什么?"这个问题就会被转换成"什么样的事物存在于自然界?"自然被当作由不同组分所构成的一个集合体。其二,自然是一种原则,它是一个元始(principium)或说本源(source),这是在其本性意义上使用,这种本性意指事物之所以成为事物的内在根据,

① 康德.纯粹理性批判[M].邓晓芒,译,北京:人民出版社,2004:634.

② 卢梭.爱弥儿:上卷[M].北京:商务印书馆,1978:23.

它来自事物自身内在而非外在所迫。比如一个人走得快是因为他强壮、有力，走得快就是本性；相反，一个人被某种力量追赶而走得快就非本性。而这种自然本性的含义也是希腊哲学中关于自然的原本和准确的含义，在此，自然并不等同于具体的自然物，自然是有生命的、不断生长的有机体，这就像天地不同于天地的生长一样，天地是具体自然物，而天地的生长是其本性，是自然。类推来看，“人工(techne)与自然虽然对立，但人与自然并不对立，相反，由于人是人生来的不是人制造的，所以也是自然的。”①即使在今天我们也常常在这种原本的意义上使用其含义。但深究“自然就是使它像它所表现的那样行为的东西”这一本初含义，我们就要进一步探究“自然本性”到底表现为什么？它是一还是多？它是实体还是虚幻？其实，不同的希腊哲学家还是对自然的本性给出了不同的回答，到亚里士多德时期，自然最终被理解为“事物的本质”，从而也影响了后来西方哲学思想的走向。

西方哲学诞生于公元前6世纪初期，那时科学和哲学没有分开，统称为自然哲学。西方第一个自然哲学家是泰勒斯，他开启了对自然界本质的认识，他有一句格言：“水是最好的。”水是原质，世间的万事万物都是由水造成的。阿那克西曼德认为水或者其他具体的某种元素都不能是万物的始基，因为如果它是始基就会征服其他元素，但现实中多种元素并存且相互对立，如水是潮的而火是热的，始基应该是中立的。基于此，他提出了万物的基础是简单的“元质”，元质包围着一切世界，它可以转化成各式各样的实质，也可以互相转化，元质是“万物所由之而生的东西，万物消灭后又复归于它，这是命运规定了的，因为万物按照时间的秩序，为它们彼此间的不正义而互相补偿”②。在阿那克西曼德看来，万物间都有一定的比例，万物都在力图扩展自己的领土以破坏彼此之间的协调，但总有一种必然性或自然规律在校正万物间的不平衡。随后在希腊哲学的发展中又产生了对自然本源认识的各种不同观点，如赫拉克利特的“火”、恩培多克勒的“土、气、火、水”四种元素、德谟克利特的“原子”等。至此，希腊哲学开始倾向于对人的研究，罗素说：“德谟克利特以后的哲学——哪怕是最好的哲学——的错误之点就在于和宇宙对比之下不恰当地强调了人。……一直等到文艺复兴，哲学才又获得了苏格拉底的前人所特有的那种生气和独立性。”③但实质上在对宇宙的认识方面，亚里士多德可以说达到了希腊思想理论的顶峰。

亚里士多德学说中很重要的一个概念就是“本质”，即“你的本性所规定的你之为你”，这种本性关联着你成为你的一些属性，你若丧失了这些属性你就不成为你自己了。在亚里士多德的“形式”与“质料”关系中，本性更像其所指称的“形式”，一个东西之所以能够成为这个东西就在于形式是其实质，比如大理石是质料，只有形式可以让这种质料成为某种东西——雕塑、地板等，所以形式才是实质性的，它独立于质料而存在。质料和形式的学说与潜能和现实的区别相联系，质料是形式的潜能，质料在形式主导下由潜能变成现实，所以宇宙中的所有事物都在朝向某种不断变得比过去更为美好的事物而发展着。这种朝向发展的美好目的在亚里士多德看来就是“自然”，亚里士多德著作中物理学(physics)被希腊人称为自然(phusis)，他区分了7种不同的自然含义：①起源或诞生；②事物所由生长的东西，即它们的种子；③自然物体运动或变化的源泉；④构成事物的基质；⑤自然事物的本质或形式；⑥一般的本质或形式；⑦自身具有

---

① 吴国盛.自然概念今昔谈[J].自然辩证法研究，1995(10)：62.

② 罗素.西方哲学史[M].何兆武，李约瑟，译.北京：商务印书馆，2015：32.

③ 同②92.

运动源泉的事物的本质①。亚里士多德承认一个单词可以具有不同的含义，但同时这些含义之间又具有联系，通过对自然不同的含义区分，他最终趋近于对自然的本质性认识，这就是第七种含义所表示的：事物在其自身的权利中具有生长、组织和运动的天性。总体来看，亚里士多德把自然界看作是一个自我运动着的事物的世界，自然本身是过程、成长和变化，它朝着自己的目的趋向性发展，种子破土而出、植物趋向阳光、幼小的动物努力生长而成年。虽然亚里士多德的目的论思想具有神秘性，最终还从其发展出“第一推动者——上帝”，但他关于自然本性的思想在沿袭之前希腊哲学的基础上，从自然本身的生长、变化阐述自然界的万千变化图景，进一步丰富了人类对自然界的认识。

古希腊哲学不同于人类早期对自然界的神性认识，它把自然界归于某种或某几种具体的原初物质，虽然具有朴素性、猜测性、直观性特征，但能够从自身说明自然的形成、生长、变化，也能够从自然物之间的比例阐述自然的均衡，从自然物之间的爱、斗争、奋争谈自然的趋向目的性，这种对自然界的认识体现了人类早期的自然生态思想。

二、西方近代哲学中的生态思想

自从笛卡儿开启了西方近代二元分立的哲学体系，自然不再像古代一样被当作是一个有机体，此时它被看作是一架机器。人面对自然这架机器可以依其需要进行任意的组合、拆卸，特别是随着科学技术在生产实践中的成功应用，控制自然、征服自然并让自然为人类服务就从古代的纯粹理念变成了真正的实践行为。然而，主流哲学背离自然的理念和实践行为也催生了另外一些哲学家对人与自然关系的新认识，形成了近代重视自然、回归自然的生态哲学思想。

(一)斯宾诺莎哲学中的生态思想

斯宾诺莎(Barch de Spinoza，1632—1677)，犹太人，出生于阿姆斯特丹。17世纪荷兰的经济、思想、文化都很繁荣，处于资本主义的强盛阶段，斯宾诺莎是此时资产阶级民主阶层的思想代表。德国诗人海涅曾说过：“我们所有的哲学家，往往自己并不自觉，却都是通过巴鲁赫·斯宾诺莎磨制的眼镜在观看世界。”②由此可知，斯宾诺莎在西方思想史上的地位坚不可摧。斯宾诺莎致力于处理人与自然的关系，以人对自然的认识进而达到自身的自由作为自己哲学研究的目标，因此他的哲学研究对象也被称为“一个在静态中生气蓬勃的大自然”。

1. 实体学说

斯宾诺莎在《伦理学》里说道：“神，我理解为绝对无限的存在，亦即具有无限多属性的实体，其中每一属性各表示永恒无限的本质。”③可以看出，斯宾诺莎的神就是实体，也是自然。实体学说是斯宾诺莎哲学思想的核心部分。斯宾诺莎认为实体只有一个，实体既是其哲学的

---

① 柯林伍德. 自然的观念[M]. 吴国盛，柯映红，译. 北京：华夏出版社，1999：86－87.

② 张玉书. 海涅选集[M]. 北京：人民文学出版社，1983：104.

③ 斯宾诺莎. 伦理学[M]. 贺麟，译. 北京：商务印书馆，1958：3.

起点，也是其哲学的最高范畴。在笛卡儿看来的精神和物质两个独立实体都归属于斯宾诺莎的神的属性，他认为实体独立自存而不依赖于任何其他事物存在和被理解，难以设想世间的一切东西离开实体而存在，却可以设想实体而不预先肯定其他东西的存在，因而，单个的灵魂和有限的事物仅仅只是实体的属性，并非实在，是"神在"的一些相，是神的变形，这些有限的事物由其"非某某东西限定：'一切确定皆否定'"，而神是"完全肯定性的存在者"，神只能有一个。对此，有批评者质问斯宾诺莎：既然万事由神决定，神是善的，那么，亚当偷吃苹果难道是善？斯宾诺莎认为只有从有限创造物的角度来看，才有否定，才有罪恶，而神是完全实在的，是肯定性存在，不能赋予神以个体性或人格，因为这必然隐含着限制或规定，也就同时具有了否定性，而神没有否定，它不会奖善罚恶，它只是按其本性存在和运动，它是整体，"当作整体的部分去看它，其中的恶并不存在"①，这也就是说如果以个体的善、恶来对待神，神似乎就被善、恶所引导，神也似乎要服从某种目的、命运，这是对神最荒谬的看法，神是绝对独立的、根本的基质。

实体的独立自存性也决定了它的无限性，因为如果是有限的，在实体之外必然还有限制实体的东西存在，那它就很难独立。实体自己是自己的原因，实体本身是自由的，它包容一切，不依赖于他物而存在，自己是形成自己的原因。在斯宾诺莎看来，这种单一、无限、独立自存的神或实体不像笛卡儿主张的那样脱离世界，神或实体就在世界之内，是宇宙内在的基质，神在世界之中，世界也在神之中，神没有创造和他分隔开来的东西，神和世界融为一体，这样的神就是自然。在《神学政治论》中斯宾诺莎重点明示："注意，我在这里所谓'自然'的意义，不仅指物质及其样态，而且也指物质以外的另一种无限的东西。"②斯宾诺莎坚决反对将自然看作有形物质，因为在他看来自然是有形与无形的统一体、是物质世界与精神世界的统一体，他否定超自然的精神实体的存在。

2. 人是自然的一部分

斯宾诺莎在提出实体概念的同时也提出了样式概念，他认为样式就是"实体的分殊，亦即在他物内通过他物而被认知的东西"③，可以看出，样式与实体不同，实体通过自身认识自身，自己是自己的原因，而样式需要通过他物而被认识；实体是整体，具有独立自存性，而样式是部分，需要依赖他物而存在。在斯宾诺莎看来，自然是实体、整体，而人是样式，隶属于自然实体。因而，人依赖自然，人属于自然，人要借助自然才能更好地存在。因此，斯宾诺莎提出一个著名的命题，"人是自然的一部分"④。人作为身体和心灵的统一，身体和心灵都是具体的样式，人分殊了自然的本质，人与自然的关系就是实体与样式的关系。自然是无限事物的统一体，而人是永恒的、无限的、神圣的自然体系中的一部分。对斯宾诺莎来说，神，即自然，是万物（包括人）的生成因，也是存在因。这是神的伟大、不可超越。人必定是存在于自然之中的，人是自然这一实体的一个样式，必定不可能超越自然、逃离自然，更不可能征服自然、忤逆自然。"要想人不是自然的一部分，不遵守自然的共同秩序根本是不可能的事。"⑤

虽然斯宾诺莎在"人是自然的一部分"这一理论中充满了神学色彩，但是关于人与自然二者的关系，却充满着启迪的光芒，既没有全然让人对自然进行崇拜，也没有使人在自然的庇护

---

① 罗素．西方哲学史[M]．何兆武，李约瑟，译．北京：商务印书馆，2015：102－103．

② 洪汉鼎．斯宾诺莎哲学研究[M]．北京：人民出版社，2013：220－221．

③ 斯宾诺莎．伦理学[M]．贺麟，译．北京：商务印书馆，1958：1．

④ 同②143．

⑤ 同②145．

下傲慢不羁。斯宾诺莎的自然观具有鲜明的进步意义。

3. 人与自然和谐发展

斯宾诺莎认为人与自然的和谐具有必然性，这一点要从他对实体与样式关系的认识来理解。他认为万物是实体的样式，实体是神、是自然，万物皆在神之内，也同时是神的分殊，因而，万物的存在来自神，神是万物的生成因、存在因，“人人必须承认，没有神就没有东西可以存在，也没有东西可以被理解，因为没有人不承认，神是万物本质及存在的唯一原因”①。人和其他万物一样仅仅是自然中的有限事物，有限事物不能离开自然或神而独立存在，自然以其独立自存的必然性存在和运动，在统一的、整体的自然法则和力量的制约推动下，人和其他万物需要遵照神的绝对命令而行动，自然中没有偶然的东西，万物在神之内平等、和谐，具有同样的神性。因此，他认为人与自然应该和谐发展。这一观点猛烈地冲击了人类中心主义思想。

众所周知，笛卡儿提出了“我思故我在”，他将人的理性认识当作统一存在与思维的关键，客体的存在必须服从主体，他的这一主张为人类这一主体不断挑战、肆意征服自然奠定了理论基础。这一主体主义思想逐渐产生了人类中心主义这一生态思想流派。与笛卡儿相悖，斯宾诺莎坚持认为只有一个实体，即“神”或称“自然”，人是自然的一部分，二者之间的关系不是征服、不是挑战，不是人凌驾于自然之上或站在自然之外，而是需要人立于自然之中，在自然中领悟自然的奥妙和生机，因此，在对待自然的态度上，斯宾诺莎强调了人应该理智地对待自然，人应该从自身特有的理智出发与自然相处，“我们的一切行为唯以自然的意志为依归，我们越益知自然，我们的行为越益完善”②。认识、了解自然的前提是以自然为依归，这样才能完善人的行为，才能真真正正与自然长久和谐、共生共荣。

斯宾诺莎正确地认识人与自然的关系，从“人是自然的一部分”到“人与自然应该和谐相处”，这一统一性思想明确反对了把人凌驾于自然之上的错误理念，反对了人类中心主义思想。

4. 敬畏自然

人与自然关系是否和谐的本质在于人以怎样的态度对待自然，笛卡儿把人放在自然之上和自然之外，也因此引领了近代主流的人与自然二元对立的思维方式，现代生态危机的爆发与此种观念的长期存在密切相关。斯宾诺莎不同于笛卡儿对人与自然关系的认识，他把自然置于整体地位，人仅仅是自然中的有限部分，他受到自然必然性的制约，需要服从自然必然性规则，自然对人来说具有至高无上的地位，人只有在对自然必然性理解的基础上才能够和自然相融合，也才能明确自己的价值。对斯宾诺莎来说，自然不仅创生了人类，它也是人类的精神家园，人生的圆满就在于认识自然，使心灵与自然圆融相通，人应该与自然和谐相处，更应该尊重和敬畏自然，在正确认识自然的过程中去认识人本身，认识人与自然的关系，认识人在自然中的地位和角色。

宇宙之中只有一个实体，即“神”或者“自然”，这一实体是万物存在的基础，没有这一实体万物将不复存在。斯宾诺莎要求人们敬畏自然，因为“自然中没有任何偶然的东西，一切事物都受自然的必然性所决定而以一定的方式存在和运动”③。人属于自然之中，是自然生命中的一部分，只有服从自然的存在和发展，人才能存在和发展。人的持久长存应该是建立在自然完

---

① 斯宾诺莎．伦理学[M]．贺麟，译．北京：商务印书馆，1958：53．

② 同①94．

③ 洪汉鼎．斯宾诺莎哲学研究[M]．北京：人民出版社，2013：123．

整、永恒之后的，人对自然持有一种敬畏心态，是服从自然的必然性的关键，自然的持续稳定发展，才能给人带来理想的生活。

（二）卢梭的生态哲学思想：回归自然

让-雅克·卢梭(Jean-Jacques Rousseau，1712—1778)是18世纪法国启蒙运动时期著名的思想家，其代表作有《论人类不平等的起源》《忏悔录》《爱弥儿》等。卢梭的研究领域广泛，涉及政治、哲学、法律、教育、伦理、美学、科学等方面，他的思想在西方近代史上具有重要的地位，既是对近代以来理性主义的承袭和总结，又开创了对理性主义的反思和批判。卢梭提出了“回归自然”的生态思想，并且把这一思想推广到教育、社会、政治等领域，产生了重要影响。

1. 自然人和自然状态

卢梭的著作中曾经在不同的意义上使用过自然概念，有时指称外在于人类社会纯粹天然的自然界；有时指称人自身内在的本性；有时指称蕴含于一切事物之中的“上帝”，这个“上帝”不是传统宗教中使人们屈从和信仰的上帝，它是“有思想和能力的存在，这个能自行活动的存在，这个推动宇宙万物的存在，不管它是谁，我都称之为‘上帝’”①，这个“上帝”其实就是自然神，它存在于自然之中，它创生万物并推动万物运动。虽然卢梭的自然概念丰富多样，但最重要的自然概念还是与生态相关联，这就是自然人和自然状态，卢梭正是通过对自然人和自然状态的阐述构建了他的“回归自然”的理想生态社会。

欧洲近代对人的问题的探讨是一个旷日持久、争论不休的问题。卢梭在他的《论人类不平等的起源》一文的开始就提出“我要论述的是人”②。在卢梭之前，主要存在着两种典型的关于自然状态下人的认识观点：一是霍布斯，他认为人类天生没有善良的观念，是邪恶的，人们之间充满了猜疑和斗争，人和人处在一种战争状态，人对人就像狼一样，卢梭反驳了霍布斯的观点，认为自然状态中的人没有任何种类的道德关系，因而他们既不是恶的也不是善的；二是洛克，他认为人类天生都受着自然法的支配，人们根据自然法享有生命、自由、平等、财产等权利。卢梭认为自然状态下的人没有个人所有物，没有私有观念，根本谈不到财产保护，当然也就没有拥有财产是合乎“自然法”和“人性”的观点，他反对洛克用自然法为私有制进行辩护，认为洛克把自然人和社会人相混淆，在卢梭看来，自然人和社会人不同，自然状态和社会状态也是完全对立的两种状态。

卢梭认为“所有的科学中最为有用但发展最少的就是有关于‘人’的知识”③，卢梭特别推崇希腊戴尔菲城神庙碑铭上“认识你自己”这句话，他觉得人是最有用的，但对人的研究又是最不完备的。他认为如果不能对人本身做充分的了解，那么就很难探求人类不平等的起源，然而随着时间的推移和万事万物的变化，人的本性已经发生了变化。因此，他把人划分为自然人和社会人，并通过对二者的对比来考察人性，并对自己理想的人——自然人做了界定。在卢梭看来，自然人是生活在自然状态的人，这种自然状态是人类的黄金时代，它离我们已经很久远，但是这样的时代却是人类愿意停留的时代，也是愿意回去的时代。自然状态中的自然人其实是

---

① 卢梭. 爱弥儿：下卷[M]. 李平沤，译. 北京：人民教育出版社，1985：370.

② 卢梭. 论人类不平等的起源[M]. 吕卓，译. 北京：九州出版社，2007：41.

③ 同②27.

孤独的“野蛮人”，“他们既没有稳定的住所，也没有对彼此的需要；他们一生中很有可能遇不到两次，彼此不认识，并且毫无交流。”①这样的自然人是孤独的，也是自由的，虽然他们生理上存在着不平等，如年龄、体力、智力等，但他们都是自主的个体，没有受到后来文明社会不良习俗的影响，也没有“你”“我”之分的财产，人人都是平等的，他们行事只服从于本性。卢梭认为这种自然状态最适合人的天然本性，自然人并不像霍布斯所说的人性恶，这种恶的表现是社会的产物，也正如此才会产生社会契约。自然状态中每个人没有任何道德上的关系，也没有任何公认的义务，这是因为自然人具有两个特征——自爱心和怜悯心，“我相信我能看到两个先于理性而存在的原则，一个原则是我们热烈地关切自身的幸福和存续；第二个原则是在我们看见其他有生命的生物毁灭和遭受痛苦的时候，尤其是我们同类之一遭受毁灭或痛苦的时候，我们心中会激起一种天然的厌恶感”②。第一个原则是自爱心，它使人人都处于自我保存状态而又不妨碍他人自我保存；第二个原则是怜悯心，正是这种怜悯心让自然人在他人受难时能够施以援手，它替代了自然状态下的法律、道德、美德等位置。这种自然情感的同情心和怜悯心在一定程度上限制了他为自己谋福利的行为，缓和了自爱心，从而促进了人类整体的相互保存。因而，自然人看似没有善恶之心，但正是人类之间孤独自由平等的非道德关系在整体上显示了人类的“善”。自然状态下的一切在卢梭看来都是美好的，人性本善，但社会发展却使人变坏，卢梭在《忏悔录》中现身说法地阐述了自己从本性善良到沾染上很多恶习，这都是社会环境影响的结果。他以自然状态为起点揭示人类不平等的起源，自然状态的美好纯真与社会状态的邪恶丑陋、自然社会的自由平等与社会状态的奴役异化形成了鲜明的对比。他把自然人和社会人、自然状态和社会状态截然对立，弘扬自然、质疑文明成为卢梭思想的主线。但他离开人的社会性、社会关系谈人的本性，这种完美的自然人是现实中不存在的抽象的人。

2.“回归自然”的理想生态社会

卢梭认为自然状态是自由、平等、幸福的和谐、美好时代，自然状态下的自然人是合乎人的天然本性的人，而文明社会却破坏了这种和谐，产生了人与人之间的不平等现象，特别是科学技术的发展不但没有拯救人类，反而成为奴役人的手段，自然人是幸福的，而现代文明人是不幸的，因此，他提出了“回归自然”的口号。但卢梭并非号召人们重返蛮荒时代，重新过上四肢爬行、采摘打猎的原始生活，而是要重建文明和秩序，弘扬美德和人性，创造一个和谐、有序的理性社会。为此，卢梭提出了通过建立社会契约和自然教育两条路径实现理想社会。

(1)建立社会契约

卢梭在《论人类不平等的起源》中指出，当人类的自然状态发展到不能继续下去的时候，第一个把土地圈起来并强行让周围头脑简单的人承认是其财产的人就是文明社会真正的奠基者③。正是这种财产私有制成为人类一切不平等的根源。自然状态下的自由、平等消失了，人的自然本性也产生了变化，人类的不平等开始了。卢梭把人类不平等的过程分为三个阶段。其一，私有制导致的经济上的不平等阶段。此时，一些拥有智慧、美貌、体力、才能的人不断地掠夺邻人的土地和劳动果实而变成富人，一些虚弱、懒惰的无产者变成了穷人，富人狂热地集聚财富、享受统治的快乐，穷人接受或窃取富人的生活资料，富人和穷人形成鲜明的统治和奴

① 卢梭.论人类不平等的起源[M].吕卓，译.北京：九州出版社，2007：73.

② 同①35.

③ 同①115.

役、暴力和掠夺的对立，社会从此陷入永无休止的对抗和冲突之中，自然状态的平和景象不见了。其二，政府和官职的设置和建立导致了政治上的不平等。此时，富人认为他们获得的土地和财产并没有得到充分保证，很有可能又被穷人夺走，他们采用诱骗的办法让穷人与其结盟，制定共同遵守的规则、订立相互约束的契约，于是成立国家、制定法律，国家拥有公共权力，成为公正的裁判者。实质上国家和法律“为弱者戴上新的桎梏，赋予富人以新的力量。它们不可挽回地摧毁了天赋的自由”①，从此，人类进入枷锁束身、头悬利剑的富人是强者和统治者、穷人是弱者和被统治者的时代。其三，合法权利转化为专制权利，社会不平等达到顶点。根据约定建立的社会组织并不像富人所宣传的那样保卫社会的所有成员，强者和弱者共享权利共尽义务。相反地，人们千方百计地逃避法律制裁，社会混乱不堪，人们的自由很难得到保证。于是，为了保障自己的自由，人们冒险地把公共权利委托给私人，把执行人民决议的任务委托给官员。然而所托非人，这些被委托的私人和官员极力维护自己的特权和利益，越来越专制和腐化，合法的权利变成了专制权利，直至整个国家都成为君主的财产，君主是国家的“王中之王”、主人，人民是他的奴隶。“少数有权有势的人达到了声誉和财富的顶点，而大众却匍匐于黑暗和悲惨之中”②，卢梭认为这是不平等的顶点，也是封闭一个圆圈的终极点，在这里所有的个体都是平等的，但他们都等于零，这是一种新的自然状态，但这种新自然状态又不同于旧的自然状态，旧的自然状态下人人真正平等、自由，是纯粹的自然状态，而新自然状态下人人都处于君主专制统治之下，看似平等，实则被奴役、不自由。当然，卢梭认为这种建立在专制、暴力基础上的政府必然也会被暴力推翻。为此，卢梭提出代替这种暴力、专制政府的社会应该是人民以社会契约形式组成的具有合法权利的政治共同体。卢梭的“回到自然”其实并不是回到人类最初的自然状态，自然状态虽然是人类最美好的境界，但它在发展中却产生了不利于自我保存的种种障碍，因而，应该寻求一种新的联合生存方式，集合众人的力量以克服人类所遇到的阻碍，而且这种结合要保障个人的财富和自由，这种结合的方式是人民自由协议而订立契约，随着契约的订立，每一个个人把自己的权利毫无保留地让渡给政治共同体，他并没有把权利让渡给任何个人，因而面对共同体大家都是平等的，都可以从这个集体中获得让渡给他的同样的权利，国家的最高权利属于人民，人们失去了自然状态下的自然自由，但却获得了社会状态下的社会自由和道德自由，即通过契约社会的发展克服人性堕落、扬弃社会异化（社会自由），通过道德自律实现人性本身的完善（道德自由）。

卢梭社会契约思想的形成是对人类文明演化中封建专制制度批判的结果，虽然没有从经济发展过程谈社会变迁，但他对人性的认识，对自然人和社会人、自然状态和社会状态对立的批判对后世社会的发展却具有警示意义。

（2）自然教育

卢梭在《论人类不平等的起源》中主要分析了人类不平等的演化过程，揭示人类文明进程中不平等的社会状态。《社会契约论》接续《论人类不平等的起源》，提出了订立契约、建构理想社会的主张。而这种理想社会的形成需要由自由、平等的人在自愿基础上建立，然而，文明社会已经把早期自由、平等的自然人变成了不自由、不平等的社会人，因而，卢梭“回归自然”理论体系中就必然不能缺少培养建设“回归自然”理想社会所需要的新人教育计划。

---

① 卢梭.论人类不平等的起源[M].吕卓，译.北京：九州出版社，2007：145.

② 同①173.

卢梭认为人的本质是自由的,那么,教育就应该以培养自然人、自由人为目的,这种自然人、自由人也是适合于未来理想社会的新人。在教育过程中,教育应该顺应人的自然本性,把教育与人的身心各个阶段的发展相结合。卢梭在《爱弥儿》一书中以假设的爱弥儿的成长过程阐述了他的自然教育思想。他重视人的感觉,认为只有通过人的感官感觉才能获得对周围事物的正确认识,因而主张在儿童的成长中要训练其感觉能力,在对自然的观察中获得自然知识。他认为人性本善,是腐化的社会扭曲了人性,教育的任务应该促使人返回自然、恢复其天性,因而他主张通过教育让儿童远离社会的习俗、偏见和不公正的不良影响,到大自然中接受自然主义教育,激发其自然本性,使其天性自由发展,培养其高尚的品德。卢梭对自然教育的重视还基于他对自然美的认识,他认为:“凡是出自造物主之手的东西,都是好的,而一到了人的手里,就全变坏了。人强使一种土地滋生另一种土地所生长之物,强使一种树木结出另一种果实;他将气候、风雨、季节搞得混乱不清;他残害他的狗、他的马和他的奴仆;他颠倒一切,毁伤一切事物的天性;他喜爱丑类和畸形之物。”① 人为利益所驱使,破坏了自然本性之美,自然之美远胜于人为之美,“观察自然,遵循着它给你指示的道路前进”是卢梭的教育法则,正是自然之美的体验引导着人类回归其自然本性。

卢梭的自然教育思想展开了对封建教育制度的强烈控诉和批判,认为这种教育扼杀了人的天性、违反自然,他希望通过自然教育以自然本性的人代替被文明社会异化的人,从而为未来理想社会培养新人。但教育的本质是社会教育,对二者一致性的深入认识是其教育的局限性。

(三)梭罗的生态思想:生活在自然中

亨利·戴维·梭罗(Henry David Thoreau,1817—1862),美国作家、哲学家,自然主义者,毕业于哈佛大学。他热爱自然,一生中都在提倡回归本心,亲近自然。从 1845 年 7 月 4 日到 1847 年的两年间,他隐居瓦尔登湖畔,自耕自食,亲近自然、观察自然,体验自然生活中的简朴与自由,著书《瓦尔登湖》(*Walden*),虽然此书并没有明确地构建生态哲学理论体系,但却蕴含和凝聚着他极为深邃的生态思想。

淡泊超然的梭罗之所以选择 7 月 4 日(美国独立日)离开繁华大都市到瓦尔登湖隐居,是因为他想把自己对城市的告别当作一种“声明”和“示威”。这位敢想敢做、爱憎分明的自然主义哲学家认为自己国家在建国 60 多年来并没有什么切实值得骄傲的事情,美国人沉迷在金钱和名利之中,极少有人愿意走进自然、观赏自然,为了金钱而丧失了自由与简单。梭罗想到商店买一本用来记录思想的笔记本,可他在那里发现的全是用来记账的账本。梭罗发现,新英格兰地区的森林正迅速减少,他对此评论道:“谢天谢地,人还不会飞,因而还能在地球和天空中留下某些荒芜的地方。”②

1. 自然整体观

当时思想界的主流观点是机械论,认为自然界是一部由诸多部件构成的机器,这一观点以笛卡儿为代表,他把有机体、动物、人都看成是机器,这些机器不具备主动的思维。这些都可以

---

① 卢梭. 爱弥儿[M]. 彭正梅,译. 上海:上海人民出版社,2014:3.

② 哈恩. 梭罗[M]. 王艳芳,译,北京:中华书局,2002:32.

用机器原理来说明，而且每一个部件可以还原为基本粒子。这些没有生命和活力的基本粒子，由于它们的数量、空间关系不同而产生、组建了不同的整体。这说明了部分的性质决定了整体的性质。但是，在从整体机器到部件，再到基本粒子的拆分还原中，对原本各个部分之间的关系和属性产生了变化和遗弃。

与此相反，梭罗饱含对自然深切的爱，他用眼观察、用心感受，他认为自然是一个相互联系、相互依赖的整体。这种整体性一方面体现为自然万物都有灵，梭罗认为所有的自然存在物和人一样都有自己的灵魂和人格，都是自然整体中普通的成员，在他眼里，大自然万物都呈现了自己千姿百态的生命活力，他融入自然之中，与动物相邻而居，倾听它们的争斗、打闹，和鱼儿嬉戏玩耍，观看冰块碎裂和风起云涌的四季变换，他与自然交相感应，在大自然中无拘无束地享受着与自然平等的对话、交流。在梭罗看来，自然是具备精神内涵的存在，自然是关系性的、依赖性的和整体性的。另一方面体现为人是自然整体中的一部分，他认为人类不是大自然的主宰，仅仅是融合在大自然中的一种存在，“骨骼系统就像泥土属于大地一样，我们属于自然”①，自然界中的一切都有其存在的理由和位置，它们和人一样共生共存、息息相通，自然界的生物是相互依赖、相互影响的统一整体，整体中的每一个部分的生命都是同样的平等，没有高级、低级之分。自然界中的万物天然具备生存的权利、拥有自己的价值。在此之中的人类与万物一样平等，普通又重要。爱护大自然中的万物就该像爱护人自身一样，去尊重自然中万物的权利，人类只有融入整体的大自然才能寻找到自身的快乐和幸福，也才能真正获得生命的真谛。

他认为机械还原论存在缺陷，没有建立在整体之上的演化、发展都是不完整的，获得的认识也是片面的。因此，梭罗极力反对专业化对人们获取知识的阻碍，就像分割后的各个部件，我们只能获得片面的认识、知识，而不能全面完善地了解知识，将知识结合统一、融会贯通。这样就会使“人们只看到那些和他们有关的事物。一个专注于研究草的植物学家并不能辨明橡树是最大的草本植物。实际上，他走在路上根本没有注意到橡树，最多只是看了看它们的影子”②。

所以，我们是在自然之中去研究自然、去体验生活，而非脱离自然之外。若要真正了解和深入认识自然，一定要树立全局观、整体观，就应该如梭罗所说：“如果用一种全局观念去看待它（自然），我一定会第一千遍地把它当作某个完全陌生的事物来观察。”③作为一位坚定的自然主义者，梭罗面对美国19世纪40年代的自然生态境况发出了慨叹：“非到我们迷了路，换句话说，非到我们失去了这个世界之后，我们才开始发现我们自己，认识我们的处境，并且认识了我们的联系之无穷的界限。”④他洞察出了自然界各个生命体之间复杂且深入的相互关系，自然以自己的运行法则彰显着自然界的整体性关系。

2. 生态实践

梭罗的生态哲学思想不但包含在他文笔优美的词句中，而且更是付诸实践中。梭罗生活的19世纪正是西方资本主义工业文明强盛发展的时期，经济至上、物质至上的发展观导致自

---

① 梭罗. 瓦尔登湖[M]. 徐迟，译. 上海：上海译文出版社，1993：89.

② 哈恩. 梭罗[M]. 王艳芳，译. 北京：中华书局，2002：45.

③ 同②.

④ 同①298.

然惨遭破坏，梭罗批判了此时盛行的财富观、文明观、生活观，倡导人们回归我们的母体自然、回归我们的自然本性，过一种简单的生活，“简单些，再简单些”是梭罗的生活方式，他认为只有摆脱物欲的控制，过着简单、自由的生活才是生命的真谛，也才能实现人的自由和解放。他身体力行地带了一把斧子开始了26个月的瓦尔登湖独居生活，一年获得生活必需品和劳动的时间仅仅6个星期，简单需求、简单劳作的“简单生活方式”，使得他把大量闲暇时间用来品味生活、思考人生，追求内心的宁静和健康生态的人生，也成就了梭罗诗意的栖居。

在瓦尔登湖的独居生活中，梭罗真正融入大自然，他观察、体验并记录着自然中的点点滴滴，他不但让自己的生活简单且有趣，还把这些奇妙、充满生机的自然百态展现给读者，让读者伴随着他探寻自然的脚步一起体验、感受、感叹、惊喜、欢呼……这不但是一种美的享受，更是对大自然多姿多彩、神秘莫测的创造性的佩服，在这种体验中认识自然、了解自然、陶冶性情，油然而生对大自然的敬畏，给人们带来一种新的自然价值观和生活方式。

三、现代西方哲学中的生态思想

随着20世纪以来生态危机日益严重，许多哲学家对近代以来二元对立的传统哲学进行反思和批判，重新探讨人与自然、人与人的关系，也因此诞生了怀特海人与自然有机统一的整体性生态思想，海德格尔人在世界之中、诗意栖居的生态思想。

（一）怀特海的生态有机体思想

阿尔弗雷德·诺斯·怀特海(Alfred North Whitehead,1861—1947)，英裔美籍数学家、哲学家。怀特海构建了20世纪最伟大的形而上学理论，他兴趣广泛，研究领域众多，其学术生涯历经三个时期：数理物理和数理逻辑时期，代表作是《数学原理》(与罗素合著)、《数学导论》；自然哲学时期，代表作是《自然的概念》《自然知识原理》《相对论原理》；思辨哲学时期，代表作是《过程与实在》《观念的冒险》。也正如此，怀特海被日本怀特海研究专家田中裕誉为“七张面孔的思想家”，即数理逻辑学家、理论物理学家、柏拉图主义者、形而上学家、过程神学的创造人、深邃的生态学家、教育家、文明批评家。[①] 虽然他一生研究领域广泛、著述颇丰，但最重要的还是他通过把现代自然科学发展与哲学相结合，在批判近代以来唯物机械论宇宙观的基础上构建了自己的机体哲学，也称过程哲学。他的《过程与实在》一书主要阐述了他的机体哲学思想，这本书被誉为20世纪的“纯粹理性批判”，当代美国著名哲学家小约翰·柯布和大卫·格里芬赞誉这本书是“最近两个世纪以来最重要的哲学著作”“是历来最为复杂并最富创见的哲学论著之一”[②]。怀特海的机体哲学中的自然、生成、过程等概念与当代生态哲学的思想十分贴近，从而也使得其哲学蕴含着丰富的生态思想，他也因此被称为深邃的生态学家。

1. 关于自然的认识

在怀特海的机体哲学中，自然概念具有十分重要的地位，它是理解怀特海机体哲学的起

---

① 田中裕.怀特海有机哲学[M].包国光，译.石家庄：河北教育出版社，2001：3.

② 柯布，格里芬.过程神学[M].曲跃厚，译.北京：中央编译出版社，1999：177.

点。怀特海认为“自然是我们通过感官在感知中所观察的东西”①,怀特海哲学中思想、精神、心灵是同等概念,它与感觉、知觉、经验不同,因而,自然首先被视为对外在世界的经验,他反对脱离感觉经验来谈独立自存的“空虚的实有”。但同时,怀特海又提出自然在某种意义上是独立于思想的,也就是说可以在不想到思想时想到自然,即“同质地”想到自然。同质与异质相对立,同质地想到自然排除了思想、心理对自然的附加,当我们想到自然时我们没有想到思想而仅仅想到自然,怀特海认为“自然对心灵是封闭的”②,自然无须参照心灵、思想就可以表达,自然被关闭在心灵之外,要去除自然中的心灵因素;而异质地想到自然则是在想到思想时想到自然,自然中具有了心灵、心理等附加因素。同质地想到自然与自然直观地成为一体,其中不涉及道德、美学价值,而异质地想到自然与心灵、自我意识活动相关,道德、美学价值在自我意识活动中是强烈而生动的。紧接着,怀特海进一步指出“自然是作为存在物的复合体在感觉-知觉中被揭示的”,那么,和上一层含义相比较,矛盾就显现了,自然既然独立于思想、对心灵封闭,那么又怎样感觉-知觉自然?如果自然仅仅向心灵展示而无须改变心灵,这里就有心物二元的思想,怀特海并不认同此思想,他认为“自然的封闭性并不包含自然与心灵分离的形而上学学说”③;如果是心灵不能改变被感觉-知觉的自然,这里就有朴素实在论的思想,取消了心灵、思想的能动性,也很难解释不同的感觉-知觉主体面对同一对象感觉-知觉的差异性,必然产生众多逻辑上无法克服的困难。结合怀特海思想的整体背景,可以看出怀特海此时的哲学思想主要反对德国古典唯心论,特别是反对康德的哲学,针对康德的“人为自然立法”,怀特海认为这都是对自然的心理附加,他更强调认识并不能把任何东西强加于经验之上,认识只是遇见了已经在那里存在的东西,“可以在不想到思想时想到自然”④,意识、思想投射出去直达自然本身,意识、思想与自然是同质的,在逻辑上就不存在一个把自己的性质附加于另外一个。相反,如果是异质,意识、心灵附加了自己于自然,对自然的认识就变成了对自然认识思想的认识,在逻辑上就会陷入无穷后退的困境,陷入“唯我论”,始终难以逃脱“内心的监狱”。因此,怀特海反对人为地把自然二分为两个实在系统——在意识中理解的自然和作为意识的原因的自然,他主张只有一种自然,这就是“感觉-知觉的自然”,这其实是对康德现象和物自体二分的批判,因为两种自然是一体的,它们占有同样的空间和时间,具有相同的关系系统。可以看出,怀特海以同质的方式思考自然,自然其实是感官知觉的终点和极限,自然既是朴素的经验内容,同时也是自然科学所涉及的各种理论的复杂体系,在某种意义上怀特海的自然其实把人与自然融为一体。而在后期的宇宙论哲学体系中,怀特海进一步批判了实证主义仅仅注重观察事实而忽视人们思想对事实间的联系性观察,比如对花上的昆虫并不是仅仅看到花和昆虫,而是观察并想到了花和昆虫之间本性的某种调和性,也因此发展出了大量分支学科。同时怀特海也批判笛卡儿二元论割裂精神和物质实体的观点,他认为自然界中高等的生命形式触及人类精神,低级生命形式接近无机界,因而按照物质和精神截然对立的形式来形成问题是不科学的。怀特海认为正是“自然界和生命之间的这种泾渭分明损害了所有随后发展起来的哲学”⑤,他认为世界在精神之中,精神也在世界之中,他要统一精神与自然,这也是他机体哲学

---

① 怀特海.自然的概念[M].张桂权,译.南京:译林出版社,2011:2.

② 同①4.

③ 同①4.

④ 同①.

⑤ 怀特海.思维的方式[M].赵红,译.北京:新华出版社,2018:191.

的核心思想。

2. 人与自然有机统一的整体性生态哲学思想

怀特海认为人的感官并不是被动地接受刺激而感知自然，人的心灵存在于自然之中，与自然相互作用。他在批判机械论哲学的基础上重新定义了自然的含义，传统意义上自然仅仅是某时某地的事情，但真正的自然是“现实实有”，是处在时空关联中、在时间流变中的自然，这种自然具有整体性、绵延连续性，自然就像滚雪球，它既包括过去融入雪球之中的，也包括将要汇集于雪球之中的一切，自然是包括过去和将来的经验的点点滴滴的过程，怀特海称之为“自然流变”。因而，怀特海抛弃了在简单物质基础上言说人与自然的关系，人与自然关系的背景已经发生了变化，这就是“现实实有”，是“经验之流”。在《过程与实在》中怀特海解释了“现实实有”：“‘现实实有’(actual entity)——也称之为‘现实机缘’(actual occasion)——是构成世界的最终实在事物。不可能在这些现实实有的背后再找到更实在的事物了。现实实有自身相互区别：上帝是一个现实实有，而遥远的虚空空间中的最细微的一些存在也是现实实有……最终的事实是，一切皆为现实实有。这些现实实有乃是点滴的经验，都是复合的，相互依存的。”[①]可见，怀特海的“现实实有”超越了主客观念系统，它是在时间流变中生成的点点滴滴经验，而这种经验不仅仅只与人相关，上帝、灵魂、人的身体、生命体以及整个世界都在经验着，比如，对某个人来说，他现在的经验机遇是他先前经验的继续，当前的活动与其他人以及自己的过往经验都要发生关系，人的经验机遇是其对世界的感受和把握的统一。即使我们无法像分析自己的经验那样分析其他原子事件，但在怀特海看来，这些事件之所以能够成立也是因为与其他事件的关系性，每一领域的部分事件都不能离开该领域的整体来理解，它同样是对其他事件把握的综合，一切在经验中相互依存，因而所有的实际客体都曾经是主体，所有的主体都将变成客体，因为主客体并非两个实际的事物，而是共处于经验之流中的事件，现实的客体世界就是过去的主体世界，它们相互变换、相互依存，每一个实有事件都是网络世界的结点，正是在这种纵横交错的空时关系中形成了有机整体的世界，也因此传统心物二元对立的难题在共同的“经验之流”中迎刃而解。

人和自然不但在经验之流中构成了不可分离的整体，而且，他们还处在一个不断创生、不断变化的过程之中。怀特海认为：“现实世界是一个过程，过程就是现实实有的生成。因此，现实实有便是创造物；它们也叫作‘现实机缘’。”[②]可以看出，现实实有在过程中生成，在过程中创造，整个宇宙都处在永恒的创造和进化的过程流变之中。怀特海批判了传统进化学说仅仅强调进化过程中人对自然环境的适应性，认为人也可以改变自然环境，“成功的机体将改变它的环境，能改变环境进行互助的机体就是成功的机体”[③]，这就像一个杯子，传统进化论认为杯子如同环境，是固定不变的，倒入杯子中的水、酒只能适应杯子，被杯子模塑，但怀特海认为真正的有机体并不是在一个固定的模子中生存、进化，它们具有活力，既受到环境限制，但也能冲破环境限制，在与环境的相互竞争和协同中共同生成了经验之流，既相互依存又不断变换，人和外在自然的不断交换决定了不但人在不断地生成，外在自然也在不断地生成，人影响和适应自然，自然也影响和适应人类。

---

① 怀特海. 过程与实在[M]. 李步楼，译. 北京：商务印书馆，2011：32.

② 同①38.

③ 怀特海. 科学与近代世界[M]. 何钦，译. 北京：商务印书馆，2009：226.

3. 宇宙是事实与价值统一的生态哲学思想

事实和价值的关系是自休谟以来哲学上讨论的重要问题，大多数学者坚持事实和价值二分的思想，怀特海的哲学解构了这种二元对立的模式，他从机体与环境相互作用的相互关系中理解价值，可以说是现代生态思想的先驱。

怀特海反对西方哲学史上世界是由“实体”(物质实体或精神实体)构成的思想，以过程-关系的思想代替实体性思维方式，世界就是由现实实有或事件在多种关系中动态形成的经验机体，这种经验机体既是现实实有也同时具有价值，价值与事实在怀特海的学说中并不是对立的。他认为价值就是现实实有成为自身的依据，因而只要现实实有存在就具有价值。怀特海的现实实有从人扩展到动物以至自然界，在西方哲学中，只有主体才具有价值，怀特海从进化论的角度分析认为，生命历程经历了从最简单的亚原子事件到最复杂的人类经验的连续性，具有意识的人类主体性可以从不具有意识的主体性中产生，但不能从纯客体产生，那么再依次向前连续性的类推追溯，主体性不可能毫无缘由地来自纯粹的客体世界，现实实有之间具有连续性的因果关系，正是在时间过程中自我创造生成了当下活生生的主体。因而，只能说明每一现实实有都具有主体性，人类的主体性仅仅是特例而已。当然，怀特海并没有把主体性归结为单个的岩石、水、火、植物等具体的自然物，而是归结为一种统一事件(unitary events)。事件是怀特海哲学中的基本概念，它非单个的实体或属性，而是构成实体的基本成分，如植物由细胞构成，是细胞事件而非植物表明了主体性，细胞是植物最初存在与关系的生成者和承担者。事件是预置地存在着关系的元素，它通过自己的目的性、价值性与环境建立关系，在动态的进化过程中确立自己的存在，每一事件正是对相关环境的摄入(prehension)构成主体，在完成自我建构后又以材料形式成为另一事件的客体，自然流变正是在一个事件接着一个事件的统一事件中通过与环境的相互作用、相互融合进行价值选择，构成自己的生命复合体，创造着新的主体，“一个事件就是一个实有性的生成或自我形成”①，宇宙就是相互联结的事件的聚集，是事件的延续。怀特海指出：“当人们把活动还原成为‘单纯的创造过程的现在’的时候，它就会丧失自己的意义：价值的缺失把进行推理的所有各种可能性都摧毁了。”②“单纯的创造过程的现在”就是当下的纯粹事实，这种纯粹事实抛弃了事实之所以成为事实的过去和将要成为的将来，孤立地而没有在生成中理解事实，从而缺失了意义，即价值，因此，怀特海坚持现实实有是一个生生不息的生成过程，他从过程-关系中理解现实实有，既看到了现实实有的事实存在，也同时包含着其生成的意义价值，价值涉及事实，事实也涉及价值。

怀特海的机体哲学也被称为过程哲学，其主要目的是在过程中解读哲学和世界，这种理论是对西方哲学实体思想和主客二分认识思想的颠覆。同时，他关于价值和事实相统一的思想也不同于自休谟以来对价值和事实二分的主流西方哲学。也正如此，怀特海的哲学在20世纪不被人们理解和欣赏，然而，随着世界范围内环境危机的爆发以及环境哲学的兴起，怀特海的哲学得到了复兴。怀特海的生态观点为一个由相互关系网络构成的世界提供了一幅详细的形而上学图画，这种把人视为自然组成部分而非与自然对立的思想具有现实生态意义。

---

① 唐力权. 脉络与实在：怀特海机体哲学之批判的诠释[M]. 宋继杰，译. 北京：中国社会科学出版社，1998：57.

② SCHILPP. The Library of Living Philosophers: The Philosophy of Alfred Whitehead[M]. Evanston: Northwestern University & Southern Illinois University, 1951: 684.

(二)海德格尔的生态思想

马丁·海德格尔(Martin Heidegger,1889—1976),德国哲学家,存在主义哲学的创始人,其代表作是《存在与时间》(1927)、《论真理的本质》(1930)等。海德格尔是20世纪最重要的思想家之一,他的著作和思想影响了许多重要的哲学家,如汉娜·阿伦特(Hannah Arendt)、汉斯-格奥尔格·伽达默尔(Hans-Georg Gadamer)、尤尔根·哈贝马斯(Jürgen Habermas)、让-保罗·萨特(Jean-Paul Sartre)、莫里斯·梅洛-庞蒂(Maurice Merleau-Ponty)、米歇尔·福柯(Michel Foucault)、理查德·罗蒂(Richard Rorty)等。

海德格尔常常强调,每位哲学家只揣有一个独一无二的问题,而他的问题,乃是"存在之意义的问题"①。人们通常认为海德格尔只研究"存在",事实上,在"后期,从他拯救地球的宗旨中无疑发展出了一门新学科,即'环境伦理学'"②。其实,不单是海德格尔在他的后期具有生态思想,在早期他也一直在思考人在世界、在自然中的地位和关系。杜鲁门大学在1989年举办"海德格尔与地球"会议并出版《海德格尔与地球:环境哲学论文集》。海德格尔为今天我们面临的生态问题提供了一种语言,他强调必须保护地球环境③。海德格尔的生态思想也值得深入学习和反思。

1. 何为"存在"

在西方哲学中,存在是本源、始基,是一切赖以存在的根,是人们认知和价值追求的终极对象,也是整个西方哲学大厦的基石。海德格尔认为从柏拉图、亚里士多德以来2500多年的哲学家都没有正确理解存在的含义,把存在和存在者相混淆,他认为存在是动词,表示事物自身显示自己的过程,存在者是名词,是实体的名称。而在柏拉图和亚里士多德以至黑格尔的哲学中,存在都在实体的意义上理解,是一种哲学对象,海德格尔认为这种理解把存在弄得琐屑不足道,忽视了存在的最基本含义。事物只有在自我显示的过程中,才进入存在状态,也才获得了一个存在物的名称。传统哲学从存在物身上拷打出它的存在,存在物是其出发点,海德格尔认为存在论不能把任何一种存在物作为出发点,作为出发点的存在物应该是所有存在物存在的基础,对于这种基础存在物的分析能够达到对其他存在物的把握,因而,他力图区分存在和存在者,致力于对存在的最根本、最本己的研究,即对存在之意义的追问。

要对存在的意义进行追问必须具有追问的能力,而只有人才具有追问的能力,因此,海德格尔把人作为进入存在的入口。人的存在在海德格尔来看就是"此在",即"存在于此",这里的"此"就是对存在的意义追问的人,是"存在"的展开状态,是一种敞开性。"此在"的本质是"去存在","去"表明了存在的动态过程,它在自己的生存过程中产生,"此在"总是我的存在,是个人的存在,具有"向来我属"的特性。可以看出,"此在"就是在这里、那里生存的个人,而这种活生生"栖居于此"的人直击"生态"原义。英语中的ecology,它的前缀来自古希腊语oikos,原义是"房屋、栖居地、住所"。生态批评家乔森纳·贝特在《大地之歌》中就曾说,"生态的前缀eco-

① 特拉夫尼.海德格尔导论[M].张振华,杨小刚,译.上海:同济大学出版社,2012:7.

② 宋祖良.拯救地球和人类未来[M].北京:中国社会科学出版社,1993:251.

③ SCHALOW F. Who speaks for the animals? Heidegger and the question of animals welfare[J]. Environmental Ethics,2002(22):259-270.

是从古希腊词 oikos,‘家或栖居之地’来的”[1],这一说法证明了“栖居之地”与“生态”的原义是相通的。

人是“此在”,因为人能够针对存在物揭示它们是什么,它们存在的意义,人是唯一关心其他存在物的存在并能提出“存在之意义”问题的存在者,人能够对自身存在有所领会,也因此能够对这一存在有所作为,这正是此在区别于大多数自然存在物和人工存在物的特征。我们在世界之中存在,我们是与存在的意义最贴近的存在者,我们皆是此在。“此在”思考其他“存在者”和“存在本身”。此在之所以能够成其为存在,正是因为此在的生存方式首先是有所作为,“此在是这样一种存在者:它在其存在中有所领会地对这一存在有所作为”[2],而每一种有所作为的方式必然“遭遇”其他人的行为或特定的事物,此在把自己与环境相联系,在此在世界中生存,此在,也是人的作为源于在世界中生存的方式或习性,这就是“在世之在”(Being in the world),世界因人的“在此”而被揭示开来,人也如其所示的就在世界之中存在。海德格尔认为此在的实际状态分散乃至解体在形形色色的具体的确定方式中,即“和某种东西打交道,制作某种东西,安排照顾某种东西,从事、贯彻、探查、询问、考察、谈论、规定,诸如此类”[3]。他把这种在世的可能存在方式称为“操劳”,正是在“操劳”中所有的事物都和人的生存以及环境不可分割地联系在一起,因而“人有他的环境”中的“有”在海德格尔来看本质上是以“在之中”的方式存在,并非在人这个此在者外还有一个现成的存在者存在,而是在一个世界中共在。

“海德格尔早期坚持‘基础存在论’,他坚持存在与存在者、此在与其他此在者存在差异,主张从此在生存中探索显现存在意义,但他忽视非此在的存在者,未从存在意义历史背景下认识一般存在物与存在之间关系,因而未完全摆脱传统本体论思路的影响。”[4]实际上,海德格尔前期的思想最终还是把人的存在视为世界(包括自然)的存在的前提,认为人对自然有先在的优先性,人在存在论上高于、优于自然。“在后期,海德格尔认识到现代主体性危机以及现代科学技术发展的消极影响,人应该改变征服和主宰自然的姿态,从消极的人与世界关系当中解放出来。”[5]海德格尔后期的存在论不再从“此在”入手显示人的存在意义,他把“天、地、人、神”看成一个世界,克服了前期思想中的缺陷,意识到人与自然和谐统一的重要性。虽然他也强调了人的优先性,但是他认为人对自然的正确态度不应是征服、主宰,而是应该从这种“消极”中主动解放。关心存在者本身的存在,关心人本身的存在,把人这样的存在者以及其他存在者都“按其所是”的方式存在着。他认为大地、自然是人类栖息的家园,这是海德格尔环境伦理学中的重要组成部分,是他在考虑改变人的现状进而求得的解决之道。海德格尔关心人该如何生活、人该如何诗意地栖居,人在存在者之中如何平和、惬意地存在。这就是,人作为存在的看护者,人这一存在者应该能够在其存在中光明现身。海德格尔对环境、生态状况是充满担忧的,如此,他依然坚持:在存在中的人类是充满劳绩的,但是依然应该选择诗意栖居在大地之上。人这一“此在”存在于“存在”中,与之“共在”,人与环境是有真正的生命联系的,人与环境的融合与统一是同频共振、协同发展的。此在不可能离开世界而存在,世界也不能离开此在而存在。

---

① BATE J. The Song of Earth[M]. London:Picador,2000:75.

② 海德格尔. 存在与时间[M]. 陈嘉映,王庆节,译. 北京:商务印书馆,2015:71.

③ 同②76.

④ 俞吾金. 存在、自然存在和社会存在:海德格尔、卢卡奇和马克思本体论思想的比较研究[J]. 中国社会科学,2001(2):54-65.

⑤ 俞吾金. 形而上学发展史上的三次翻转:海德格尔形而上学之思的启迪[J]. 中国社会科学,2009(6):4-19.

2. 批判人类中心主义

传统人类中心主义错误地把人类看作万物中心，被科学技术的发展蒙蔽了双眼，科学技术的发展使人站在主体地位，人充满对事物的统治和驾驭，自以为人的力量是无限强大的，可以任意妄为。科学技术的发展一方面带来了人类物质生活的极大丰富，另一方面也使人们日益受到技术的控制，使人丧失自主性，并且更为可怕的是带来了环境压力。

海德格尔认为现代技术促逼人们向自然界提出蛮横要求，要求自然提供我们需要的一切物质和能量，自然成为人类需要时随叫随到、随时可用、随手可得的自然，这种技术不同于传统技术就在于它改变了事物的根本属性，改变了一切我们所照面之物的本质，自然的被开发、被改变、被贮藏、被分配、被转换随着科学技术的迅猛发展处处被订制和改造而到场，种种存在者失去了其固有意义、用途和目的，事物不再作为具有内在属性之物而被体验，我们自身也失去了赋予我们身份的技能和本事，人类把自身全盘交给了技术，我们失去了在世界中体验生而为人之新方式的能力，本在世界之中的我们超然于世界之外。在科学技术迅猛发展之下，不但显示了人们对“存在”的遗忘——人是被存在本身“抛”入存在之真理中的，人在如此这般绽出的生存之际守护着存在之真理，以便存在者作为他所是的存在者在存在之光中显现出来[①]。而且，人“不是存在的主宰，人是存在的看护者”[②]，由天地万物生命有机构成的生态环境是人类生存与发展的前提基础，人类似乎逐渐丧失自觉关心和守护地球家园的意识，本该做好一位以一种互惠共在心态做好存在的看护者，精心呵护并促进人与自然关系的和谐发展，现如今更多的是一味地、鲁莽地、不知悔改地誓要凌驾于自然之上，打破生态系统的平衡，从人类自身利益出发，对自然构成危害，这样不理智的行为终究会反作用于人本身，给人的存在和发展造成隐患和威胁。

技术的逐渐兴旺、强大使人们逐渐失去了对自然的敬畏和尊重，人们膨胀的主体意识使得自然持续不断被资源化。技术的迅猛发展带来了日益恶化的环境问题：土地沙漠化、空气污浊、水体污染、动物灭绝或者瑟瑟发抖、地表资源以惊人速度减少……科学技术是一把双刃剑，带来了高速发展的同时，也埋下了岌岌可危的炸弹。

面对严峻的形势，人作为独特的存在物，应该看护地球、拯救地球，而不能任由技术带来的威胁更甚于希望却漠视不管。海德格尔在人生最后几十年间多次举办有关技术的演讲，频频出版有关技术的文章。他的研究核心要义是：如果我们仅仅作为某种资源来开展对一切事物的体验，那么我们过上值得一过之生活的能力将会陷入危险境地[③]。这是在唤醒大众对技术的警惕，避免掉入技术罗网之中。海德格尔对技术充满担忧，他认为技术会剥夺我们作为人类存在的本质。

人是存在的看护者，面对科学技术发展带来的资源恶化，面对现实中的生态实践与挑战，人的精神沉沦、家园面临荒芜，但是我们丝毫不能退却，否则我们只会沦落到无家可归的状态。“在无家可归状态中，不仅人，连人之本质都惘然失措了。必须如此这般来思的无家可归状态，乃基于存在者的存在之被离弃状态。这种无家可归状态是存在之被遗忘状态的标志。”[④]

---

① 路标.海德格尔[M].孙周兴，译.北京：商务印书馆，2014：390.

② 海德格尔.海德格尔选集：上[M].孙周兴，译.上海：上海三联书店，1996：385.

③ 拉索尔.海德格尔导读[M].姜奕晖，译.北京：中信出版社，2015：150－151.

④ 海德格尔.路标[M].孙周兴，译.北京：商务印书馆，2014：401－402.

“人类正在贪婪地征服整个地球及其大气层，以强力方式僭取自然的隐蔽的支配作用。”① 面对现代技术对人类生存环境的破坏，海德格尔呼吁人类“拯救世界”，“拯救的真正意思是把某物释放到它的本己的本质中”②。海德格尔的“存在”就是为了强调“此在”在“存在”中扮演的角色，对“存在”的理解能够让人们克服人类中心主义。这样的“存在”才能是持久自由的、稳定的。

3. 诗意的栖居

面对现代技术对人类的威胁，海德格尔以“栖居”应对。他认为现代人应该设法回到适合其本质栖居的空间中预先建立自己。如果我们要改变自己当前的处境，我们就要开发新的技能和现身情态，建立新的空间，从而促使世界以非技术的方式在这种空间中展开。海德格尔筑造的这种栖居的空间就是天、地、神、人组成的“四重整体”。天是我们头顶的天空，是日月星空、四季变换、昼夜轮转、蓝天白云的天空；地是我们脚下的大地，是万物生发、岩石矗立、河水潺潺的大地；神是神圣的召唤我们走向神性的存在者，它超出了我们决断和控制的能力；而人是终有一死者，人能够赴死。天地神人四方具有“纯一性”，这种“纯一性”在于它们各自成其所是，又相互映照、环化、角力，四方中的每一方都和其他三方产生特定关系，四方之间的相互调节共同构成了统一而连贯的世界，我们把自己的生活方式与这四重整体调和而栖居，让被技术所强迫的一切资源回归其本质，我们在“拯救大地、接受天空、期待诸神和护送终有一死者的过程中”而栖居。我们拯救大地就要保护大地，不要征服大地；我们接受天空就要顺应天空的规律周期而不罔顾天空；我们期待诸神就是接受神性暗示，期待神明降临，把自己融入对“神”的敬畏之中；我们人终有一死说明了我们是受限制的，我们的成长和发展、健康和疾病都是在时间进程中运行的，我们受到了我们所在世界的限制，我们要求通过筑造和保护使物更适合于四重整体，最终在此体会到家的感受。

天空、大地、诸神、终有一死者四方归于一体。大地是承受者，开花结果者。天空是日月运行，群星闪烁，四季轮转。诸神是神性之暗示着的使者。终有一死者乃是人，唯有人赴死，而且只要人在大地上，在天空下，在诸神面前持留，人就不断地赴死。终有一死者通过栖居而在四重整体中存在。但栖居的基本特征乃是保护。③

人类生存和栖居意味着人在接受天空的运行和诸神的照拂中于大地上“居住”，居住包含着对与自己同处于四重整体中动植物的爱护和照顾，居住也包含着人自己的自由和幸福。“人赖以筑居的东西，我们称之为‘大地’”④，“我们从大地那里获得了我们的根基的稳靠性”⑤，根据海德格尔的思想，大地是人们存在的基础，把大地和自然抬高到“存在”的高度，极力强调人和自然的和谐相处才能保障人在自然中的长久生存。海德格尔要人们维护自然和大地，维护人类基本的生存条件。

人完成每天的事物，“充满劳绩”地“居住”着，但是这“居住”仍是“诗性的”。在海德格尔看

---

① 海德格尔.海德格尔选集：上[M].孙周兴，译.上海：上海三联书店，1996：586.

② 海德格尔.海德格尔选集：下[M].孙周兴，译.上海：上海三联书店，1996：1193.

③ 同①149－150.

④ 同①263.

⑤ 同②1194.

来,“诗性的东西”就是合乎某种尺度地生活在这片大地上的能力。人类必须把自己的道德责任由人类共同体扩展到生物圈和整个地球生态系统。“诗意的栖居”意味着人与自然的亲密又紧密的关系,他呼吁人类追求本真的生存方式,追求绿色的生活方式,人类看护自然,而不是统治、侵犯自然,这样才能获得人的本质,才能让自然的本质持续长存。

思考题

1. 为什么在被誉为“科学时代”的19世纪卢梭提倡“回归自然”?
2. 怀特海过程哲学思想为什么具有丰富的生态哲学思想?
3. 怎样理解海德格尔“诗意的栖居”?

推荐读物

1. 柯林伍德. 自然的观念[M]. 吴国盛,柯映红,译. 北京:华夏出版社,1999.
2. 卢梭. 论人类不平等的起源[M]. 吕卓,译. 北京:九州出版社,2007.
3. 梭罗. 瓦尔登湖[M]. 徐迟,译. 上海:上海译文出版社,1993.
4. 怀特海. 过程与实在[M]. 李步楼,译. 北京:商务印书馆,2011.
5. 海德格尔. 存在与时间[M]. 陈嘉映,王庆节,译. 北京:商务印书馆,2015.